高等职业教育"十二五"规划教材（计算机类）

SQL Server 2008 数据库案例教程

主　编　　于　斌　丁怡心

副主编　　林良玉　潘　俊　林祥果

参　编　　雷家星　李伟群　廖勇毅

机 械 工 业 出 版 社

本书将 SQL Server 2008 作为数据库教学的主要内容，为适合高职高专的教学特点，采用案例驱动编写模式。全书共 12 章，内容包括：数据库基础知识，SQL Server 2008 简介，T－SQL 语言，数据库的创建与管理，数据表的创建与管理，数据查询，索引和视图，存储过程与触发器，游标、事务与锁，SQL Server 2008 安全性管理，SQL Server 2008 服务，SQL Server 2008 综合应用实例。

本书内容丰富、全面，以高职高专学生的知识需要为向导，采用案例加实训的方式使学生熟练掌握基本的数据库技术，并适当扩展网页与数据库的关系，便于学生为后续课程打好基础。

本书适合作为高职高专及本科院校计算机类专业的课程教材，也可作为数据库技术培训教材及自学参考书。

为方便教学，本书配备电子课件等教学资源。凡选用本书作为教材的教师均可登录机械工业出版社教材服务网 www.cmpedu.com 免费下载。如有问题请致信 cmpgaozhi@sina.com，或致电 010－88379375 联系营销人员。

图书在版编目（CIP）数据

SQL Server 2008 数据库案例教程/于斌，丁怡心主编 . —北京：机械工业出版社，2013.5（2025.1 重印）
ISBN 978-7-111-41465-0

Ⅰ. ①S… Ⅱ. ①于…②丁… Ⅲ. ①关系数据库系统 – 高等职业教育 – 教材 Ⅳ. ①TP311.138

中国版本图书馆 CIP 数据核字（2013）第 027200 号

机械工业出版社（北京市百万庄大街 22 号 邮政编码 100037）
策划编辑：刘子峰 责任编辑：刘子峰
版式设计：霍永明 责任校对：纪 敬 陈立辉
封面设计：赵颖喆 责任印制：单爱军
北京虎彩文化传播有限公司印刷
2025 年 1 月第 1 版第 3 次印刷
184mm×260mm·18.25·印张·449 千字
标准书号：ISBN 978-7-111-41465-0
定价：38.00 元

电话服务　　　　　　网络服务
客服电话：010-88361066　机 工 官 网：www.cmpbook.com
　　　　　010-88379833　机 工 官 博：weibo.com/cmp1952
　　　　　010-68326294　金 书 网：www.golden-book.com
封底无防伪标均为盗版　机工教育服务网：www.cmpedu.com

前　言

数据库技术是一种计算机辅助管理数据的方法，是信息系统的核心技术。它研究如何组织和存储数据以及如何高效地获取和处理数据，是通过研究数据库的结构、存储、设计、管理以及应用的基本理论和实现方法，并利用这些理论来实现对数据库中的数据进行处理、分析和理解的技术。

随着近年来互联网技术的不断发展以及网络在日常生活中的普及，数据库技术与网络的联系也越发紧密。现代企业将数据库作为向用户提供信息的一种有效手段，是互联网上宣传和反映企业形象和文化的重要窗口。简而言之，一个好网站的开发离不开先进的数据库技术的支持。

SQL Server 2008 是微软公司推出的网络数据库管理系统，在继承了以往版本的优秀特性的同时，在多个方面进行了改进和优化，如采用客户机/服务器体系结构，提供图形化的用户界面以及丰富的编程接口工具，将诸多实用功能紧密结合，从而在开放性、操作性、安全性以及可扩展性方面有了更大的提升。

本书是依据《中华人民共和国职业教育法》中关于"专科教育应当使学生掌握本专业必备的基础理论、专业知识，具有从事计算机相关专业实际工作的基本技能和初步能力"的指导思想，以及《关于加强高职高专教育人才培养工作的意见》（教高〔2002〕2 号）、《关于全面提高高等职业教育教学质量提高的若干意见》（教高〔2006〕16 号）等文件精神，并依据计算机信息工程技术专业的人才培养目标和培养规格的要求编写而成，着眼于实际教学，并作为《SQL Server 2008 数据库案例及实训教程》的课本编制指导。

本书将 SQL Server 2008 作为数据库教学的主要内容，为适合高职高专的教学特点，采用案例驱动编写模式。全书共 12 章，内容包括：数据库基础知识、SQL Server 2008 简介，T - SQL语言，数据库的创建与管理，数据表的创建与管理，数据查询，索引和视图，存储过程与触发器，游标、事务与锁，SQL Server 2008 安全性管理，SQL Server 2008 服务，SQL Server 2008 综合应用实例。

本书内容丰富、全面，以高职高专学生的知识需要为向导，采用案例加实训的方式使学生熟练掌握基本的数据库技术，并适当扩展网页与数据库的关系，便于学生为后续课程打好基础。

本书的编者均为具有丰富教学和实践经验的一线计算机老师。主编于斌、丁怡心负责编制编写大纲及全书的统稿、审阅；参加编写的还有林良玉、潘俊、林祥果、雷家星、李伟群、廖勇毅。苏州大学熊福松老师也参加了本书的编写工作。

由于编者水平有限，书中难免存在错误及不当之处，敬请广大读者批评指正并提出宝贵意见。

编　者

目　　录

第1章 数据库基础知识

☞ 学习目标：
1）掌握数据库系统的概念。
2）了解数据库的发展历史。
3）掌握关系数据库。

1.1 数据库概述

随着计算机的普及，数据库技术已渗透到人们生活中的各个方面，如存取款的银行数据、购物办理的商场会员卡、治病办理的医疗卡、各类收费系统等，都与数据库技术有关。

数据库技术产生于20世纪60年代末70年代初，其主要目的是有效地管理和存取大量的数据资源。数据库技术主要研究如何存储、使用和管理数据。数据库技术是现代信息科学与技术的重要组成部分，是计算机数据处理与信息管理系统的核心。数据库技术研究和解决了计算机信息处理过程中大量数据有效地组织和存储的问题，从而在数据库系统中减少数据存储冗余、实现数据共享、保障数据安全以及高效地检索数据和处理数据。

1.1.1 基本概念

与数据库技术密切相关的基本概念有：数据、数据库、数据库管理系统和数据库系统。

1. 数据

数据（Data）是用于描述现实世界中各种具体事物或抽象概念的，可存储并具有明确意义的符号，包括数字、文字、图形和声音等。在计算机科学中，数据是指所有能输入到计算机并被计算机程序处理的符号的介质的总称，是用于输入电子计算机进行处理，具有一定意义的数字、字母、符号和模拟量等的通称。在数据库系统中，一般以记录的形式来描述事物的特征，这些记录就称为数据。

【例1-1】 如何以记录的形式来描述一个公司员工的特征？

员工的特征以员工的工号、姓名、性别、年龄、籍贯、所在部门、职务、职称、入职时间等来表示，可以将某个员工描述为：

（000010，张三，男，30，广东，研发部，部门经理，工程师，2005-07-01）

2. 数据库

数据库（DataBase，DB）是一个长期存储在计算机内的、有组织的、共享的、统一管理的数据集合。按数据管理类型来分，数据库主要分为关系型数据库、网状数据库、层次数据库3种，目前关系型数据库应用最多。

3. 数据库管理系统

数据库管理系统（DataBase Management System，DBMS）是一个按数据结构来存储和管理数据的计算机软件系统，其主要功能如下：

1）数据定义。DBMS 提供数据定义语言（Data Definition Language，DDL），供用户定义数据库的三级模式结构、两级映像以及完整性约束和保密限制等约束。DDL 主要用于建立、修改数据库的库结构。DDL 所描述的库结构仅仅给出了数据库的框架，数据库的框架信息被存放在数据字典（Data Dictionary）中。

2）数据操作。DBMS 提供数据操作语言（Data Manipulation Language，DML），供用户实现对数据的追加、删除、更新、查询等操作。

3）数据库的运行管理。数据库的运行管理功能是 DBMS 的运行控制、管理功能，包括多用户环境下的并发控制、安全性检查和存取限制控制、完整性检查和执行、运行日志的组织管理、事务的管理和自动恢复，即保证事务的原子性。这些功能保证了数据库系统的正常运行。

4）数据组织、存储与管理。DBMS 要分类组织、存储和管理各种数据，包括数据字典、用户数据、存取路径等，需确定以何种文件结构和存取方式在存储级上组织这些数据，如何实现数据之间的联系。数据组织和存储的基本目标是提高存储空间利用率，选择合适的存取方法提高存取效率。

5）数据库的保护。数据库中的数据是信息社会的战略资源，所以对其的保护至关重要。DBMS 对数据库的保护通过 4 个方面来实现：数据库的恢复、数据库的并发控制、数据库的完整性控制、数据库安全性控制。DBMS 的其他保护功能还有系统缓冲区的管理以及数据存储的某些自适应调节机制等。

6）数据库的维护。这一部分包括数据库的数据载入、转换、转储、数据库的重组合重构以及性能监控等功能，这些功能分别由各个使用程序来完成。

7）通信。DBMS 具有与操作系统的联机处理、分时系统及远程作业输入的相关接口，负责处理数据的传送。对网络环境下的数据库系统，还应该包括 DBMS 与网络中其他软件系统。

DBMS 常见品牌有微软公司的 SQL Server，IBM 公司的 DB2，甲骨文公司的 Oracle、MySQL、Sybase 等。

4. 数据库系统

数据库系统（DataBase System，DBS）是包括数据库、DBMS、应用程序、管理员和用户等与数据库有关的各种要素的整个系统，其示意图如图 1-1 所示。

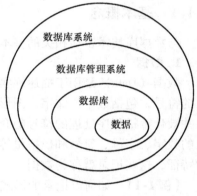

图 1-1　数据库系统图

1.1.2　数据库的发展

1. 数据库系统的发展阶段

在数据库系统出现之前，数据库管理技术经历了人工管理阶段和文件管理阶段。

（1）人工管理阶段　20 世纪 50 年代，计算机主要用于数值计算，没有操作系统及管理数据的软件。人工管理数据量小，数据无结构，数据之间缺乏逻辑组织，数据依赖于特定的应用程序，缺乏独立性。

（2）文件管理阶段　20 世纪 50 年代后期到 60 年代中期，由于磁鼓、磁盘等存储设备和操作系统的出现，数据管理进入了文件系统阶段。计算机中数据组织成了相互独立的数据文件，实现了文件内数据的结构化，但文件之间没有联系。数据的共享性、独立性差，且冗余度大。

（3）数据库系统阶段　文件系统虽然也能处理持久数据，但是文件系统不提供对任意部分数据的快速访问，而这对数据量不断增大的应用来说是至关重要的。数据库系统的出现是计算机应用的一个里程碑，它使得计算机应用从以科学计算为主转向以数据处理为主，并使计算机得以在各行各业乃至家庭普遍使用。数据的独立性和共享性是数据库系统的重要特征。数据共享节省了大量人力物力，为数据库系统的广泛应用奠定了基础。数据库系统的出现使得普通用户能够方便地将日常数据存入计算机并在需要的时候快速访问它们。

2. 数据库系统的发展方向

非结构化数据库是部分研究者针对关系数据库模型过于简单，不便表达复杂的嵌套需要以及支持数据类型有限等局限，从数据模型入手而提出的全面基于因特网应用的新型数据库理论。但研究者认为此种数据库技术并不会完全取代现在流行的关系数据库，而是它们的有益的补充。

有学者指出：数据库与学科技术的结合将会建立一系列新数据库，如分布式数据库、并行数据库、知识库、多媒体数据库等，这将是数据库技术重要的发展方向。其中，许多研究者都对多媒体数据库作为研究的重点，并认为多媒体技术和可视化技术引入多媒体数据库将是未来数据库技术发展的热点和难点。

许多研究者从实践的角度对数据库技术进行研究，提出了适合应用领域的数据库技术如工程数据库、统计数据库、科学数据库、空间数据库、地理数据库等。这类数据库在原理上也没有多大的变化，但是它们却与一定的应用相结合，从而加强了系统对有关应用的支撑能力，尤其表现在数据模型、语言、查询方面。部分研究者认为，随着研究工作的继续深入和数据库技术在实践工作中的应用，数据库技术将会更多地朝着专门应用领域发展。

1.1.3　常用数据库简介

目前的数据库产品有很多，大型的数据库管理系统包括 SQL Server、Oracle、DB2 等，这些产品功能完备，价格也十分昂贵。中小型的数据库管理系统有 MySQL、SQLite 等，这些产品在性能上比不上大型数据库管理系统，但是能满足一般用户需要，且多为开源或免费产品。

近年来，微软公司的 SQL Server 由于与操作系统具有良好的兼容性，且版本从 SQL Server 2000 到 2005 再到 2008 推出了许多新的特性和关键的改进，因此深受中小型企业的青睐。Oracle 系统一般运行于 UNIX 平台，在系统构建、运维、集群、容灾等方面具有较强的性能，因此也有重要应用。

1.2　关系数据库

关系数据库，是建立在关系模型基础上的数据库，借助于集合代数等概念和方法来处理数据库中的数据。目前主流的关系数据库有 Oracle、SQL、Access、DB2、SQL Server，Sybase 等。

1.2.1 E-R 概念模型

模型是现实世界特征的模拟和抽象。将现实世界转变为计算机能够识别的形式，必须经过两次抽象，使用概念模型将现实世界抽象为信息世界，再将概念模型转变为计算机上某一DBMS 支持的数据模型，即把信息世界转变为机器世界，如图 1-2 所示。

图 1-2　数据的转换

实体—联系模型（简称 E-R 模型）是由 P. P. Chen 于 1976 年首先提出的。它提供不受任何 DBMS 约束的面向用户的表达方法，在数据库设计中被广泛用作数据建模的工具。E-R模型由实体、属性和联系构成。

1. 实体

实体（Entity）是具有相同属性描述的对象（人、地点、事物）的集合，如职工、学生、课程、商品等都是实体。在 E-R 图中实体用矩形框表示，矩形框内写上实体名。有时也将实体称为实体集，实体集中的每个个体称为实体。

2. 属性

属性（Attribute）是实体所具有的特征，通过属性可以对一个实体进行描述。实体本身具有许多属性，能够唯一标识实体的属性称为该实体的码。如果对一个公司员工进行描述，工号是员工实体的码，通过工号可以唯一确定哪位员工，员工的工号是唯一的且是必须有的。实体由哪些属性组成取决于人们所关心的内容，例如，高校学生实体可由学号、姓名、年龄、性别、系、专业和入学年份等组成，而中学学生实体可由学号、姓名、年龄、性别、班级、入学年份等组成。属性的取值范围称为域，如性别的取值范围是｛男，女｝，百分制分数的取值范围是 0～100。

在 E-R 图中实体的属性用椭圆表示，椭圆内写上属性名，并用无向边与其实体相连。其中码的名称下面应用下划线标出。

3. 联系

实体之间的关系称为联系（Relationship），如员工销售商品、医生给病人治病、教师给学生授课、学生学习课程等。联系在 E-R 图中用菱形表示，菱形内写上联系名，用无向边与实体相连，在无向边上标明联系类别。联系的属性和实体的属性表示方法相同。实体之间的联系可分为 3 种：一对一联系、一对多联系、多对多联系。

（1）一对一联系　设有两个实体 A 和 B，如果 A 中的一个实体至多与 B 中的一个实体有联系，而 B 中的一个实体至多与 A 中的一个实体有联系，则称 A 与 B 之间存在一对一联系，记作 1:1。

【例 1-2】　分析高校学生与借书证之间的联系类别。

高校学生与借书证之间是一对一联系，一个学生只能拥有一个借书证，一个借书证只能由一个学生来使用。

（2）一对多联系 设有两个实体 A 和 B，如果 A 中的一个实体与 B 中的若干个实体有联系，但 B 中的实体只与 A 中的一个实体有联系，则称 A 和 B 之间存在一对多联系，记作 1:n。

【例 1-3】 分析宿舍与学生之间的联系类别，班级和学生的联系类别。

宿舍和学生是一对多的联系，一个宿舍可以住多个学生，但是一个学生只能住在一个宿舍里。

班级和学生也是一对多的联系，一个班级可以有多个学生，而一个学生只能属于一个班级。

（3）多对多联系 设有两个实体 A 和 B，如果 A 中的一个实体与 B 中的若干实体相联系，且 B 中的每个实体与 A 中的多个实体相联系，则称 A 和 B 之间存在多对多联系，记作 m:n。

【例 1-4】 分析医生和病人之间的联系类别，学生和课程之间的联系类别。

医生和病人之间是多对多联系，一个医生可以治疗若干病人，一个病人可以被若干医生治疗。

学生和课程之间也是多对多联系，一个学生可以学习若干门课程，一门课程可以被若干名学生学习。

4. 作 E-R 图

通过实体联系图（E-R 图）可以将实体以及实体之间的联系刻画出来，为客观事物建立概念模型。实体、属性、联系在 E-R 图中的表示方法见上文。作 E-R 图大致分为以下几步：

1）确定实体和实体的属性。

2）确定实体之间的联系及联系的类型。

3）给实体和联系加上属性。

在例 1-2 中，实体学生的属性有学号、姓名、性别、系、专业、班级，其中学号为码。借书证实体的属性有借书证号，其中借书证号为码，如图 1-3 所示。

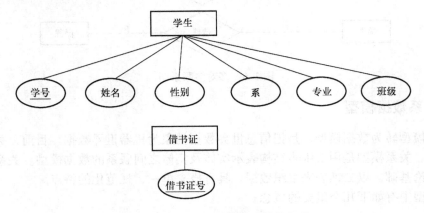

图 1-3 E-R 图中实体和属性的表示

确定了学生办理借书证的联系是 1:1 联系，联系的属性有办理日期。

作出 E-R 图如图 1-4 所示。

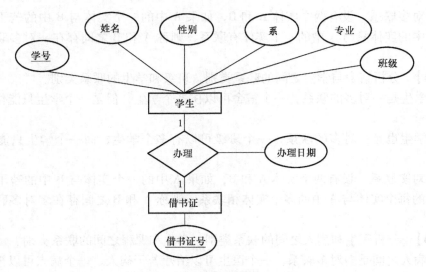

图 1-4   学生办理借书证 E-R 图

同样的方法分析例 1-3 和例 1-4，作出图 1-5 和图 1-6，图中省略了属性。

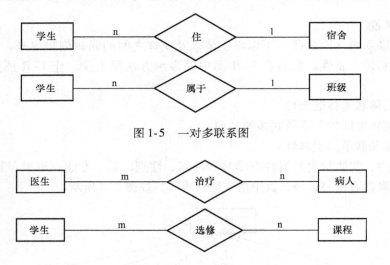

图 1-5   一对多联系图

图 1-6   多对多联系图

1.2.2   关系数据模型

将概念模型转为数据模型，是把信息世界数据抽象为机器世界数据。目前，关系模型应用最为广泛。关系模型是用二维表结构表示实体及实体之间联系的数据模型。关系模型以关系数学为理论基础，以二维表来组织数据，具有概念单一、规范化的特点。

关系模型中有如下几个重要的概念。

1. 关系

一个关系就是一张二维表，关系名即表名。对关系的描述用关系模式来表示，即用关系名和属性名的集合来表示。例如员工信息表的关系模式是：员工信息（工号，姓名，性别，年龄，籍贯，部门，职务，职称，入职时间）。

【**例1-5**】 图 1-7 中的表反映的是一个公司的员工信息。

工号	姓名	性别	年龄	籍贯	部门	职务	职称	入职时间
000010	张三	男	30	广东	研发部	部门经理	工程师	2005-07-01
000011	李四	女	25	湖南	市场部	销售员	初级	2011-08-01
000015	王五	男	28	浙江	人力资源部	副经理	中级	2009-09-01

图 1-7 员工信息表的图

如图 1-7 所示，一张员工信息表就是一个名为员工信息的关系。

关系是一张二维表，但是关系和二维表又不能完全等同。关系必须满足以下条件：

1）每一个关系仅有一种关系模式。

2）关系中的每个属性是不可分解的，即表中不能有嵌套表。

3）关系中不能有相同的列名。

4）关系中不能出现完全相同的两行。

5）一个关系中，数据行的位置无关紧要，即交换任意两行的位置不影响数据的实际含义。

6）在一个关系中，列的次序无关紧要，即交换任意两列的位置不影响数据的实际含义。

2. 字段（属性）

二维表的列称为字段或属性，每个字段都有一个字段名，且不能重名。表的每一列数据都属于同一类型。如图 1-7 中的表包含了 9 个字段，表头的工号、姓名等是字段名。字段的值是字段的具体取值，如工号的取值 000010、000011、000015。

3. 记录（元组）

二维表中的每一行称为一个记录（元组），记录由若干个相关字段值组成。如第一条记录为 000010，张三，男，30，广东，研发部，部门经理，工程师，2005 – 07 – 01。

4. 表的主键和外键

键（Key）又称关键字，由一个或几个属性组成，用来唯一标识关系中的记录。

候选键（Candidate Key）是指如果在一个关系中存在多个属性（或属性的组合）能用来标识该关系中的元组，这些属性（或属性的组合）都称为该关系的候选键。例如，在员工信息表中，如果没有重名的员工，那么工号和姓名都是员工信息表的候选键。

主键（Primary Key）是指用户选作元组标识的一个候选键。例如，员工信息表中，选择工号作为员工信息表中的元组标识，工号就是主键。主键的值唯一且不为空。

外键（Foreign Key）是指在一个关系 A 中，某个属性（或属性组合）不是 A 的主键或只是主键的一部分，但这个属性是另外一个关系 B 的主键，这个属性就称为关系 B 的外键。外键能将两个表建立联系。

【**例1-6**】 假设学生表的属性有学号、姓名、性别、系、专业，分数表的属性有学号、课程号、分数，试分析学生表和分数表的联系。

分数表中的学号、课程号组合起来构成主键，学号只是分数表主键的一部分，但是学号是学生表的主键，所以学号是分数表的外键。

【**例1-7**】 假设学生表的属性有学号、姓名、性别、班级、宿舍编号，宿舍表的属性有宿舍编号、人数，试分析学生表和宿舍表的联系。

宿舍编号不是学生表的主键，但是宿舍编号是宿舍表的主键，所以宿舍编号是学生表的外键。

5. 关系的完整性约束

关系中的完整性约束是对关系的一些限制和规定，通过这些限制和规定来保证数据库中的数据正确性和一致性。关系的完整性约束包括域完整性、实体完整性和参照完整性。

（1）域完整性　域完整性是用户对数据库中的数据内容所做的规定，也称用户定义完整性约束。通过这个约束限制数据库只接受符合完整性约束的数据，从而保证数据的合理性。例如，表中性别数据只能是男和女，百分制的分数取值只能是 0 ~ 100，不能是任意值。

（2）实体完整性　实体完整性规定关系中主键的值不能为空值。关系模型对应的现实世界的数据实体，主键是实体唯一的表现，没有主键就没有实体，所以主键不能为空值。

（3）参照完整性规则　也称引用完整性规则，要求外键取值必须是客观存在的，不允许外键的取值在另一个被引用的关系中不存在。例如，例 1-7 中的学生表和宿舍表，学生表中的宿舍编号是外键，学生表中宿舍编号的取值只能是以下两种情况：

1）取值为宿舍表中宿舍编号存在的值，因为一个学生不能住在一个不存在的宿舍里。

2）取空值，表示该学生还未被分配到任何宿舍，可以待以后分配。注意空值为 NULL，不是 0 或空格。

1.2.3　E-R图转化成关系数据模型

E-R图转化成关系数据模型，就是将实体、实体的属性和联系转化成关系模式。转化过程遵循如下原则：

（1）实体的转化　一个实体转化成一个关系，实体的属性就是关系的属性，实体的码就是关系的码。

（2）联系的转化　联系的转化有两种方法：

1）一个联系转化成一个关系，关系属性包含两部分：联系本身属性、与联系有关的实体主键。

2）对于不同的联系，可以与其他关系模式合并。

① 1:1 联系的转化：将任意一端的码和联系的属性合并到另一端的关系模式。

② 1:n 联系的转化：将 1 端关系的码和联系本身的属性加入到 n 端关系模式中。

③ m:n 联系的转化：转化方法同①。

【例1-8】　将图 1-4 的 E-R 图转化成关系模式。

实体学生和借书证分别转化为关系模式：

学生（学号，姓名，性别，系，专业，班级）

借书证（借书证号）

联系办理可以转化为一个独立的关系模式：办理（学号，借书证号，办理日期），也可以将联系合并到其中任意一端的关系模式：学生（学号，姓名，性别，系，专业，班级，办理日期，借书证号）或借书证（借书证号，办理日期，学号）

最终得到的关系模式：

学生（<u>学号</u>，姓名，性别，系，专业，班级，办理日期，借书证号）

借书证（<u>借书证号</u>）

或者

学生（<u>学号</u>，姓名，性别，系，专业，班级）

借书证（<u>借书证号</u>，办理日期，学号）

【例1-9】　将图1-8转化成关系模式。

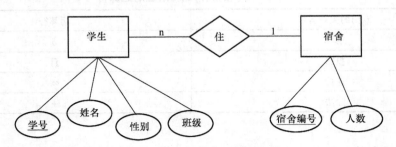

图1-8　学生宿舍分配E-R图

实体学生和宿舍转化为关系模式：

学生（<u>学号</u>，姓名，性别，班级）

宿舍（<u>宿舍编号</u>，人数）

联系转化为关系模式：

采用合并到关系模式的方法，将1端的主键加到n端关系模式上，学生关系模式变为学生（<u>学号</u>，姓名，性别，班级，宿舍编号）

最终得到的关系模式：

学生（<u>学号</u>，姓名，性别，班级，宿舍编号）

宿舍（<u>宿舍编号</u>，人数）

【例1-10】　将图1-9转化成关系模式。

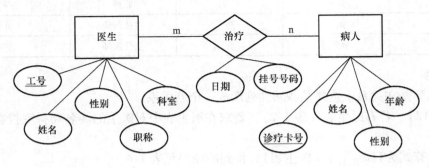

图1-9　医生治疗病人E-R图

实体医生和病人转化成关系模式：

医生（<u>工号</u>，姓名，性别，职称，科室）

病人（<u>诊疗卡号</u>，姓名，性别，年龄）

联系转化为关系模式：

治疗（<u>工号</u>，<u>诊疗卡号</u>，日期，挂号号码）

1.2.4 基本关系运算

关系的基本运算有两类：一类是传统的集合运算（并、差、交等），另一类是专门的关系运算（选择、投影、连接、除法等）。专门的关系运算对应的运算符见表1-1。

表1-1 专门的关系运算对应的运算符

专门的关系运算	运算符
选择	δ
投影	Π
连接	∞
除法	$\div$

1. 选择

选择运算是在关系（表）中选择满足条件的记录形成新关系（子表），即从表中选择符合条件的行。

【例1-11】 若有医生表（表1-2），要求在医生表中找出职称为主任医师的记录，形成一个新表。

算式为$\delta_{职称="主任医师"}$（医生表），该选择运算的结果见表1-3。

表1-2 医生表

工号	姓名	性别	职称	科室
200101	张林	男	主任医师	儿科
200503	王春梅	女	副主任医师	妇产科
200711	李丽芳	女	主任医师	外科

表1-3 选择运算结果表

工号	姓名	性别	职称	科室
200101	张林	男	主任医师	儿科
200711	李丽芳	女	主任医师	外科

2. 投影

投影运算是在关系中选择某些属性列形成一个新关系。

【例1-12】 若有医生表（表1-2），要求在医生表中对医生的姓名和科室投影形成一个新表。

投影运算式为$\Pi_{姓名,科室}$（医生表），得到的结果见表1-4。

表1-4 投影得到的新表

姓名	科室
张林	儿科
王春梅	妇产科
李丽芳	外科

3. 连接

连接运算是对两个表进行的操作，将两个表中在共同数据项上相互匹配的那些行合并起来。连接类型及定义见表1-5。

表1-5 连接类型表

连接类型	定义
内连接（包含自然连接和条件连接）	自然连接是将两个表的共同属性上进行等值条件连接后除去重复的属性后所得的表。条件连接是将两个表按照给定的条件进行连接形成新表
左外连接	包含左边表的全部行（不管右边的表中是否存在与它们匹配的行），以及右边表中全部匹配的行
右外连接	包含右边表的全部行（不管左边的表中是否存在与它们匹配的行），以及左边表中全部匹配的行
全连接	包含左、右两个表的全部行，不管另外一边的表中是否存在与它们匹配的行
交叉连接	生成笛卡儿积——它不使用任何匹配或者选取条件，而是直接将一个数据源中的每个行与另一个数据源的每个行都一一匹配

【例1-13】 若已知A表和B表，对A表和B表进行内连接、左外连接、右外连接、全连接和交叉连接，如图1-10所示。

A

T1	T2	T3
1	2	c
2	8	f
3	7	e

B

T1	T4	T5
1	1	c
2	5	b
5	9	e

A与B自然连接

T1	T2	T3	T4	T5
1	2	c	1	c
2	8	f	5	b

A与B左外连接

T1	T2	T3	T4	T5
1	2	c	1	c
2	8	f	5	b
3	7	e	NULL	NULL

A与B交叉连接

A.T1	T2	T3	B.T1	T4	T5
1	2	c	1	1	c
1	2	c	2	5	b
1	2	c	5	9	e
2	8	f	1	1	c
2	8	f	2	5	b
2	8	f	5	9	e
3	7	e	1	1	c
3	7	e	2	5	b
3	7	e	5	9	e

A与B右外连接

T1	T2	T3	T4	T5
1	2	c	1	c
2	8	f	5	b
5	NULL	NULL	9	e

A与B全连接

T1	T2	T3	T4	T5
1	2	c	1	c
2	8	f	5	b
5	NULL	NULL	9	e
3	7	e	NULL	NULL

图1-10 A表和B表的连接运算

1.2.5 关系规范化

规范化的目的是消除关系模式中的数据冗余，消除数据定义中不合理的部分，以解决数据插入、删除时发生异常的现象。关系数据库的规范过程中为规范化程度要求设立的不同标准称为范式（NF）。目前关系数据库有 6 种范式：第一范式（1NF）、第二范式（2NF）、第三范式（3NF）、第四范式（4NF）、第五范式（5NF）和第六范式（6NF）。满足最低要求的范式是 1NF。在 1NF 的基础上进一步满足更多要求的称为 2NF，其余范式以此类推。一般来说，数据库只需满足 3NF 就行了。下面举例说明。

1. 第一范式

第一范式（1NF）是对关系模式的基本要求，不满足 1NF 的数据库就不是关系数据库。1NF 是指数据库表的每一列都是不可分割的基本数据项，即实体中的某个属性不能有多个值或者不能有重复的属性。

【例 1-14】 有医生（工号，姓名，性别，职称，科室，诊疗卡号）表，其中诊疗卡号为病人诊疗卡号。要求一个医生一行，一个医生可以治疗多个病人。那么在一行中，诊疗卡号列有多个值，因此它不符合 1NF。规范化就是把它分成两个表：医生表和治疗表。医生（工号，姓名，性别，职称，科室），治疗（工号，诊疗卡号），这样两个表都满足 1NF 了。

2. 第二范式

对于满足第二范式（2NF）的表，除满足 1NF 外，其他非主关键字段都必须完全依赖于主键。

【例 1-15】 有治疗（工号，诊疗卡号，病人姓名，性别，年龄）表，该表主键是（工号，诊疗卡号），非主键字段有病人姓名、性别、年龄，这 3 个字段都只依赖于主键的一部分诊疗卡号，非完全依赖于主键，所以它不符合 2NF。对这个表进行规范化是将它分成两个表治疗（工号，诊疗卡号）和病人（诊疗卡号，病人姓名，性别，年龄），这样都满足 2NF 了。

3. 第三范式

对于满足第三范式（3NF）的表，除满足 2NF 外，且任何非主键字段不传递依赖于主键。传递依赖是指字段经其他字段依赖于主键。即非主属性不依赖于其他非主属性。3NF 的实际含义是要求非主键字段之间不应该有从属关系。

【例 1-16】 有学生（学号，姓名，性别，班级，宿舍编号，人数）表，人数为宿舍编号对应人数。存在决定关系：（学号）→（姓名，性别，班级，宿舍编号，人数），符合 2NF。但是又存在决定关系：（学号）→（宿舍编号）→（人数），即存在非关键字段人数对关键字段学号的传递依赖。所以学生表不符合 3NF。解决办法是分解成两个表学生（学号，姓名，性别，班级，宿舍编号）和宿舍（宿舍编号，人数），这样就满足 3NF 了。

规范化的优点是减少了数据冗余，节约了存储空间，加快了增、删、改数据的速度，但是对完全规范的数据库查询，通常需要更多的连接操作，从而影响查询速度。因此，有时为了提高某些查询或应用的性能也可以考虑降低某些表的规范等级。

本 章 小 结

本章主要介绍了数据库的基本知识。简要介绍了数据库的基本概念、数据库的发展以及主流数据库产品。详细介绍了关系数据库，包括 E-R 概念模型、关系模型、E-R 图向关系模型转化的规则、关系运算及关系的规范化。

实 训 任 务

1. 实训目的

1）熟悉 E-R 概念模型和关系模型的概念。

2）掌握数据的转换过程。

3）正确理解候选键、主键、外键的概念。

2. 实训要求

某计算机信息公司有若干部门，每个部门有若干员工，每个员工可以参与多个项目。其中部门的属性有部门编号、部门名称、部门经理、部门人数；员工信息包括员工编号、姓名、年龄、职称、职务、入职时间；项目属性包括项目编号、金额、完成情况等，每个项目设一个项目经理。

1）将上述问题转换成 E-R 图。

2）将 E-R 图转换成关系模型。

3. 实训步骤

1）确定各个实体即实体的属性和码。

2）确定实体间的联系及联系的属性。

3）确定联系的类型。

4）画出 E-R 图。

5）将 E-R 图转化成关系模型，写出关系模式。

练 习 题

一、判断题

1. 数据库技术是计算机数据处理与信息管理系统的核心。（　　）

2. 数据是用于描述现实世界中具体事物或抽象概念，可存储的数字符号。（　　）

3. 数据库是一个长期存储在计算机内的、有组织的、共享的、统一管理的数据集合。（　　）

4. 数据库管理系统是一个按数据结构来存储和管理数据的服务器管理系统。（　　）

5. 关系数据库，是建立在关系模型基础上的数据库。（　　）

二、单选题

1. 数据（Data）是一些可存储并具有明确意义的（　　）。

A. 符号　　　　　　B. 图形　　　　　　C. 文字　　　　　　D. 数字

2. 人工阶段计算机用于数值计算，没有操作系统及管理数据的软件，这一阶段对应的年代是（　　）。

A. 19 世纪 80 年代　　B. 20 世纪 20 年代　　C. 20 世纪 50 年代　　D. 20 世纪 80 年代

3. 在网页中常用的图像格式是（　　）。

A. BMP 和 JPG　　　　B. GIF 和 BMP　　　　C. PNG 和 BMP　　　D. GIF 和 JPG

4. 数据库系统的重要特征是（　　　）。

A. 数据的独立性和动态性　　　　　　　B. 数据的静态性和独立性

C. 数据的动态性和共享性　　　　　　　D. 数据的独立性和共享性

三、多选题

1. 与数据库技术密切相关的基本概念有（　　　）。

A. 数据　　　　　B. 数据库　　　　　C. 数据库管理系统　　　　D. 数据库系统

2. 数据库的类型包括（　　　）。

A. 关系型数据库　　B. 网状数据库　　C. 层次数据库　　　　D. 树形数据库

3. DBMS 提供数据操作语言 DML，为用户提供的操作包括（　　　）。

A. 数据的追加　　B. 数据的删除　　C. 数据的更新　　　D. 数据的查询

4. DBMS 要分类组织、存储和管理各种数据，需要包括（　　　）。

A. 数据字典　　　B. 用户数据　　　C. 存取路径　　　D. 服务器

5. 目前，DBMS 常见的品牌有（　　　）。

A. 微软公司的 SQL Server　　　　　B. IBM 公司的 DB2

C. 甲骨文公司的 Oracle　　　　　　D. 索尼公司的 MySQL

四、填空题

1. 数据库_____技术经历了人工管理阶段和文件管理阶段。

2. 文件系统不提供对任意部分数据的_____访问。

3. 关系数据库，是建立在关系_____基础上的数据库。

4. 实体—联系模型_____是由 P. P. Chen 于_____年首先提出的。

5. 通过属性可以对一个_____进行描述。

第 2 章　SQL Server 2008 简介

☞ 学习目标：

1）了解 SQL Server 2008 的发展历史。

2）了解 SQL Server 2008 的特点及新功能。

3）掌握 SQL Server 2008 的安装方法及参数配置。

4）熟悉 SQL Server 2008 管理工具的使用。

2.1　SQL Server 的发展历史

2.1.1　SQL Server 2008 概述

Microsoft 公司推出的 SQL Server 数据库管理系统是目前最为常用的大型数据库管理系统之一，它建立在成熟而强大的关系模型基础上，可以很好地支持客户机/服务器网络模式，能够满足构建各种类型的网络数据库的需求，具有功能强大、安全可靠等特点，可用于大型联机事务处理、电子商务、数据仓库和商业智能等。它具有方便易用的图形界面，并提供了一套完整的管理工具和实用工具，大大减轻了管理员的工作量，使用户对数据库的操作变得非常简单。正是由于 SQL Server 具有操作简单、功能强大、安全性高等特点，因此成为目前各级、各类学校学习大型数据库管理系统的首选对象。

SQL Server 2008 是 Microsoft 公司推出的最新一代的数据库管理系统，它是一个全面的数据库平台，使用集成的商业智能（Business Intelligence，BI）工具提供了企业级的数据管理。SQL Server 2008 数据库引擎为关系型数据和结构化数据提供了更安全可靠的存储功能，使用户可以构建和管理用于业务的高可用和高性能的数据应用程序，并引入用于提高开发人员、架构师和管理员的能力和效率的新功能。

Microsoft 公司期望市场不仅仅是把 SQL Server 2008 作为关系数据库系统来看待，而是将其定位为一个企业数据平台。虽然关系数据库引擎仍然是 SQL Server 2008 的核心，但是SQL Server 2008 所能提供的服务广度将远超过简单的关系数据库存储系统。

2.1.2　SQL Server 2008 的发展历史

SQL Server 系列产品的发展历程概述见表 2-1。

表 2-1　SQL Server 发展历程

年份	版本	说明
1988	SQL Server	与 Sybase 共同开发的、运行于 OS/2 上的联合应用程序
1993	SQL Server 4.2 一种桌面数据库	功能较少的桌面数据库，能满足小部门数据存储处理需求。数据库与 Windows 集成，界面易于使用并广受欢迎

（续）

年份	版本	说明
1994		微软与 Sybase 终止合作关系
1995	SQL Server 6.05 一种小型商业数据库	对核心数据库引擎做了重大的改写。在性能和特性上，尽管以后的版本还有很长的路要走，但这一版本的 SQL Server 具备了处理小型电子商务和内联网应用程序的能力，而在花费上却少于其他的同类产品
1996	SQL Server 6.5	SQL Server 逐渐突显实力，以至于 Oracle 推出了运行于 NT 平台上的 7.1 版本作为直接的竞争者
1998	SQL Server 7.0 一种 Web 数据库	再一次对核心数据库引擎进行了重大改写。该数据库介于基本的桌面数据库（如 Microsoft Access）与高端企业级数据库（如 Oracle 和 DB2）之间（价格上亦如此），为中小型企业提供了切实可行（并且还廉价）的可选方案。该版本易于使用，并提供了对于与其竞争的其他类型数据库来说需要额外附加的昂贵且重要的商业工具（如分析服务、数据转换服务），因此获得了良好的声誉
2000	SQL Server 2000 一种企业级数据库	SQL Server 在可扩缩性和可靠性上有了很大的改进，成为企业级数据库市场中重要的一员（支持企业的联机操作，其所支持的企业有 NASDAQ、戴尔和巴诺等）。它卓越的管理工具、开发工具和分析工具帮其赢得了新的客户
2005	SQL Server 2005	对 SQL Server 的许多地方进行了改写，例如，通过名为集成服务（Integration Service）的工具来加载数据。不过，SQL Server 2005 最伟大的飞跃是引入了 .NET Framework。引入 .NET Framework 将允许构建 .NET SQL Server 专有对象，从而使 SQL Server 具有灵活的功能，正如包含 Java 的 Oracle 所拥有的那样
2008	SQL Server 2008	SQL Server 2008 以处理目前能够采用的许多种不同的数据形式为目的，通过提供新的数据类型和使用语言集成查询（LINQ），在 SQL Server 2005 的架构的基础之上打造而成。SQL Server 2008 同样涉及处理像 XML 这样的数据、紧凑设备（Compact Device）以及位于多个不同地方的数据库安装。另外，它提供了在一个框架中设置规则的能力，以确保数据库和对象符合定义的标准，并且，当这些对象不符合该标准时，还能够就此进行报告

2.2　SQL Server 2008 的特点与功能

2.2.1　SQL Server 2008 的特点

SQL Server 2008 出现在 Microsoft 数据平台上是因为它使得企业可以运行他们最关键任务的应用程序，同时降低了管理数据基础设施和发送观察和信息给所有用户的成本。

作为 Microsoft 公司新一代的数据库管理产品，SQL Server 2008 虽然是建立在 2005 的基础之上，但是在功能、稳定性、易用性方面都有相当大的改进，已经成为至今为止最强大、最全面的 SQL Server 版本。

Microsoft 数据平台提供一个解决方案来存储和管理许多数据类型，包括 XML、E-mail、时间/日历、文件、文档、地理信息等。同时它还提供一个丰富的服务集合来与数据交互作用，实现搜索、查询、数据分析、报表、数据整合和同步功能。用户可以访问从创建到存档在任何设备中的信息，从桌面到移动设备的信息。SQL Server 2008 的数据平台如图 2-1 所示。

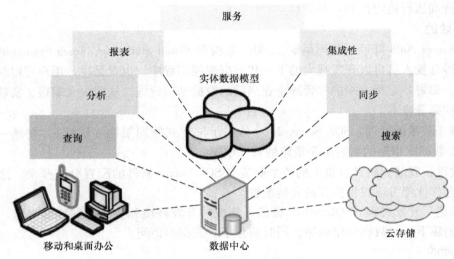

图 2-1 SQL Server 2008 数据平台

该平台具有以下几个特点。

1. 可信任的

SQL Server 2008 为使用的企业提供了一个高安全性、高可靠性且具备良好可扩展性的数据平台，使企业可以安全地运行其内部的关键任务。

（1）保护用户信息

1）简单的数据加密。SQL Server 2008 可以对整个数据库、数据文件和日志文件进行加密，而不需要改动应用程序。

2）外键管理。SQL Server 2008 通过支持第三方密钥管理和硬件安全模块（HSM）产品为加密和密钥管理提供了一个全面的解决方案。

3）增强了审查。SQL Server 2008 使用户可以审查其数据的操作，从而提高了遵从性和安全性。

（2）确保业务可持续性

1）改进了数据库镜像。包括页面自动修复、性能的提高和可支持性的加强。

2）热添加 CPU。为了在线添加内存资源而扩展 SQL Server 中的已有支持，热添加 CPU 使数据库可以按需扩展。事实上，CPU 资源可以添加到 SQL Server 2008 所在的硬件平台上而不需要停止应用程序。

（3）最佳的和可预测的系统性能

1）性能数据的采集。SQL Server 2008 推出了范围更大的数据采集，一个用于存储性能数据的新的集中的数据库，以及新的报表和监控工具。

2）扩展事件。SQL Server 扩展事件是一个用于服务器系统的一般的事件处理系统。

3）数据压缩。改进的数据压缩技术使数据可以更有效的存储，并且降低了数据的存储要求。

4）资源监控器。SQL Server 2008 随着资源监控器的推出，使用户可以提供持续的和可预测的响应给终端用户。

5）稳定的计划。SQL Server 2008 通过提供了一个新的制定查询计划的功能，从而提供了更好的查询执行稳定性和可预测性。

2. 高效的

SQL Server 2008 降低了管理系统、. NET 架构和 Visual Studioreg、Team System 的时间和成本，使得开发人员可以开发强大的下一代数据库应用程序。也就是说，用户可以快速和高效地开发、部署、运行、维护和管理企业当前的数据基础设施，从而大大缩短了实施应用系统的时间和部署成本。

1）基于政策的管理。SQL Server 2008 推出了陈述式管理架构（DMF），它是一个用于 SQL Server 数据库引擎的新的基于策略的管理框架。

2）改进了安装。将计算机上的各个安装与 SQL Server 软件的配置分离开来，这使得公司和软件合作伙伴可以提供推荐的安装配置。

3）加速了开发过程。SQL Server 提供了集成的开发环境和更高级的数据提取，使开发人员可以创建下一代数据应用程序，同时简化了对数据的访问。

3. 智能的

商业智能（BI）继续作为大多数公司投资的关键领域和对于公司所有层面的用户来说的一个无价的信息源。SQL Server 2008 就提供了这样一个全面的智能平台，可以在用户需要的时候给他发送观察和信息。在整个企业范围内实现了全面的商务智能，可进行任意大小、任意复杂度的报表和数据分析，实现强大的界面交互并与 Microsoft Office System 高度集成。

1）集成任何数据。SQL Server 2008 提供了一个全面的和可扩展的数据仓库平台，它可以用一个单独的分析存储进行强大的分析，以满足成千上万的用户在几兆字节的数据中的需求。

2）发送相应的报表。SQL Server 2008 让 IT 人员可以在整个公司内使用商业智能来管理报表以及任何规模和复杂度的分析，使得公司可以有效地以用户想要的格式和他们的地址发送相应的、个人的报表给成千上万的用户。

3）使用户获得全面的洞察力。及时访问准确信息，使用户快速对问题、甚至是非常复杂的问题作出反应，这是在线分析处理（Online Analytical Processing，OLAP）的前提。

2.2.2 SQL Server 2008 的新功能

在 SQL Server 2008 中，不仅对原有功能进行了改进，还添加了许多新功能：

1）使用 Resource Governor 管理并发工作负载。

2）通过 Policy- Based Management 在企业范围内加强策略的兼容性。

3）通过数据压缩以及稀疏列来降低存储需求并提升查询性能。

4）通过 Transparent Data Encryption 和高级审核实现对敏感数据的保护。

5）通过 Performance System Analysis，在企业范围内对 SQL Server 2008 的实例进行排错、

调优以及监控。

6）在 SQL Server Analysis Services 中构建高性能分析解决方案，实现可伸缩性、高性能、数据挖掘以及增强的用户界面。

7）在 SQL Server Reporting Services 中利用其提升的性能、高可用性、虚拟化技术与 Microsoft Office 2007 高度集成。

8）通过对空间数据的支持，实现对地理信息软件的集成。

2.3 SQL Server 2008 的安装与配置

在开始安装 SQL Server 2008 之前，首先必须要了解运行 SQL Server 2008 对计算机的硬件配置要求以及可运行的操作系统的版本及特点，并切记要卸载之前的任何旧的版本。

注意：如果完全安装 SQL Server 2008 需要 1.7GB 硬盘空间，实际需要的空间在 2GB 以上。SQL Server 2008 可以运行在 Windows Vista Home Basic 及更高版本上，也可以在 Windows XP 上运行；同时需要 .NET Framework 3.5 版本的支持。

如果使用光盘进行安装，插入 SQL Server 2008 的安装光盘，然后双击根目录中的 setup.exe 程序。如果不使用光盘进行安装，则双击下载的可执行安装程序即可。以下是在 Windows XP 平台上安装 SQL Server 2008 的主要步骤。

1）当启动安装程序后，首先检测系统是否有 .NET Framework 3.5 环境。如果没有会弹出安装此环境的对话框，此时可以根据提示安装 .NET Framework 3.5。

需要说明一下的是，.NET 是微软创建的一种框架，允许用不同编程语言（如 VB.NET、C#等）编写的程序有一个公共编译环境。SQL Server 2008 在其自身内部的一些工作要使用 .NET，当然，开发人员也可以用任何微软的 .NET 语言编写 .NET 代码，放入 SQL Server 中。在 SQL Server 2008 中，除了可以用 T-SQL 以外，还能够使用 .NET 和 LINQ 来查询数据库。

2）安装 .NET Framework 3.5 完成后，会出现"SQL Server 安装中心"窗口，如图 2-2 所示。该窗口涉及计划一个安装、设定安装方式（包括全新安装或从以前版本的 SQL Server 升级）以及用于维护 SQL Server 安装的许多其他选项。这里单击窗口左边的"安装"选项。

图 2-2 "SQL Server 安装中心"窗口

3）在"安装"选项卡中，单击"全新 SQL Server 独立安装或向现有安装添加功能"超链接，启动安装程序。此时进入"安装程序支持规则"页面，如图 2-3 所示。

注意：在图 2-3 所示的页面中，安装程序会检查安装 SQL Server 安装程序所支持文件时可能发生的问题，进行快速的系统检查。在 SQL Server 的安装过程中，要使用大量的支持文件，此外，支持文件也用来确保无瑕的和有效的安装。所以，必须更正所有失败，安装才能继续。

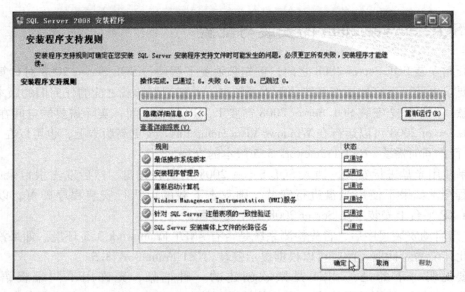

图 2-3 "安装程序支持规则"页面

4）单击"确定"按钮，进入"产品密匙"页面。选择要安装的 SQL Server 2008 版本，并输入正确的产品密匙，然后单击"下一步"按钮，在显示页面中勾选"我接受许可条款"复选框后单击"下一步"按钮继续安装。

5）在"安装程序支持文件"页面中，单击"安装"按钮开始安装，如图 2-4 所示。

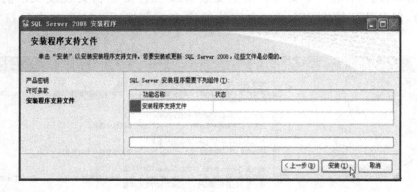

图 2-4 "安装程序支持文件"页面

6）安装完成后，回到"安装程序支持规则"页面，如图 2-5 所示。单击"下一步"按钮，进入"功能选择"页面，用户根据需要在"功能"选项组中勾选相应的复选框来选择要安装的组件，这里为全选，如图 2-6 所示。

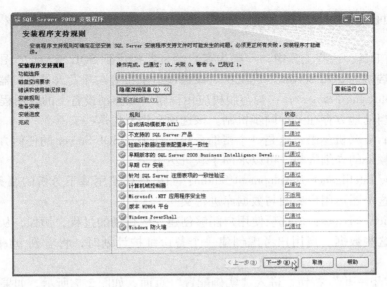

图2-5 检查系统配置

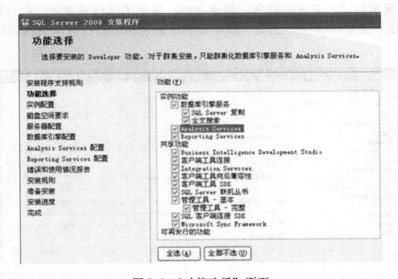

图2-6 "功能选择"页面

下面简要介绍一下图2-6中的大部分组件。

① 数据库引擎服务：这是 SQL Server 2008 的主要核心，安装 SQL Server 运行所需的主要引擎、数据文件等。

② SQL Server 复制：当用户在数据库上执行数据修改时，如果不仅想要把修改发送到该数据库上，而且想要把修改发送到一个相似的数据库上（这个相似数据库是为了复制修改而创建的），那么可以使用该选项把修改复制到那个数据库上。

③ 全文搜索：该选项允许对数据库中的文本进行搜索。

④ Analysis Services：使用该工具可以获取数据集，并对数据切块、切片，分析其中所包含的信息。

⑤ Reporting Services：该服务允许从 SQL Server 生成报表，而不必借助第三方工具，如 Crystal Report。

⑥ 客户端工具：这些工具中，一些为客户端机器提供到 SQL Server 的图形化界面，另一些则在客户端协同 SQL Server 一起工作。该选项适于布置在开发人员的机器上。

⑦ Microsoft Sync Framework：当与脱机应用程序（如移动设备上的应用程序）一起工作时，必须在适当的地方存在某种同步机制。该选项允许发生这些交互。

⑧ SQL Server 联机丛书：这是一个帮助系统，如果在 SQL Server 的任何方面需要更多的信息、说明或额外的详细资料，可以求助于联机丛书。

⑨ Business Intelligence Development Studio：如果想要使用基于分析的服务来分析数据，那么可以使用这个图形用户界面与数据库进行交互。

⑩ Integration Services：该选项使用户能够创建完成行动的过程，例如，从其他数据源导入数据并使用这些数据。当用户考虑创建一个备份维护计划时，将看到 Integration Services 的实际运作。

7）单击"下一步"按钮，进入"实例配置"页面，如图 2-7 所示。如果选中"命名实例"单选按钮，则需要指定实例名称。

在图 2-7 所示的"已安装的实例"列表框中，显示了运行安装程序的计算机上的 SQL Server 实例。如果要升级其中一个实例而不是创建新实例，可在显示的列表框中选择实例名称。

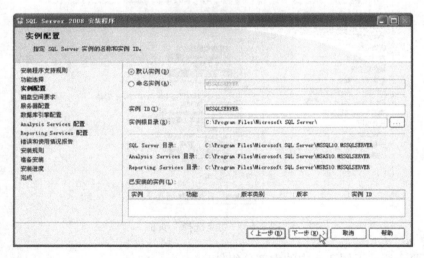

图 2-7 "实例配置"页面

8）单击"下一步"按钮，进入"服务器配置"页面。在"服务账户"选项卡中为每个 SQL Server 服务单独配置用户名、密码以及启动类型，如图 2-8 所示。

正如用户在使用系统前必须先登录到 Windows 一样，SQL Server 以及在"功能选择"界面中定义的其他服务在启动前也必须先登录到 Windows。SQL Server、Reporting Services 等服务不需要任何用户登录到安装 SQL Server 的计算机上就可以运行，只要计算机成功启动即可。当 SQL Server 安装在位于远程服务器机房中的服务器上时，这种情况极为平常。

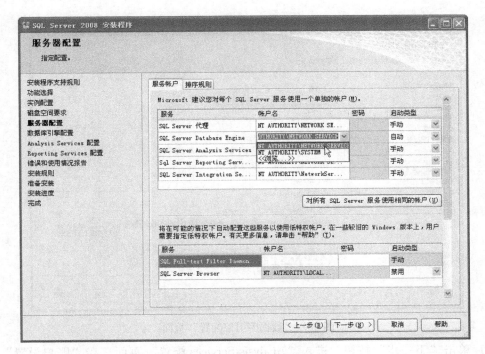

图 2-8   "服务器配置"页面

当然，也可以通过系统的"控制面板"中的"管理工具"里的"服务"功能，对此进行更改。然而，使用"配置工具"中的"SQL Server 配置管理器"或许会更好些。通过使用"SQL Server 配置管理器"，将会把账户添加到正确的组中，并给予恰当的权限。

如果注意到 SQL Server Browser（即 SQL Server Management Studio 的另一个名字），会发现它默认是被禁用的。多数 SQL Server 安装在服务器上，并且常常是远程服务器上，因此，没必要让 SQL Server Browser 运行。一般来说，用户会从客户端机器上连接到 SQL Server。尽管如此，这里还是假设该 SQL Server 并非安装在服务器上，而是在一台本地计算机上，因此，将该选项更改为"自动"启动。

9）单击"下一步"按钮，进入"数据库引擎配置"页面。在"账户设置"选项卡中指定身份验证模式、内置的 SQL Server 系统管理员账户和 SQL Server 管理员，如图 2-9 所示。

"身份验证模式"项目栏中有两个选择：Windows 身份验证模式和混合模式。Windows 身份验证模式表明将使用 Windows 的安全机制维护 SQL Server 的登录，混合模式则或者使用 Windows 的安全机制，或者使用 SQL Server 定义的登录 ID 和密码。此外，如果使用混合模式，还需要为名为 sa 的特殊登录 ID 设置密码。

另外，还必须指定 SQL Server 管理员账户。这是一个特殊的账户，在极其紧急的情况下（如当 SQL Server 拒绝连接时），能够使用这个账户进行登录。用户可以用这个特殊的账户登录，对当前的情形进行调试，并让 SQL Server 恢复运行。

对于 Analysis Services 也会有类似的界面，并且，也使用相同的设置。

注意：上面安装步骤 1～9 是 SQL Server 2008 的核心设置。接下来的安装步骤取决于前面选择组件的多少。

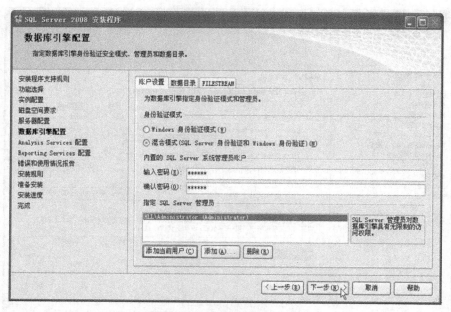

图 2-9 "数据库引擎配置"页面

10）单击"下一步"按钮，进入"Analysis Services 配置"页面。在"账户设置"选项卡中指定哪些用户具有对 Analysis Services 的管理权限，如图 2-10 所示。

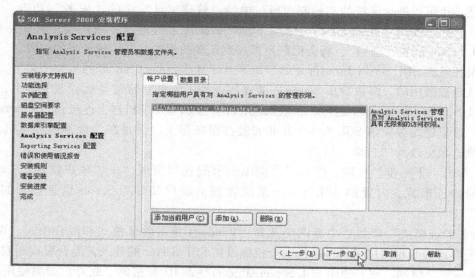

图 2-10 "Analysis Services 配置"页面

11）单击"下一步"按钮，进入"Reporting Services 配置"页面，如果在前面选择了安装 Reporting Services，则需要创建报表服务器所使用的数据库。

对 Reporting Services 而言，有 3 个不同的安装选项：安装本机模式默认配置、安装 Share-Point 集成模式默认配置、安装但不配置报表服务器，如图 2-11 所示。如果选择最后一个选项，将在服务器上安装 SQL Server Reporting Services，但不会对其进行配置。如果只是为了报表选项而构建特定的服务器，则该选项十分理想。安装完成后，必须创建报表数据库。

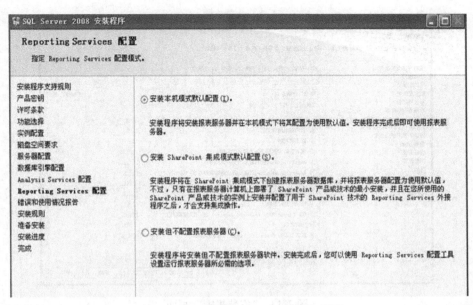

图 2-11 "Reporting Services 配置"页面

"本机"模式配置是最简单的选项，也是这里要使用的选项。选择该选项，将在 SQL Server 中安装 Reporting Services，并创建必需的数据库。仅当用户在本地实例而非远程实例上进行安装，并且 Reporting Services 也存在于那个本地实例上时，该选项才是有效的。对服务账户，本地实例（即 Localhost）中的报表服务器的 URL、报表管理器 URL 以及报表服务数据库的名称使用默认值。

如果部署了 SharePoint 安装，并且想要 Reporting Services 使用该体系结构，则选择第二项，允许用户使用 SharePoint 的功能。

12）单击"下一步"按钮，进入"错误和使用情况报告"页面，如图 2-12 所示。在打开的页面中通过勾选复选框来激活某些功能，针对 SQL Server 2008 的错误和使用情况报告进行设置。

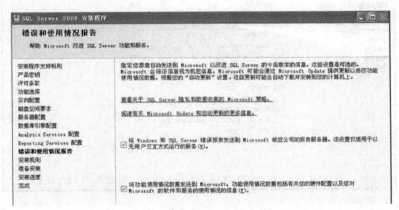

图 2-12 "错误和使用情况报告"页面

13）单击"下一步"按钮，进入"安装规则"页面，检查是否符合安装规则，如图 2-13 所示。

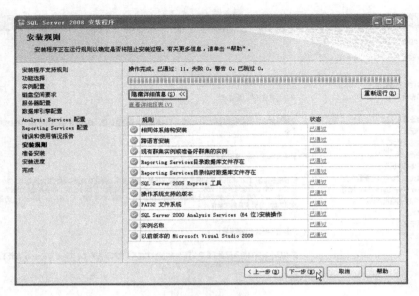

图 2-13　"安装规则"页面

14）单击"下一步"按钮，在打开的"安装进度"页面中显示了所有要安装的组件，确认无误后单击"安装"按钮开始安装。安装程序会根据用户对组件的选择复制相应的文件到计算机中，并显示正在安装的功能名称、安装状态和安装结果，如图 2-14 所示。

15）在图 2-14 所示的"功能名称"列表中所有项安装成功后，单击"下一步"按钮完成安装。

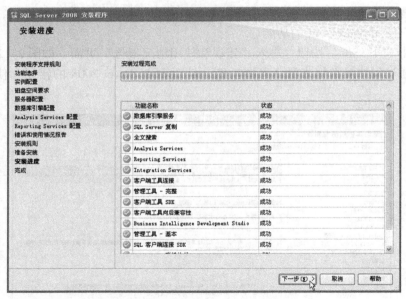

图 2-14　"安装进度"页面

16）验证安装结果。为了确保安装是正确的，用户也可以采用如下一些常用的验证方法：

① 检查 Microsoft SQL Server 系统的服务和工具是否存在。

② 应该自动生成的系统数据库和样本数据库是否存在。

③ 相关系统目录和文件是否正确等。

2.4 SQL Server 2008 的管理工具

Microsoft SQL Server 2008 系统提供了大量的管理工具，实现了对系统进行快速、高效的管理。本节将介绍随安装程序一起安装的附带管理工具和程序，其中有些是新增的，有些是增强了以前的功能。了解并掌握它们的使用将有助于读者更好地学习后面的知识。

这些管理工具主要包括 Microsoft SQL Server Management Studio、SQL Server 配置管理器、SQL Server Profiler、数据库引擎优化顾问以及大量的命令行实用工具。其中，最重要的工具是 Microsoft SQL Server Management Studio。下面分别介绍这些工具的特点和作用。

1. Microsoft SQL Server Management Studio

Microsoft SQL Server Management Studio 是 Microsoft SQL Server 2008 提供的一种集成环境，将各种图形化工具和多功能的脚本编辑器组合在一起，完成访问、配置、控制、管理和开发 SQL Server 的所有工作。它组合了大量图形工具和丰富的脚本编辑器，大大方便了不同层次技术水平的开发人员和数据库管理员对 SQL Server 系统的各种访问。

SQL Server Management Studio 将早期的企业管理器、查询分析器和 Analysis Manager 功能整合到单一的环境中。开发人员可以获得熟悉的体验，而数据库管理员可获得功能齐全的单一使用工具，其中包含易于使用的图形工具和丰富的脚本撰写功能。

Microsoft SQL Server Management Studio 启动后主窗口如图 2-15 所示。

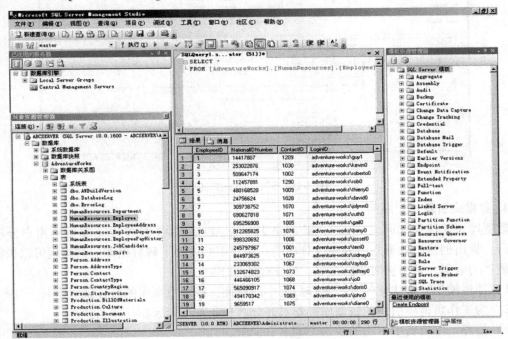

图 2-15 Microsoft SQL Server Management Studio

27

2. SQL Server 配置管理器

在 Microsoft SQL Server 2008 系统中，可以通过"计算机管理"工具或"SQL Server 配置管理器"查看和控制 SQL Server 的服务。作为管理工具的配置管理器统一包含了 SQL Server 2008 服务、SQL Server 2008 网络配置和 SQL Native Client 配置 3 个工具供数据库管理员做服务启动/停止与监控、配置服务器端支持的网络协议，供用户访问 SQL Server 网络相关设置等工作。通过右击某个服务名称，可以查看该服务的属性，以及启动、停止、暂停、重新启动相应的服务。

3. SQL Server Profiler

SQL Server Profiler 是用于 SQL 跟踪的图形化实时监视工具，用来监视数据库引擎或分析服务的实例。可以捕获每个数据库事件的数据，并将其保存到文件或表供以后分析。例如，死锁的数量、致命的错误、跟踪 SQL 语句和存储过程等，这就相当于使用摄像机记录一个场景的所有过程，以后可以反复地观看。

从 Microsoft SQL Server Management Studio 窗口的"工具"菜单中即可运行 SQL Server Profiler。SQL Server Profiler 的运行窗口如图 2-16 所示。

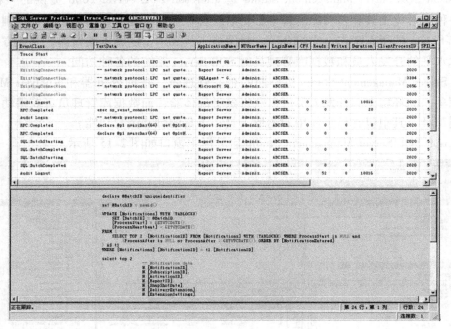

图 2-16　SQL Server Profiler

4. 数据库引擎优化顾问

数据库引擎优化顾问（Database Engine Tuning Advisor）工具可以完成帮助用户分析工作负荷、提出创建高效率索引的建议等功能。用户不必详细了解数据库的结构就可以选择和创建最佳的索引、索引视图和分区等。具体功能如下：

1）通过使用查询优化器分析工作负荷中的查询，推荐数据库的最佳索引组合。

2）为工作负荷中引用的数据库推荐对齐分区和非对齐分区。

3）推荐工作负荷中引用的数据库的索引视图。

4）分析所建议的更改将会产生的影响，包括索引的使用、查询在工作负荷中的性能。

5）推荐为执行一个小型的问题查询集而对数据库进行优化的方法。

6）允许通过指定磁盘空间约束等选项对推荐进行自定义。

7）提供对所给工作负荷的建议执行效果的汇总报告。

工作负荷是对将要优化的一个或多个数据库执行的一组 SQL 语句，用户既可以在 SQL Server Management Studio 中的查询编辑器中创建 SQL 脚本工作负荷，也可以使用 SQL Server Profiler 中的优化模板来创建跟踪文件和跟踪表工作负荷。

5. 命令行实用工具

在 Microsoft SQL Server 2008 系统中，不仅提供了大量的图形化工具，还提供了大量的命令行实用工具。这些命令行实用工具包括 bcp、dta、dtexec、dtutil、Microsoft. AnalysisServices. Deployment、nscontrol、osql、profiler90、rs、rsconfig、rskeymgmt、sac、sqlagent90、sqlcmd、SQLdiag、sqlmaint、sqlservr、sqlwb、tablediff 等，下面进行简要说明。

1）bcp：可以在 SQL Server 2008 实例和用户指定格式的数据文件之间进行大容量的数据复制。

2）dtexec：用于配置和执行 SQL Server 2008 Integration Services 包。用户通过它可以访问所有 SSIS 包的配置信息和执行功能，这些信息包括连接、属性、变量、日志进度指示器等。

3）dtutil：作用类似于 dtexec，也是执行与 SSIS 包有关的操作。但是，该工具主要用于管理 SSIS 包，包括验证包的存在性及对包进行复制、移动、删除等操作。

4）rsconfig：与报表服务相关的工具，可以对报表服务连接进行管理。

5）sqlwb：可以在命令提示符中打开 SQL Server Management Studio，并且可以与服务器建立连接、打开查询、脚本、文件、项目和解决方案等。

6）tablediff：用于比较两个表中的数据是否一致，对于排除复制中出现的故障非常有用，用户可以在命令提示符中使用该工具执行比较任务。

7）sqlcmd：提供了在命令提示符中输入 SQL 语句、系统过程和脚本文件的功能。实际上，该工具是作为 osql 和 isql 的替代工具而新增的，它通过 OLE DB 与服务器进行通信。sqlcmd 命令的运行窗口如图 2-17 所示。

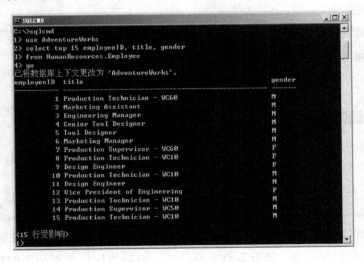

图 2-17　sqlcmd 命令行举例

本 章 小 结

本章首先简要介绍了 SQL Server 2008，回顾了 SQL Server 的发展过程，了解了其新功能特点。之后，介绍了安装规划的目的和内容，这些内容有助于用户做好安装前的准备工作。接下来，对安装过程中的主要问题进行了分析。接着，对数据库和数据库对象的特点进行了分析和研究。最后，对系统提供的常用的管理工具进行了介绍与分析。

实 训 任 务

实训 1：注册 SQL Server 服务器

注册服务器是指为 SQL Server 客户机/服务器系统确定一台数据库所在的机器，该机器作为服务器，可以为客户端的各种请求提供服务。

注册 SQL Server 服务器的操作步骤如下：

1）从"开始"菜单中选择"程序"→"Microsoft SQL Server 2008"→"SQL Server Management Studio"命令，打开 Microsoft SQL Server Management Studio 主窗口，并单击"取消"按钮。

2）在"视图"菜单中选择"已注册的服务"命令，打开"已注册的服务"窗口。在左侧窗格中展开"数据库引擎"项，然后右击"Local Server Groups"项，在弹出的快捷菜单中选择"新建服务器注册"命令，如图 2-18 所示。

3）打开"新建服务器注册"对话框，如图 2-19 所示。在"服务器名称"文本框中输入或选择要注册的服务器名称，在"身份验证"下拉列表框中选择"SQL Server 身份验证"项。

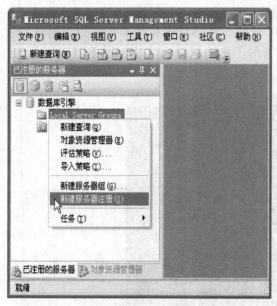

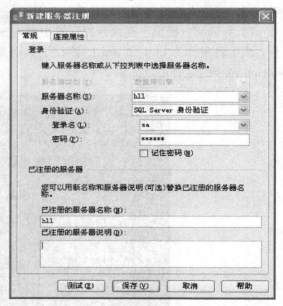

图 2-18　选择"新建服务器注册"命令　　　　图 2-19　"新建服务器注册"对话框

4）设置完成后，切换到"连接属性"选项卡，此时可以设置连接到的数据库、网络以及其他连接属性，如图 2-20 所示。

"连接到数据库"下拉列表框用于指定当前用户将要连接到的数据库名称,包含"默认值"和"浏览服务器"两个选项。如果选择"浏览服务器"项,将打开"查找服务器上的数据库"对话框,可以指定当前用户连接服务器时默认的数据库,如图 2-21 所示。

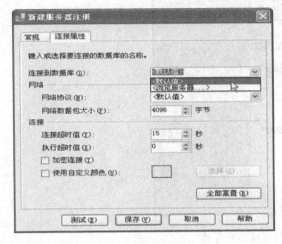

图 2-20 设置连接属性

图 2-21 "查找服务器上的数据库"对话框

注意:如果从"连接到数据库"下拉列表中选择"默认值"项,表示连接到 SQL Server 系统中当前用户默认使用的数据库。

5)设置完成后,单击"确定"按钮,返回到"连接属性"选项卡,单击"测试"按钮验证连接是否成功。

6)最后单击"保存"按钮完成注册服务器操作。在"Local Server Groups"项下将显示刚才所注册的服务器,如图 2-22 所示。

上面已经注册一个 SQL Server 服务器,如果想连接到该服务器对其进行配置,可以在注册的服务器名称上右击,在弹出的快捷菜单中选择"对象资源管理器"命令,在打开的"连接到服务器"对话框中输入注册服务器的信息,如图 2-23 所示。

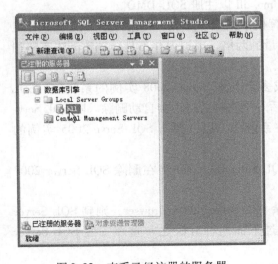

图 2-22 查看已经注册的服务器

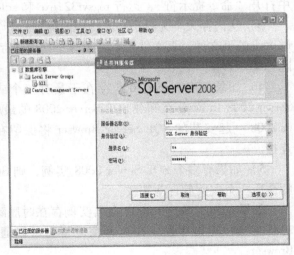

图 2-23 "连接到服务器"对话框

然后单击"连接"按钮，此时自动打开"对象资源管理器"窗口，在该窗口中显示已经连接的服务器 hll，如图 2-24 所示。

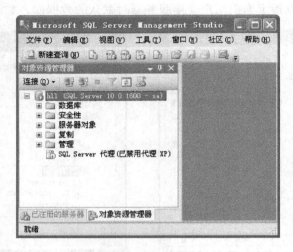

图 2-24　显示已经连接的服务器

提示：从"开始"菜单中选择"程序"→"Microsoft SQL Server 2008"→"SQL Server Management Studio"命令，然后在弹出的"连接到服务器"对话框中输入注册服务器信息，也可以连接到刚才注册的 SQL Server 服务器。

实训 2：卸载 SQL Server 2008

（1）卸载前的准备　在卸载 SQL Server 2008 之前，需要注意以下重要信息：

1）最好使用"控制面板"中的"添加或删除程序"功能卸载 SQL Server 2008。

2）在同时运行 SQL Server 2008 和早期 SQL Server 版本的计算机上，企业管理器和其他依赖于 SQL- DMO（SQL Distributed Management Objects）的程序可能被禁用。

注意：如果要重新启用企业管理器和对 SQL- DMO 有依赖关系的其他程序，可以在系统中打开"命令提示符"，运行 regsvr32. exe 和 sqldmo. dll 以注册 SQL- DMO。

3）从内存大小为最小必需物理内存量的计算机中删除 SQL Server 组件前，应确保有足够大小的页文件。页文件大小必须等于物理内存量的两倍。虚拟内存不足会导致无法完整删除 SQL Server。

4）如果 SQL Server 2005 存在于具有一个或多个 SQL Server 2008 实例的系统上，SQL Server 2008 Browser 在卸载 SQL Server 2008 的最后一个实例后将不会自动删除。随 SQL Server 2008 一起安装的 SQL Server Browser 将保留在系统中，以方便与 SQL Serve 2005 实例的连接。

5）如果有多个 SQL Server 2008 实例，则 SQL Server Browser 将在删除 SQL Server 2008 的最后一个实例后自动卸载。

如果在 SQL Server 2005 命名实例存在时删除 SQL Server 2008 Browser，则到 SQL Server 2005 的连接可能中断。在这种情况下，可以通过下面两种方法之一重新安装 SQL Server Browser：

1）使用"控制面板"中的"程序和功能"修复 SQL Server 2005 实例。

2）安装 SQL Server 2005 数据库引擎实例或 Analysis Services 实例。

注意：如果要卸载 SQL Server 2008 的所有组件，则必须从"控制面板"的"程序和功能"中手动卸载 SQL Server Browser 组件。

卸载 SQL Server 之前，需要先执行以下步骤，以免丢失以后需要使用的数据：

1）备份数据。确保先备份数据，再卸载 SQL Server。或者，将所有数据和日志文件的副本保存在 MSSQL 文件夹以外的文件夹中。卸载期间 MSSQL 文件夹将被删除。

2）删除本地安全组。卸载 SQL Server 之前，应先删除用于 SQL Server 组件的本地安全组。

3）保存或重命名 Reporting Services 文件夹。如果将 Reporting Services 与 SQL Server 安装一起使用，应保存或重命名以下文件夹或子文件夹。

<驱动器> \Microsoft SQL Server\Reporting Services。

<驱动器> \Microsoft SQL Server\MSSQL\Reporting Services。

<驱动器> \Microsoft SQL Server\ <SQL Server instance name> \Reporting Services。

<驱动器> \Microsoft SQL Server\100\Tools\Report Designer。

注意：如果以前是使用 SSRS 配置工具配置的安装，则名称可能会与以上列表中的名称有所不同。此外，数据库可能位于运行 SQL Server 的远程计算机上。

4）删除 Reporting Services 虚拟目录。使用 Microsoft Internet 信息服务管理器删除虚拟目录 ReportServer［$ InstanceName］和 Reports［$ InstanceName］。

5）删除 ReportServer 应用程序池。使用 IIS 管理器删除 ReportServer 应用程序池。

6）停止所有 SQL Server 服务，因为活动的连接可能会使卸载过程无法成功完成。建议先停止所有 SQL Server 服务，然后再卸载 SQL Server 组件。

（2）正式卸载

1）从系统的"开始"菜单中选择"设置"→"控制面板"命令，然后在打开的"控制面板"窗口中双击"添加或删除程序"图标。

2）选择要卸载的 SQL Server 组件，然后单击"更改/删除"按钮，打开如图 2-25 所示的对话框。

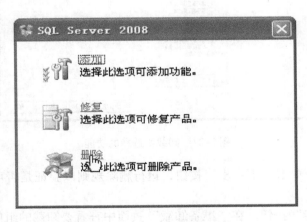

图 2-25　卸载 SQL Server 2008

3）单击"删除"超链接，将运行安装程序支持规则以验证计算机配置，如果要继续，则单击"确定"按钮。

4）在打开的"选择实例"对话框中，从"要从中删除功能的实例"下拉列表框中选择要删除的 SQL Server 实例，或者指定与仅删除 SQL Server 共享功能和管理工具相对应的选项，如图 2-26 所示。

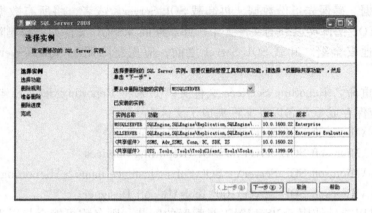

图 2-26 卸载选择的实例

5）设置完成后，单击"下一步"按钮。在"选择功能"页面中选择要从指定的 SQL Server 实例中删除的功能，如图 2-27 所示。

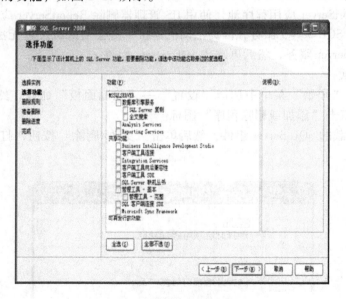

图 2-27 卸载所选择的功能

6）设置完成后，单击"下一步"按钮，运行删除规则以验证是否可以成功完成删除操作，如图 2-28 所示。

7）单击"下一步"按钮，在"准备卸载"页面中查看要卸载的组件和功能的列表，然后单击"删除"按钮。

8）在"删除进度"页面中查看删除状态，然后单击"下一步"按钮。

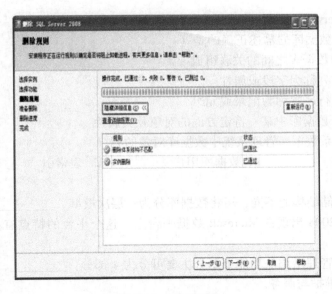

图 2-28　删除规则

9）在打开的页面中单击"关闭"按钮，退出删除向导。

10）重复步骤 2 ~ 9，直到删除所有 SQL Server 2008 组件。

练　习　题

一、判断题

1. SQL Server 2000 是一种企业级数据库。（　　）

2. SQL Server Profiler 是用于查看和控制 SQL Server 的服务。（　　）

3. SQL Server Management Studio 在单一的环境中整合了企业管理器、查询分析器和 Analysis Manager的功能。（　　）

4. rsconfig 实用工具具用于配置和执行 SQL Server 2008 Integration Services 包。（　　）

二、单选题

1. 下面给出的名称中属于数据库的是（　　）。

A. MySQL　　　　　　　B. MyBase　　　　　　C. SQL Data　　　　　　D. Java

2. 下面关于 SQL Server 2008 新增功能的描述中正确的是（　　）。

A. 表现树状的层次结构的数据类型 HierarchyId

B. 报表服务为用户提供了各种类型报表的需求

C. 用户不可以自定义表数据类型

D. 支持 XML 数据操纵语言的插入功能

3. 下列用来指定和区分不同的实体实例的是（　　）。

A. 实体　　　　　　　　B. 属性　　　　　　　C. 标识符　　　　　　D. 关系

三、多选题

1. SQL Server 2008 系统的组成部分包括（　　）。

A. 数据库引擎　　　　　　　　　　　　B. Analysis Services

  C. Reporting Services   D. Integration Services

2. 下面对关系数据库的描述正确的是（　　　　）。

A. 由数据表和数据表之间的关联组成

B. 数据表中的列称为字段或属性

C. 数据表中的行通常称为记录或元组

D. 数据表说明数据库中某一特定方面的对象及其属性

3. 下面属于关系数据库管理系统中数据库对象的有（　　　　）。

A. 数据表视图   B. 数据库用户   C. 表索引   D. 列默认值

四、填空题

1. 根据数据存储结构的不同，可将数据库分为：层次模型、_____和_____。

2. SQL Server 2008 出现在 Microsoft 数据平台上，这个平台的特点有：_____、可信任的和_____。

3. 关系数据库管理系统从功能上划分主要可分为 4 部分：_____、数据库操纵语言、_____和数据库维护与服务。

第3章 T-SQL 语言

☞ 学习目标:
1) 掌握 T-SQL 语言的基础知识。
2) 了解 T-SQL 语言的语言元素。

3.1 T-SQL 语言基础知识

结构化查询语言（Structured Query Language，SQL）是一种数据库查询和程序设计语言，用于存取数据以及查询、更新和管理关系数据库系统。Transact-SQL（简称 T-SQL）从 SQL 语言标准扩展而来，是唯一可以和 SQL Server 数据库管理系统进行交互的语言，具有功能强大、简单易学的特点。它可以将语句嵌入到某种高级程序设计语言（如 C、C++、VB）中，从而与数据库发生交互。T-SQL 语言的基本成分是语句，有一个或多个语句可以构成一个批处理，有一个或多个批处理可以构成由 sql 为文件扩展名的一个查询脚本并保存在磁盘文件中，供以后需要使用。

T-SQL 语言主要由以下几个部分组成:
1) 数据定义语言（Data Definition Language，DDL）。
2) 数据操纵语言（Data Manipulation Language，DML）。
3) 数据控制语言（Data Control Language，DCL）。
4) 事务控制语言（Transaction Control Language，TCL）。
5) 其他语言元素。

其中，数据定义语言的主要语句有 CREATE、ALTER、DROP、TRUNCATE、COMMENTS、GRANT、REVOKE 等，数据操纵语言的主要语句有 SELECT、INSERT、UPDATE、DELETE，数据控制语言的主要语句有 GRANT、DENY、COMMIT、SAVEPOINT、ROLLBACK、SET TRANSACTION，常用语句有 SELECT、INSERT、UPDATE、DELETE、CREATE、ALTER、DROP、GRANT、DENY 等。

除了常用语句外，T-SQL 语言还包括了其他语言元素，如注释、变量、运算符、表达式、函数和流程控制语句和批处理。

3.2 T-SQL 语言的语言元素

3.2.1 T-SQL 语言常用语句

T-SQL 语言常用的语句有查询语句 SELECT、插入数据语句 INSERT、修改语句 UPDATE、删除语句 DELETE。SELECT FROM 语句可以实现各种形式的查询操作，一般会配合条件语句 WHERE、AND、OR、分组语句 GROUP BY、分组条件语句 HAVING、排序语句

ORDER BY、模糊查询语句 LIKE 等一起使用。

CREATE、ALTER 和 DROP 语句等是创建、修改和删除语句。GRANT、DENY、RE-VOKE 是权限授予、收回、拒绝语句。

1. 查询语句 SELECT

SELECT FROM 是基本的查询语句，可以实现各种形式的数据查询操作。最简单的语法格式如下：

SELECT * FROM 表名 WHERE 查询条件

【例 3-1】 在员工信息表中，查找年龄小于 30 岁的员工的姓名、职称。使用查询语句：

SELECT 姓名，职称 FROM 员工信息 WHERE 年龄 < 30

查询结果如下：

姓名	职称
李四	初级
王五	中级

2. 插入数据语句 INSERT

INSERT 语句用于向表中增加数据。简单的语法格式如下：

INSERT INTO 表名 （列名列表） VALUES （对应列值）

【例 3-2】 在员工信息表中，插入一行记录。使用插入语句：

INSERT INTO 员工信息 （工号，姓名，部门） VALUES （'0000102 ', '李丽', '研发部'）

3. 更新数据语句 UPDATE

使用更新语句 UPDATE 可以修改表中特定字段的数据。简单的语法格式如下：

UPDATE 表名 SET 列名 = 值 WHERE 条件

【例 3-3】 在员工信息表中，将姓名为李丽的员工部门改为市场部。

使用更新语句：

UPDATE 员工信息 SET 部门 = '市场部' WHERE 姓名 = '李丽'

4. 删除语句 DELETE

DELETE 语句用于删除表中的记录。简单语法格式如下：

DELETE FROM 表名 WHERE 条件

【例 3-4】 在员工信息表中，删除姓名为李丽的记录。

使用删除语句：

DELETE FROM 员工信息 WHERE 姓名 = '李丽'

以上是常用的数据操纵语言中的语句，其详细用法见相关操作章节。其他常用的语句在后续章节中也有介绍，这里不做详细描述。

3.2.2 注释

注释用于对代码进行说明，是程序代码中不执行的文本字符串。使用注释可以使程序代码易于阅读和维护。注释内容不被系统编译，也不被程序执行。

T-SQL 语言的注释分单行注释和多行注释两种。

1）单行注释：使用双连接字符 "--"，从 "--" 开始到行尾均为注释。

2）多行注释：格式为"/＊…＊/"，以"/＊"作为注释开始，"＊/"作为注释结束。

3.2.3　变量

T-SQL 语言中有两种类型的变量：局部变量和全局变量。

1. 局部变量

局部变量是用户可自定义的变量，作用范围仅在程序内部。

（1）局部变量的定义　使用局部变量之前，必须先对局部变量进行定义。使用 DE-CLARE 语句来定义变量：

DECLARE @ variable _ name datatype［,…n］

其中@ variable _ name 为变量名，变量名需要符合标识符的命名规则，并且以@ 开头。datatype 为变量的数据类型，除了 text、ntext、image 之外的系统提供的或用户自定义的数据类型。

（2）局部变量的赋值　系统将局部变量的初始值设置为 NULL，可使用 SET 或 SELECT 语句对局部变量进行赋值。赋值格式为：

SET @ variable _ name = expression 或

SELECT @ variable _ name = expression FROM…

其中 expression 为任何有效的 SQL Server 表达式。

2. 全局变量

全局变量是由系统提供且预先声明的变量，以"@@"开头，用户只能使用，不能进行更改。其作用范围是任何程序，通常存储一些 SQL Server 的配置设定值和性能统计数据。如@@error 返回最后执行的 T-SQL 语句的错误代码。@@LANGUAGE 返回当前使用的语言名。

注意局部变量的名称不能与全局变量的名称相同。关于 SQL Server 的全局变量的更多信息请查阅相关资料。

3.2.4　运算符

运算符是程序语言中不可缺少的部分，T-SQL 语言的运算符主要有：算数运算符、赋值运算符、位运算符、比较运算符、逻辑运算符和字符串连接运算符。SQL Server 常用的运算符见表3-1。

表3-1　运算符

算术运算符	＋（加）、－（减）、＊（乘）、/（除）、%（取模）	算数运算符的作用是在两个以上表达式上执行数学算术，参与表达式的数据类型一般为数值型
赋值运算符	=	在 T-SQL 中只有一个赋值运算符，即为等于号 =。它的作用是将左边的变量值设置成右边的值
位运算符	&（按位与）	两位均为1，结果为1，否则为0
	｜（按位或）	有一位为1，结果为1，否则为0
	^（按位异或）	两位值不同时，结果为1，否则为0

（续）

比较运算符	＝（等于）＜（小于）＞（大于）＞＝（大于等于）＜＝（小于等于）＜＞（不等于）!＝（不等于）!＜（不小于）!＞（不大于）	也称为关系运算符，常用于测试两表达式值的关系，其结果为布尔数据类型，根据测试条件输出结果返回一个逻辑值 true 或 false
逻辑运算符	AND、OR、NOT、ALL、ANY、BETWEEN、EXISTS、IN、LIKE、SOME	返回逻辑值 true 或 false
字符串连接运算符	＋	用于连接字符串，如：SELECT 'he'＋'llo'，执行结果为：hello

当一个复杂的表达式有多个运算符时，根据运算符的优先顺序执行运算。

3.2.5　函数

函数是程序设计语言的重要组成部分，T-SQL 语言提供了丰富的函数。SQL Server 中的函数分为两种类型：一种是系统提供的内部函数；另一种是用户自定义函数。

利用系统函数可以帮助用户获取系统的相关信息，执行相关计算，实现数据转换以及统计功能等。SQL Server 提供的系统函数包括聚合函数，配置函数，日期函数，数学函数，字符串函数等，见表3-2。具体各函数的功能可查阅联机丛书。

表 3-2　SQL Server 函数分类

函数类别	作　用
聚合函数	执行的操作是将多个值合并为一个值，如 COUNT、SUM、MIN 和 MAX
配置函数	是一种标量函数，可返回有关配置设置的信息
转换函数	将值从一种数据类型转换为另一种
加密函数	支持加密、解密、数字签名和数字签名验证
游标函数	返回有关游标状态的信息
日期和时间函数	可以更改日期和时间的值
数学函数	执行三角、几何和其他数学运算
元数据函数	返回数据库和数据库对象的属性信息
排名函数	是一种非确定性函数，可以返回分区中每一行的排名值
行集函数	返回可在 T-SQL 语句中表引用所在位置使用的行集
安全函数	返回有关用户和角色的信息
字符串函数	可更改 char、varchar、nchar、nvarchar、binary 和 varbinary 的值
系统函数	对系统级的各种选项和对象进行操作或报告
系统统计函数	返回有关 SQL Server 性能的信息
文本和图像函数	可更改 text 和 image 的值

1. 聚合函数

聚合函数可以返回一列或多列的汇总数据。聚合函数对一组值执行计算并返回单一的值，忽略空值。聚合函数经常与 SELECT 语句的 GROUP BY 子句一同使用。

所有聚合函数都具有确定性。任何时候用一组给定的输入值调用它们时，都返回相同的值。例如，AVG 求平均值、COUNT 求数据值的数量、MAX 求最大值、MIN 求最小值、SUM 求和等，都是聚合函数。

2. 转换函数

无法由系统自动转换其数据类型的数据，需要用转换函数做显示转换。函数 CAST 和 CONVERT 为转换函数。

3. 日期和时间函数

日期和时间函数用于对日期和时间数据进行各种不同的处理。如 GETDATE 函数返回当前系统的日期和时间；DAY、MONTH、YEAR 函数分别返回指定日期的天数、月份数和年份数。

4. 数学函数

数学函数用于对数字表达式进行数学运算。常用的数学函数有：绝对值函数 ABS，三角函数 SIN、COS、TAN、COT 等。

5. 字符串函数

字符串函数用于处理二进制数据、字符串和表达式间的运算。例如，UPPER 函数用于将小写字符转换成大写。ASCII 函数用于返回字符的 ASCII 码值。SUBSTRING 函数返回指定表达式的一部分。

6. 自定义函数

系统提供的函数虽然很多，但并不能满足用户的所有需求，有特殊需求的时候，只能由用户自己编写函数来实现。用户自己编写的函数称为自定义函数。

3.2.6　流程控制语句

与其他程序设计语言一样，T-SQL 语言也用顺序、选择、循环结构来控制程序的流程。

1. BEGIN...END 语句

BEGIN...END 语句将多条 T-SQL 语句封闭起来，构成一个语句块。处理时，将整个语句块视为一条语句。其语法格式如下：

```
BEGIN
    T-SQL 语句
END
```

2. IF...ELSE 语句

IF...ELSE 语句是条件判断语句，其语法格式如下：

```
IF 布尔表达式
    T-SQL 语句 1    或    T-SQL 语句块 1
ELSE
    T-SQL 语句 2    或    T-SQL 语句块 2
```

若布尔表达式值为"真"（TRUE）则执行 T-SQL 语句 1 或 T-SQL 语句块 1，否则执行 T-SQL 语句 2 或 T-SQL 语句块 2。

3. WHILE 语句

WHILE 语句为循环语句，用于重复执行 SQL 语句或语句块。

WHILE 语句的语法格式如下：

WHILE 布尔表达式

    ｛T-SQL 语句　或　T-SQL 语句块｝

［BREAK］

［CONTINUE］

其中，BREAK 语句和 CONTINUE 语句与 WHILE 语句配合使用，BREAK 为完全跳出 WHILE 循环，CONTINUE 为跳出本次循环，重新进行下一轮循环判断。

4. RETURN 语句

RETURN 语句用于从查询或过程中无条件退出。其语法格式如下：

RETURN［整型表达式］

5. WAITFOR

WAITFOR 语句用于暂时停止程序的执行，直到所设置的时间已到或时间间隔已到才继续往下执行。其语法格式如下：

WAITFOR ｛DELAY '时间' 或者 TIME '时间'｝

其中，DELAY 后的时间为要等待的时间间隔，最长为 24 小时；TIME 后的时间为要等待到的具体时间点。

3.2.7　批处理

批处理是从客户机传递到服务器上的一组完整的数据和 T-SQL 语句。批处理包含一条或多条 T-SQL 语句的集合，以 GO 为结束标志。SQL Server 将批处理编译成一个可执行单元，称为执行计划。如果一个批处理中的某条语句包含了语法错误，则整个批处理都不能被编译和执行。

本 章 小 结

本章首先概要地介绍了 T-SQL 语句的基础知识和语言元素，然后介绍了常用的 T-SQL 语句，如查询语句、插入语句、修改语句、删除语句的操作方法，对 T-SQL 语言注释、变量、函数进行了分析，最后介绍流程控制语句和批处理。

实 训 任 务

1. 实训目的

1）掌握查询语句 SELECT、插入数据语句 INSERT、更新数据语句 UPDATE 以及删除语句 DELETE 的使用方法。

2）掌握使用流程控制语句查询数据库中数据的方法。

3）正确使用 T-SQL 语言的函数处理数据库中的数据。

4）掌握 T-SQL 语言中运算符的使用方法。

2. 实训内容

1）在员工信息表中插入一行记录。使用如下插入语句：

INSERT INTO 员工信息（工号，姓名，部门）VALUES ('0000105 ', '王平', '生产部')

2）在员工信息表中，将姓名为李娜的员工部门改为研发部。使用如下更新语句：

UPDATE 员工信息 SET 部门 ='研发部' WHERE 姓名 ='李娜'

3）在员工信息表中，删除姓名为张丽丽的记录。使用如下删除语句：

DELETE FROM 员工信息 WHERE 姓名 ='张丽丽'

4）在员工信息表中，查找年龄大于30 岁的员工的姓名、职称。使用如下查询语句：

SELECT 姓名，职称 FROM 员工信息 WHERE 年龄 >30

查询结果如下：

姓名	职称
李四	初级
王五	中级

练　习　题

一、判断题

1. SELECT FROM 是基本的查询语句，可以实现各种形式的数据查询操作。（　　　）

2. 全局变量是由系统提供且预先声明的变量，以"@"开头，用户只能使用，不能进行更改。（　　　）

3. 当一个复杂的表达式有多个运算符时，根据运算符的优先顺序执行运算。（　　　）

4. SQL Server 中的函数分为两种类型：一种是系统提供的内部函数；另一种是用户自定义函数。（　　　）

二、单选题

1. 注释单行语句的符号是（　　　）。

A. --　　　　　　　B. ##　　　　　　　C. ~ ~　　　　　　　D. ／*...*／

2. 聚合函数中，AVG 函数用于（　　　）。

A. 求和　　　　　B. 求差　　　　　C. 求平均　　　　　D. 求积

3. 日期和时间函数用于对日期和时间数据进行各种不同的处理，如 GETDATE 函数用于（　　　）。

A. 返回系统的时间　　　　　　　B. 返回系统的月份

C. 返回系统的日期和时间　　　　D. 返回系统的年份

4. 循环结构中，用于完全跳出循环的语句是（　　　）。

A. CONTINUE　　　B. BREAK　　　C. IF...ELSE　　　D. WHILE

5. 批处理是从客户机传递到服务器上的一组完整的数据和 T-SQL 语句，以（　　　）为结束标志。

A. BREAK   B. GOTO   C. GO   D. END

6. SELECT 'AB' + 'CD' 的执行结果是（   ）。

A. ABC   B. AD   C. CD   D. ABCD

三、多选题

1. T-SQL 语言的主要组成部分包括（   ）。

A. DDL   B. DML   C. DCL   D. TCL

2. T-SQL 语言中用于控制程序的流程的语句有（   ）。

A. BEGIN…END B. IF…ELSE   C. WHILE   D. WAITFOR

四、填空题

1. SQL 是结构化查询语言_____的缩写。

2. T-SQL 语言中有两种类型的变量：_____和_____。

3. T-SQL 语言的运算符主要有：_____、_____、_____、_____、_____和_____。

第4章 数据库的创建与管理

☞ **学习目标**：

1）掌握数据库的创建方法。

2）掌握数据库的管理过程。

数据库是存储数据和数据库对象（如表、视图、索引、存储过程、触发器等）的地方，就好像存放货物的仓库。要进行数据库系统的开发，首先要学习如何创建和管理数据库，这是进行数据库应用的基础。通过本章的学习，应掌握数据库的存储结构，并能够利用 SQL Server 管理工具集和 T-SQL 语句创建和管理数据库。

4.1 数据库的存储结构

数据存储结构是指数据库中的物理数据和逻辑数据的表示形式、物理数据和逻辑数据之间关系映射方式的描述。其中，逻辑存储结构是指用户可以看到的数据库对象，包括表、视图、索引、存储过程等；物理存储结构是指用户看不到的存储在磁盘上的数据库文件。数据库的物理表现是操作系统文件，数据库的所有数据和对象都存在操作系统文件（数据库文件）中。数据存储以页为基本单位，一个 8KB 的连续磁盘空间为 1 页。1MB 空间可以存储 128 个页，如图 4-1 所示。

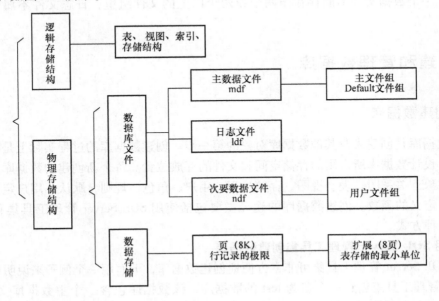

图 4-1　数据库存储结构

4.1.1 数据库文件

由图 4-1 所示，在物理层面上，SQL Server 数据库由多个操作系统文件组成，其中操作系统文件主要包括主要数据文件、辅助数据文件和事物日志文件 3 大类型。

1）主要数据文件：用于存储数据库的启动信息、部分或全部数据，扩展名为 mdf。每个数据库必须有且只有一个主要数据文件。

2）辅助数据文件：用于保存所有主要数据文件中容纳不下的数据，扩展名为 ndf，又称为次要数据文件。辅助数据文件可有可无，也可以有多个。

3）事务日志文件：用以记录所有事务和每个事务对数据库所做的修改，当数据库破坏时可以用事务日志恢复数据库内容，扩展名为 ldf。

SQL Server 的文件拥有逻辑文件名和物理文件名。其中，物理文件名是文件实际存储在磁盘上的文件名，可包括完整的磁盘目录；逻辑文件名必须符合 SQL Server 的命名规则，并且不允许有相同的逻辑文件名。当使用 T-SQL 语句访问某一文件时，必须使用该文件的逻辑文件名。

注意：数据和日志信息绝对不能混合在同一个文件中，而且一个文件只由一个数据库使用。

4.1.2　数据库文件组

为了便于进行管理和数据的分配，数据库将多个数据文件集合起来形成的一个整体，并赋予这个整体一个名称，这个整体就称为文件组。SQL Server 2008 包括主文件组、用户自定义文件组和默认文件组 3 种类型。其中，主文件组包含了所有的系统表，用户自定义文件组为用户创建的文件组，默认文件组包含所有在创建时没有指定文件组的表、索引等数据库对象。

注意：一个数据文件不能存在于两个或两个以上的文件组里，日志文件不属于任何文件组。

4.2　创建和管理数据库

4.2.1　创建数据库

创建数据库是创建表及其他数据库对象的第一步。创建数据库的过程实际上是确定数据库的名称、设计数据库所占用的存储空间和文件的存放位置。每个新创建的数据库都包含以下数据库对象：关系图、表、视图、存储过程、用户、角色、规则、默认、用户定义的数据类型和用户定义的函数。创建数据库的途径主要包括使用 SQL Server 管理工具集和使用 T-SQL 语句两种方式。

1. 利用 SQL Server 管理工具集创建数据库

使用 SQL Server 管理工具集可非常方便地创建数据库，下面用一个例子来说明如何使用 SQL Server 管理工具集创建一个名为 test 的数据库，该数据库包含一个主数据库文件 test_Data. mdf、一个次要数据文件 test_Data1. ndf 和一个事物日志文件 test_log. ldf。其中主要数据文件的初始大小设为 20MB，文件增长增量设为 5MB，增长方式设为自动增长，增长上限设为 200MB；次要数据文件的初始大小设为 30MB，文件增长增量设为 3MB，增长方式设为自动增长，增长上限设为 200MB；日志文件的初始大小为 20MB，文件增长增量设为 1MB，

增长限制设为 100MB。将主要数据文件存储于主要文件组，将次要数据文件 test＿Data1．ndf
存储于 test1 文件组。其主要操作步骤如下：

1）选择"开始"→"所有程序"→"Microsoft SQL Server 2008"→"SQL Server Man-
agement Studio"命令，打开 SQL Server 管理工具集。

2）在对象资源管理器中，连接到 SQL Server 2008 数据库引擎实例，然后展开该实例。

3）右键单击数据库，在弹开的快捷菜单中选择"新建数据库"命令，打开"新建数据
库"对话框，如图 4-2 所示。

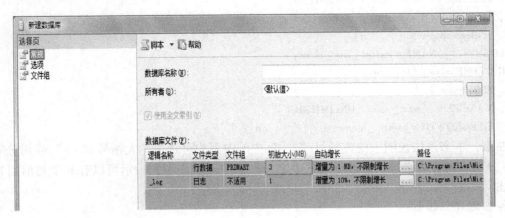

图 4-2　"新建数据库"对话框

4）在左侧窗格中选择"常规"项，在"数据库名称"文本框中输入数据库名称
"test"，如果要更改数据库的所有者，单击其后的浏览按钮，选择所有者。本例选择默认所
有者。

5）在下面的"数据库文件"列表框中单击相应的选项并输入新值可更改主数据文件和
事务日志文件的默认值。在这里将主数据文件名改为 test＿Data，初始大小设为 20MB，单击
"自动增长"项后面的浏览按钮，在弹出的对话框中将文件增长增量设为 5MB，增长方式设
为自动增长，增长上限设为 200MB。按同样的方法设置事务日志文件初始大小为 20MB，文
件增长增量设为 1MB，增长限制设为 100MB。

6）列表框中将出现新的一行，在"逻辑名称"单元格中输入次要数据文件名称 test＿
Data1。单击该行文件组下面对应的单元格，在弹出的下拉列表框中选择"新建"命令，然
后在弹出的对话框中输入文件组名称 test1。将次要数据文件的初始大小设为 30MB，文件增
长增量设为 3MB，增长方式设为自动增长，增长上限设为 200MB，方法同步骤 5。

7）如果要更改文件的存储路径，可单击"路径"项后的浏览按钮，在弹出的对话框中
选择相应的文件路径。本例采用默认的存储路径。

8）在左侧窗格中选择"选项"项，可更改排序规则、恢复模式、兼容级别等设置。选
择"文件组"项可添加文件组或者修改文件组名称。

9）单击"确定"按钮，完成数据库的创建。打开文件路径"C：\Program Files\Microsoft
SQL Server\MSSQL10．MSSQLSERVER\MSSQL\DATA"，可以看见在该文件夹下面出现了刚
才建立的 test＿Data．mdf、test＿Data1．ndf 和 test＿log．ldf 文件。

2. 使用 T- SQL 语句创建数据库

使用 T- SQL 语句创建数据库的语法如下：

CREATE DATABASE database _ name

［ON［PRIMARY］

［（NAME = logical _ file _ name,］

FILENAME = ' os _ file _ name '

［, SIZE = size］

［, MAXSIZE = ｛max _ size ｜ UNLIMITED｝］

［, FILEGROWTH = growth _ increment）］［, . . . n］

［, ＜filegroupspec＞［, . . . n］］

［LOG ON ｛（NAME = logical _ file _ name,］

FILENAME = ' os _ file _ name '

［, SIZE = size］

［, MAXSIZE = ｛max _ size ｜ UNLIMITED｝］

［, FILEGROWTH = growth _ increment）］［, . . . n]｝］］

注意：本书语法说明中的方括号"［]"中的内容为可选项；大括号"｛｝"或用分隔号"｜"分隔的内容为必选项，即必选其中之一；记号［, . . . n］表示可以有 n 个与前面相同的描述。

各参数含义如下：

1）database _ name：创建的数据库的名称。

2）PRIMARY：用来指定主数据文件。如果不指定主数据文件，那么列出的第一个文件将成主数据文件。

3）logical _ file _ name：逻辑文件名。逻辑文件名是指在 T- SQL 语句中应用文件时所使用的名字。

4）os _ file _ name：物理文件名，即操作系统在创建数据文件或日志文件的物理文件时使用的路径和文件名。

5）size：数据文件或日志文件的初始大小。

6）max _ size：数据文件或日志文件可以增长到的最大值。

7）growth _ increment：指定数据文件或日志文件空间不足时每次增长的大小。增长方式可以按百分比、MB 或者 KB 方式，必须为整数，默认为 MB。

8）filegroupspec：指定文件所在的文件组。

【例 4-1】 使用 CREATE DATABASE 语句创建一个名为 mydatabase1 的数据库。其中主要数据文件逻辑文件名为 mydatabase1 _ dat，物理文件名为 d：\sql _ data1 \mydatabase1 _ dat. mdf。

CREATE DATABASE mydatabase1   - - 创建数据库

ON PRIMARY   - - 定义在主文件组上的文件

（NAME = mydatabase1 _ dat,   - - 逻辑名称

FILENAME = ' d：\sql _ data1 \mydatabase1 _ dat. mdf ' - - 物理名称

）

GO

【例 4-2】 使用 CREATE DATABASE 语句创建名为 mydatabase2 的数据库，包含 2 个文件。其中主数据文件大小为 10MB，增长方式为按 10MB 增长，最大限制为 100MB；事务日

志文件大小为 20MB，增长方式为按 10% 增长，大小不受限制。

```
CREATE DATABASE mydatabase2                -- 创建数据库
ON PRIMARY                      -- 定义在主文件组上的文件
（ NAME = mydatabase2 _ data,             -- 逻辑名称
FILENAME = 'd:\sql _ data2\mydatabase2. mdf',   -- 物理名称
SIZE = 10MB,              -- 初始大小为 MB
MAXSIZE = 100MB,          -- 最大限制为 MB
FILEGROWTH = 10MB          -- 增长速度为 MB
)
LOG ON                       -- 定义事务日志文件
（ NAME = mydatabase2 _ log,          -- 逻辑名称
    FILENAME = 'd:\sql _ data2\mydatabase2. ldf',      -- 物理名称
SIZE = 20MB,             -- 初始大小为 MB
MAXSIZE = unlimited,         -- 最大限制为不受限制
FILEGROWTH = 10%           -- 增长速度为按 % 增长
)
GO
```

【例 4-3】　使用 CREATE DATABASE 语句创建名为 mydatabase3 的数据库。数据库包含两个数据文件，两个日志文件。其中主数据文件初始大小为 20MB，增长方式为按 10% 增长，最大限制为 200MB；次要数据文件初始大小为 10MB，增长方式为 5MB，最大无限制；两个日志文件初始大小均为 15MB，最大大小为 30MB，按 5MB 增长。

```
CREATE DATABASE mydatabase3
ON PRIMARY
（ NAME = mydatabase3 _ data1,
FILENAME = 'd:\sql _ data3\mydatabase3. mdf',
SIZE = 20MB,
MAXSIZE = 200MB ,
FILEGROWTH = 10%
),
（ NAME = mydatabase3 _ data2,
FILENAME = 'd:\sql _ data3\mydatabase3. ndf',
SIZE = 10MB, MAXSIZE = unlimited,      FILEGROWTH = 10%
)
LOG ON
（ NAME = mydatabase3 _ log1,
FILENAME = 'd:\sql _ data3\mydatabase3 _ log1. ldf',
SIZE = 15MB, MAXSIZE = 30MB, FILEGROWTH = 5MB
),
（ NAME = mydatabase3 _ log2,
FILENAME = 'd:\sql _ data3\mydatabase3 _ log2. ldf',
SIZE = 15MB, MAXSIZE = 30MB, FILEGROWTH = 5MB
```

)

GO

【例4-4】 创建一个包含两个文件组的数据库。该数据库名为 mydatabase4，主文件组包含 mydatabase4 _ dat1 和 mydatabase4 _ dat2 两个数据文件，文件组 mydatabase4 _ group 包含文件数据文件 mydatabase4 _ dat3。该数据库还包含一个日志文件 mydatabase4 _ log。

```
CREATE DATABASE mydatabase4
ON PRIMARY
( NAME = mydatabase4 _ dat1,
FILENAME = 'd:\sql _ data4\mydatabase4 _ dat1. mdf',
SIZE = 10MB,
MAXSIZE = 50MB,
FILEGROWTH = 10
),
( NAME = mydatabase4 _ dat2,
FILENAME = 'd:\sql _ data4\mydatabase4 _ dat2. ndf',
SIZE = 10MB,
MAXSIZE = 500MB,
FILEGROWTH = 10
),
FILEGROUP mydatabase4 _ group
( NAME = mydatabase4 _ dat3,
FILENAME = 'd:\sql _ data4\mydatabase4 _ dat3. ndf',
SIZE = 10MB,
MAXSIZE = 50MB,
FILEGROWTH = 10%
)
LOG ON
( NAME = mydatabase4 _ log,
FILENAME = 'd:\sql _ data4\mydatabase4 _ log. ldf',
SIZE = 8MB,
MAXSIZE = 100MB,
FILEGROWTH = 10MB
)
GO
```

注意：每个数据库都有一个所有者，可以在该数据库中执行某些特殊的活动，数据库被创建之后，创建数据库的用户自动成为该数据库的所有者。默认情况下，只有系统管理员和数据库所有者可以创建数据库，也可以授权其他用户创建数据库。此为，要让日志文件能够发挥作用，通常将数据文件和日志文件存储在不同的物理磁盘上。

4.2.2 查看数据库

数据库建立之后可以通过 SQL Server 管理工具集或者使用系统存储过程查看数据库，包括基本信息、维护信息和空间使用信息等。

1. 利用 SQL Server 管理工具集查看数据库

使用 SQL Server 管理工具集查看数据库的步骤如下（以 mydatabase4 为例）：

1）选择"开始"→"所有程序"→"Microsoft SQL Server 2008"→"SQL Server Management Studio"命令，打开 SQL Server 管理工具集。

2）在对象资源管理器中，连接到 SQL Server 2008 数据库引擎实例，然后展开该实例。

3）选择"数据库"→"mydatabase4"项，右键单击该数据库，在弹开的快捷菜单中选择"属性"命令，打开 mydatabase4 的"数据库属性"对话框，如图4-3所示。

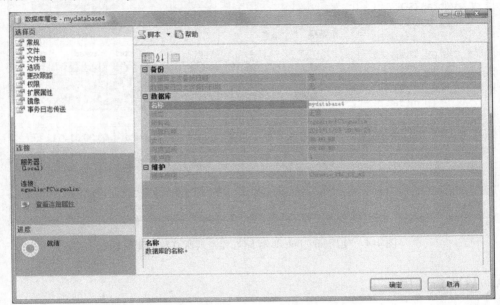

图4-3　"数据库属性"对话框

4）选择"常规"、"文件"、"文件组"、"选项"、"更改跟踪"、"权限"、"扩展属性"、"镜像"、"事务日志传送"等项，可查看相应信息。

2. 使用系统存储过程查看数据库

使用系统存储过程 sp_helpdb 查看某个数据库或所有数据库的属性的语法格式如下：

［EXECUTE］sp_helpdb database_name

其中，database_name 为要查看的数据库的名称，若省略数据库的名称，则表示查看所有数据库的信息。

通过该存储过程可显示数据库的名称、大小、所有者、创建日期以及数据文件和日志文件等属性。

【例4-5】 利用 sp_helpdb 存储过程查看所有数据库的信息。

EXECUTE sp_helpdb mydatabase4

GO

选择"分析"→"执行"命令，执行结果如图4-4所示。

【例4-6】 利用 sp_helpdb 存储过程查看 mydatabase4 数据库的信息。

EXECUTE sp_helpdb mydatabase4

GO

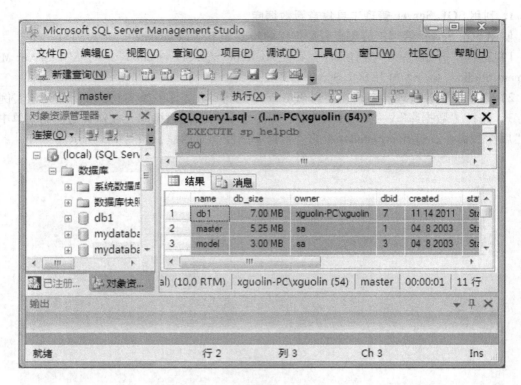

图 4-4   使用 sp＿helpdb 存储过程查询所有数据库信息

4.2.3   修改数据库

数据库创建之后，由于某些原因，往往要对数据库的属性进行修改，如修改数据库文件的增长方式，改变数据库文件的大小等。要修改数据库，可通过 SQL Server 管理工具集或者 T-SQL 语句进行修改。

1. 利用 SQL Server 管理工具集修改数据库

在 SQL Server 管理工具集中，右击要修改的数据库（mydatabase4），在弹出的快捷菜单中选择"属性"命令，打开"数据库属性"对话框。该对话框包括"常规"、"文件"、"文件组"、"选项"、"更改跟踪"、"权限"、"扩展属性"、"镜像"、"事务日志传送"共 9 项，可分别修改选定的数据库属性。各选项卡的功能如下：

1）常规：包括"备份"、"数据库"、"维护" 3 项，单击左边的" ＋"号，展开可看见相应的信息。其中，"备份"显示数据库和数据库日志上次备份的日期；"数据库"显示数据库的创建日期、大小、可用空间大小、名称、所有者、用户数和状态信息；"维护"显示数据库的排序规则。内容以灰色显示，表示该选项不可以修改，只可以查看。

2）文件：修改数据库所有者、数据库文件逻辑名、初始大小和增长方式属性，也可以删除相应的数据库文件或者事务日志文件。

3）文件组：添加或者删除文件组。

4）选项：更改排序规则、恢复模式、兼容级别等信息。

5）更改跟踪：更改数据库的跟踪设置。

6）权限：对数据库的权限进行分配，指定用户对数据库拥有的权限。

7）扩展属性：添加或删除数据库的额外属性。

8）镜像：配置数据库的数据库镜像安全性。

9）事务日志传送：将此数据库启用为日志传送配置中的主数据库，并可对数据库备份进行设置。

【例4-7】 向 mydatabase4 数据库中增加数据文件 mydatabase4 _ dat4，该文件大小为10MB，增长方式为5MB，最大值限制为100MB，隶属于 PRIMARY 文件组。

右击 mydatabase4 数据库，在弹出的快捷菜单中选择"属性"命令，打开 mydatabase4的"数据库属性"对话框。选择文件，单击"添加"按钮，然后在相应的项中输入文件名或者修改文件属性，设置完成如图4-5所示。

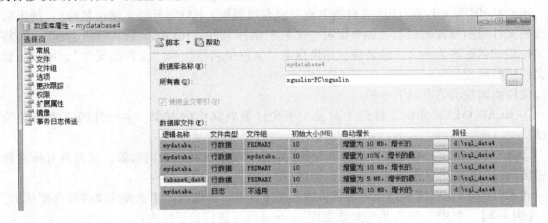

图 4-5 添加 mydatabase4 _ dat4 数据文件

如果要修改数据库的名称，可右击数据库名称，在弹出的快捷菜单中选择"重命名"命令，然后输入新的数据库名称。

2. 使用 T-SQL 语句修改数据库

使用 T-SQL 语言的 ALTER DATABASE 语句修改数据库的语法格式如下：

ALTER DATABASE 数据库名称

{ADD FILE <文件说明> [, ... n][TO FILEGROUP 文件组名称]

| ADD LOG FILE <文件说明> [, ... n]

| REMOVE FILE 逻辑文件名 [WITH DELETE]

| ADD FILEGROUP 文件组名称

| REMOVE FILEGROUP 文件组名称

| MODIFY FILE <文件说明>

| MODIFY NAME = 新数据库名

| MODIFY FILEGROUP 文件组名称 {文件组属性 | NAME = 新文件组名称}

}

其中各参数含义如下：

1）数据库名称：要更改的数据库的名称

2）ADD FILE：指定要添加文件。

3）TO FILEGROUP：表示要将指定的文件添加到其后指定的的文件组中。

4）ADD LOG FILE：表示要将其后指定的日志文件添加到指定的数据库中。

5）REMOVE FILE：从数据库系统表中删除文件描述并删除物理文件。

6）ADD FILEGROUP：指定要添加文件组。

7）REMOVE FILEGROUP：从数据库中删除文件组，只有当文件组为空时才能将其删除。

8）MODIFY FILE：表示要更改指定的文件，可以更改文件名称、大小、增长情况和最大限制。一次只能更改一种属性。如果指定了 SIZE，那么新的大小必须比文件当前大小还大。

9）MODIFY NAME＝新数据库名：表示要重命名数据库。

10）MODIFY FILEGROUP 文件组名称 ｛文件组属性｜ NAME＝新文件组名称｝：指定要修改的文件组和所需的改动。如果指定"文件组名称"和"NAME＝新文件组名称"，则将此文件组的名称改为新文件组名称。如果指定"文件组名称"和"文件组属性"，则表示修改文件组的属性。

文件组属性的值有以下 3 种：

① READONLY：指定文件组为只读，不允许更新其中的对象，主文件组不能设置为只读。

② READWRITE：指定文件组为读写属性，允许更新文件组中的对象，只有具有排它数据库访问权限的用户才能将文件组标记为读/写。

③ DEFAULT：将文件组指定为默认数据库文件组，只能有一个数据库文件组是默认的。

【例 4-8】 利用 T- SQL 语句对数据库 mydatabase4 进行如下修改：

1）修改文件组 mydatabase4 _ group 的属性为可读写。

ALTER DATABASE mydatabase4
MODIFY FILEGROUP mydatabase4 _ group READWRITE
GO

2）向文件组 mydatabase4 _ group 增加一个新数据文件和事务日志文件。数据文件逻辑文件名为 mydatabase4 _ dat4，物理文件名为 d：\sql _ data4\mydatabase4 _ dat4. ndf，初始大小为 5MB，增长方式按 10% 增长，最大值为 50MB；事务日志文件逻辑文件名为 mydatabase4 _ log1，物理文件名为 d：\sql _ data4\mydatabase4 _ log1. ldf，初始大小为 10MB，增长方式按每次 5MB 增长，最大值为 50MB。

ALTER DATABASE mydatabase4
ADD FILE
（NAME＝mydatabase4 _ dat4，
FILENAME＝' d：\sql _ data4\mydatabase4 _ dat4. ndf '，
SIZE＝5MB，
MAXSIZE＝50MB，
FILEGROWTH＝10%
）
TO FILEGROUP mydatabase4 _ group
GO

```
ALTER DATABASE mydatabase4
ADD LOG FILE
（NAME = mydatabase4 _ log1 ,
FILENAME = ' d : \sql _ data4 \mydatabase4 _ log1. ldf ' ,
SIZE = 10MB,
MAXSIZE = 50MB,
FILEGROWTH = 5MB
）
GO
```

3）将数据文件 mydatabase4 _ dat3 的初始大小修改为 30MB，增长方式修改为每次增长 5MB，最大增长上限为 100MB。

```
ALTER DATABASE mydatabase4
MODIFY FILE
（NAME = mydatabase4 _ dat3 ,
SIZE = 30MB,  MAXSIZE = 100MB,
FILEGROWTH = 5MB
）
GO
```

4）将数据文件 mydatabase4 _ dat4 删除。

```
ALTER DATABASE mydatabase4
REMOVE FILE mydatabase4 _ dat4
GO
```

5）向数据库添加新的文件组 mydatabase4 _ group1。

```
ALTER DATABASE mydatabase4
ADD FILEGROUP mydatabase4 _ group1
GO
```

6）将文件组 mydatabase4 _ group1 删除。注意，如果文件组有文件，删除文件组之前必须先把文件组中的文件删除。

```
ALTER DATABASE mydatabase4
REMOVE FILEGROUP mydatabase4 _ group1
GO
```

7）将数据库 mydatabase4 重命名为 mydata。注意，数据库名称修改后必须刷新数据库，数据库的名称才会变为修改后的数据库名称。

```
ALTER DATABASE mydatabase4
MODIFY NAME = mydata
GO
```

4.2.4　删除数据库

要删除数据库，可在 SQL Server 管理工具集中右击要删除的数据库，在弹出的快捷菜单中选择"删除"命令。同样，也可以使用 T-SQL 语句来删除数据库。删除数据库的语法如下：

DROP DATABASE 数据库名称 [, ... n]

其中，[, ... n] 表示可以一次删除多个数据库。如果要删除多个数据库，只需要在 DROP DATABASE 关键字后面写入多个数据库名称，并以逗号间隔。

【例 4-9】 使用 T-SQL 语句删除 Test 数据库。

DROP DATABASE Test

GO

【例 4-10】 使用 T-SQL 语句删除 Test1、Test2 数据库。

DROP DATABASE Test1 , Test2

GO

4.3 备份和还原数据库

4.3.1 基本知识

随着信息时代和互联网技术的飞速发展，企业的信息数据量也急剧增长。如何避免突如其来的数据破坏（如黑客攻击、病毒袭击、硬件故障和人为误操作等），提高数据的安全性和数据恢复能力一直是用户和厂商关注的焦点。备份与恢复是使用数据库中不可缺少的部分，也是使用数据库时会经常碰到的问题。当我们使用一个数据库时，总希望数据库的内容是可靠、正确的，但由于计算机系统的故障（硬件故障、软件故障、网络故障、进程故障和系统故障）影响数据库系统的操作，影响数据库中数据的正确性，甚至破坏数据库，使数据库中全部或部分数据丢失。因此当发生上述故障后，希望能重新建立一个完整的数据库，该处理称为数据库恢复。恢复子系统是数据库管理系统的一个重要组成部分。恢复处理随所发生的故障类型所影响的结构而变化。

4.3.2 备份数据库

备份是恢复数据最容易和最有效的保证方法，备份应定期进行，并执行有效的数据管理。Microsoft 公司的 SQL Server 是一个功能完善的数据库管理系统，由于和 Windows 操作系统无缝结合，操作简便易行，允许用户备份完整或部分的 SQL Server 数据库、数据库的单个文件或文件组。SQL Server 数据库的备份内容主要包括系统数据库、用户数据库、事务日志等；SQL Server 数据库的备份方式主要包括完全数据库备份、差异数据库备份、事务日志备份和数据文件和文件组备份。

在进行备份以前一般要指定或创建备份设备，备份设备是用来存储数据库、事务日志或文件和文件组备份的存储介质，包括磁盘和磁带设备。

1）磁盘备份设备：指硬盘或其他磁盘存储介质上的文件，与常规操作系统文件一样。可以在本地服务器的磁盘上或远程共享磁盘上定义磁盘备份设备。

2）磁带备份设备：磁带设备只能物理连接到运行 SQL Server 实例的计算机上。SQL Server 不支持备份到远程磁带设备上。

1. 完全数据库备份

这是大多数人常用的方式，它可以备份整个数据库（所有用户数据以及所有数据库对象,包含用户表、系统表、索引、视图和存储过程等所有数据库对象),即将数据库中所有数据文件全部复制,包括完全数据库备份过程中数据库的所有行为。对于可以快速备份的小数据库而言,最佳方法就是使用完整数据库备份。但它需要花费更多的时间和空间,所以,一般推荐一周做一次完全备份。

【例4-11】 利用 SQL Server 管理工具集创建数据库 mydata 的完全数据库备份。

1)选择"开始"→"所有程序"→"Microsoft SQL Server 2008"→"SQL Server Management Studio"命令,打开 SQL Server 管理工具集。

2)在对象资源管理器中,连接到 SQL Server 2008 数据库引擎实例,然后展开该实例。

3)选择"数据库"→"mydata"项,右键单击该数据库,在弹出的快捷菜单中选择"任务"→"备份"命令,打开"备份数据库"对话框,如图4-6所示。

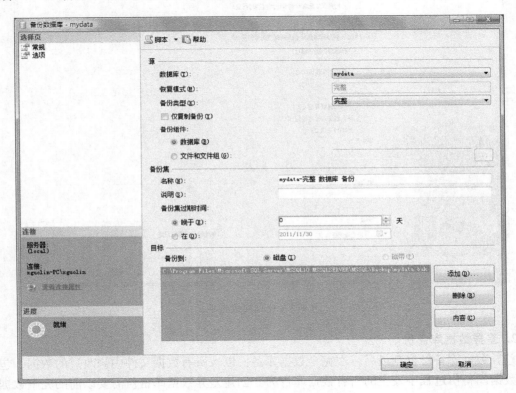

图4-6 "备份数据库"对话框

4)选择"常规"项,在"数据库"列表框中,数据库已被选择为 mydata,如果要对其他数据库进行备份,可在右侧下拉列表中选择。然后在"备份类型"下拉列表中选择"完整",如果要修改数据库备份集名称,可在"备份集"选项栏的"名称"文本框中输入新的名称,本例采用默认的备份集名称。在"说明"文本框中可以输入相应的备份集说明。如果要指定备份集的过期时间以及何时可以覆盖备份集而不用显式跳过过期数据验证,可在"备份集过期时间"项进行相应设置。

5)通过单击"磁盘"按钮,可选择备份目标的类型。若要选择包含单个媒体集的多个磁盘或磁带机的路径,单击"添加"按钮,选择相应的路径。本例先删除原来的备份路径,然后单击"添加"按钮，在弹出的路径框中选择"d：\mydata"，然后输入备份文件名"完整备份mydata"，单击"确定"按钮，完成备份设置。

6）选择"选项"项，打可查看或选择数据库备份的高级选项，主要包括覆盖媒体、可靠性、事务日志、磁带机、压缩等，如图4-7所示。本例保留默认设置，单击"确定"按钮，完成数据库mydata的完整备份。

图 4-7　查看高级选项

2. 差异数据库备份

差异数据库备份复制最后一次完全数据库备份以来所有数据文件中修改过的数据，包括差异数据库备份过程中发生的所有数据库行为。创建差异数据库备份需要以前的完整数据库备份。如果选定的数据库从未进行过备份，则请在创建任何差异备份之前，先执行完整数据库备份。

【例 4-12】　利用 SQL Server 管理工具集创建数据库 mydata 的差异数据库备份。

创建数据库差异备份的详细步骤与创建数据库完整备份的步骤差不多，按例 4-11 的操作步骤打开"备份数据库"对话框，然后在"备份类型"列表框中选择"差异"。

3. 事务日志备份

事务处理日志备份是对最后一次事务处理日志备份以来事务处理日志中记录的所有事务处理的一种顺序记录。事务处理日志备份使用户可以将数据库恢复到某个特定的时间点，如输入错误数据前。事务处理日志备份只以 BULK-LOGGED RECOVERY 模型和 FULL RECOVERY 模型使用。SIMPLE RECOVERY 模型不使用事务处理日志备份来对数据库进行恢复和修复。

在创建第一个日志备份之前，必须先创建完整备份，因为仅使用文件备份还原数据库会比较复杂，因此，建议尽可能从完整数据库备份开始，此后定期备份事务日志，如每 15 ~ 30 分钟进行一次日志备份。

4. 数据文件和文件组备份

文件备份只复制单个数据文件，文件组备份复制单个文件组中的每个数据文件，包括文件或文件组备份过程中发生的所有数据库行为。此类型的备份比完全数据库备份占用的时间和空间都要小。文件和文件组备份需要进行详细计划，以便相关的数据和索引可以共同备份（恢复）。此外，在逻辑上将文件和文件组恢复到与数据库中的其他部分一致的状态，需要一个事务处理日志文件备份的完整子集。

4.3.3 还原数据库

数据库备份后，一旦系统发生崩溃或者执行了错误的数据库操作，就可以从备份文件中恢复（还原）数据库，让数据库回到备份时的状态。通常在以下情况下需要恢复数据库：

1）媒体故障。
2）用户操作错误。
3）服务器永久丢失。
4）将数据库从一台服务器复制到另一台服务器。

数据库恢复内容包括：
1）恢复整个数据库。
2）恢复部分数据库。
3）恢复数据库文件或文件组。
4）恢复数据库事务日志。

恢复途径包括：
1）使用企业管理器。
2）使用 T-SQL 语句的 RESTORE DATABASE 命令。

1. 使用 SQL Server 管理工具集恢复数据库

使用 SQL Server 管理工具集恢复数据库的步骤如下（以 mydata 数据库为例）：

1）选择"开始"→"所有程序"→"Microsoft SQL Server 2008"→"SQL Server Management Studio"命令，打开 SQL Server 管理工具集。

2）在对象资源管理器中，连接到 SQL Server 2008 数据库引擎实例，然后展开该实例。

3）选择"数据库"→"mydata"项，右键单击该数据库，在弹出的快捷菜单中选择"任务"→"还原"→"数据库"命令，打开"还原数据库"对话框，如图 4-8 所示。

4）在"还原数据库"对话框中有两个选项，分别为"常规"和"选项"。"常规"项主要包括"还原的目标"、"还原的源"选项栏。在"还原的目标"中选择要还原的数据库（若要创建新的数据库，在列表框中输入数据库名称）和还原的时间点（可保留默认值"最近状态"，也可以单击"浏览"按钮打开"时间点还原"对话框，选择具体的时间和日期）；在"还原的源"中选择相应的数据库备份类型，在选择用于还原的备份集中将显示数据库的备份历史，可从中选择一个备份还原数据库（默认情况下，系统会推荐一个恢复计

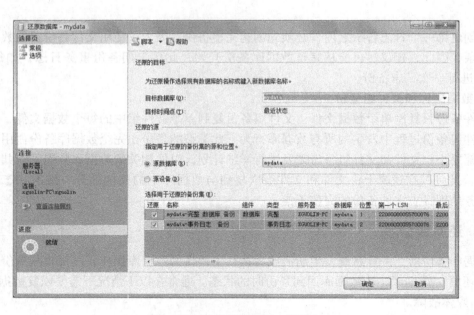

图 4-8 "还原数据库"对话框

划)。本例选择"mydata-完整数据库备份"作为数据库的还原源。

5）若要查看或者选择高级选项，选择"选项"项，如图4-9所示。

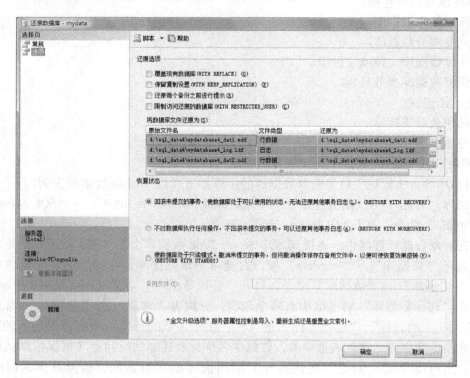

图 4-9 高级选项

在高级选项中包括"还原选项"和"恢复状态"。"还原选项"包括覆盖现有数据库、保留复制选项、还原每个备份之前进行提示和限制访问还原的数据库;"恢复状态"包括"回滚未提交的事务,使数据库处于可以使用的状态"、"不对数据库执行任何操作,不回滚未提交的事务"以及"使数据库处于只读模式"选项。

6)单击"确定"按钮,完成数据库的还原。

还原文件和文件组、还原事务日志备份的操作与还原数据库的操作类似,这里不再详细描述。其中还原事务日志备份必须按照其创建顺序进行还原。

2. 使用 T-SQL 语言恢复数据库

T-SQL 语言中还原数据库的命令是 RESTORE DATABASE。

1)完全或差异数据库备份还原数据库,命令格式如下:

RESTORE DATABASE 数据库名称

[FROM <备份设备> [, ... n]]

[WITH [[,] FILE = 文件号][[,] MOVE '逻辑文件名' TO '物理文件名'][, ... n]

[[,]{NORECOVERY | RECOVERY}][[,] REPLACE]]

2)事务日志备份还原数据库,命令格式如下:

RESTORELOG 数据库名称

[FROM <备份设备> [, ... n]]

[WITH [[,]{NORECOVERY | RECOVERY}][[,] STOPAT = 事务日志时间]

3)文件或文件组备份还原数据库,命令格式如下:

RESTORE DATABASE 数据库名称

<文件或文件组> [, ... n][FROM <备份设备> [, ... n]]

[WITH [[,]{NORECOVERY | RECOVERY}][[,] REPLACE]] <文件或文件组> :: =

{FILE = {逻辑文件名 | @逻辑文件名变量} | FILEGROUP = {逻辑文件组名称 | @逻辑文件组名称变量}}

其中各参数说明如下:

① 文件号:要还原的备份集。例如,文件号为 2 表示第二个备份集。

② NORECOVERY:指示还原操作不回滚任何未提交的事务。当还原数据库备份和多个事务日志时,或在需要使用多个 RESTORE 语句时(例如,在完整数据库备份后进行差异数据库备份),SQL Server 要求在除最后的 RESTORE 语句外的所有其他语句上使用 WITH NORECOVERY 选项。

③ RECOVERY:指示还原操作回滚任何未提交的事务,在恢复完成后即可随时使用数据库。

④ REPLACE:指定如果存在同名数据库,将覆盖现有的数据库。

【例 4-13】 利用 T-SQL 语句恢复数据库 mydata(恢复到 D:\data1),并将恢复后的数据库名称改为"员工信息"。如果当前服务器中存在"职工信息"数据库,则覆盖该数据库。设在 D 盘 data 文件夹下有一个 mydata 数据库的完全备份文件"mydata. bak"。

RESTORE DATABASE 职工信息

FROM DISK = ' D:\data\mydata. bak '

WITH

MOVE ' mydata _ data '

TO ' D：\data1\员工信息．mdf'，

MOVE ' mydata _ log '

TO ' D：\data1\员工信息．lgf'，

REPLACE

【例 4-14】 设新建数据库 mydata2 之后第 1 天做了一个数据库的完全备份，其中完全备份设备文件逻辑名称为"mydata2copy"，第 2 天做了一个数据库的差异备份，第 3 天做了一个数据库的事务日志备份，之后数据库出现故障，将数据库恢复到做差异备份时的状态。

1）恢复完全备份：

RESTORE DATABASE mydata2

FROM mydata2copy WITH FILE = 1，NORECOVERY

2）恢复差异备份：

RESTORE DATABASE mydata2 FROM mydata2copy WITH FILE = 2，NORECOVERY

3）事务日志备份还原：

RESTORE LOG mydata2 FROM mydata2copy WITH RECOVERY

思考：恢复数据库之后数据库能不能使用？恢复差异备份之后呢？为什么？

4.4　维护数据库

企业在信息管理过程中，大量的数据存储、共享、访问和修改都需要通过数据库系统来实现。数据库系统作为信息的聚集体，是计算机信息系统的核心，其性能在很大程度上影响着企业信息化水平的高低。一个公司，不管它是自己开发应用软件，还是购买第三方应用软件，都需要对数据库进行管理和维护。科学有效地管理与维护数据库系统，保证数据的安全性、完整性和有效性，已经成为现代企业信息系统建设过程中的关键环节。

数据库系统在信息化建设中的重要地位和作用告诉我们，数据库的日常管理与维护不容小视。为保证数据库数据的安全，企业应该做到未雨绸缪，所以有必要做好数据库的维护工作。

常规数据库维护涉及的 5 项工作：备份数据库、还原数据库、收缩数据库、设定每日自动备份数据库（维护计划）和数据的转移（导入和导出数据）。

4.4.1　收缩数据库

一般情况下，SQL 数据库的收缩并不能很大程度上减小数据库大小，其主要作用是收缩日志大小，应当定期进行此操作以免数据库日志过大。收缩数据库的操作步骤如下（以 mydata 数据库为例）：

1）选择"开始"→"所有程序"→"Microsoft SQL Server 2008"→"SQL Server Management Studio"命令，打开 SQL Server 管理工具集。

2）在对象资源管理器中，连接到 SQL Server 2008 数据库引擎实例，然后展开该实例。

3）选择"数据库"→"mydata"项，右键单击该数据库，在弹出的快捷菜单中选择"任务"→"收缩"→"数据库"命令，打开"收缩数据库"对话框，如图 4-10 所示。

4）单击"确定"按钮，完成数据库的收缩操作。

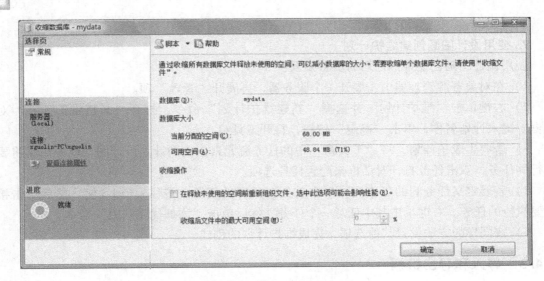

图 4-10　"收缩数据库"对话框

4.4.2　创建维护计划

维护计划可以创建所需的任务工作流，以确保优化数据库、定期进行备份并确保数据库一致。可采用以下两种方式创建数据库维护计划。

1. 使用维护计划向导创建维护计划

向导是创建基本维护计划的最佳方法，其操作步骤如下：

1）在对象资源管理器中，展开一个服务器，再展开"管理"项。

2）右键单击"维护计划"并选择"维护计划向导"命令，打开"维护计划向导"对话框，如图 4-11 所示。

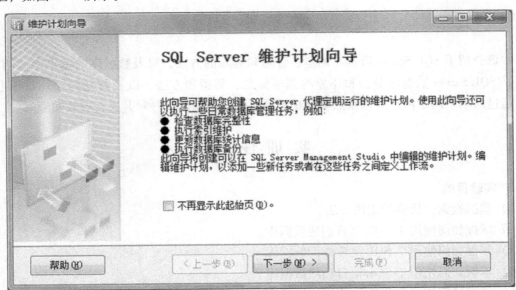

图 4-11　"维护计划向导"对话框

3）按照向导中显示的步骤创建维护计划。

2. 使用设计图画创建维护计划

使用设计图画创建维护计划的步骤如下：

1）在对象资源管理器中，展开一个服务器，再展开"管理"项。

2）右键单击"维护计划"并选择"新建维护计划"命令，打开"新建维护计划"对话框。键入计划名称，单击"确定"按钮，打开工具箱。

3）若要生成子计划，将"工具箱"中的任务流元素拖放到计划设计图，以便定义将要执行的任务，双击任务打开对话框来配置任务选项。

4）若要定义任务间的工作流，单击首先要执行的任务，按住 < Ctrl > 键，然后单击接着要执行的任务。右键单击其中任意一个任务，然后单击"添加优先约束"命令。

5）按同样的方法设置其他选项，完成维护计划的创建。

4.4.3　导入和导出数据

一般情况下，最好使用备份和还原操作进行数据转移，在特殊情况下，可以用导入/导出的方式进行转移。导入/导出方式转移数据的一个最主要作用就是可以在收缩数据库无效的情况下用来减小（收缩）数据库的大小。

数据的导入/导出功能，可以实现不同数据库平台间的数据交换。导入数据是指从外部数据源（如文本）中检索数据，并将数据插入到 SQL Server 表中的过程。导出数据则是将 SQL Server 数据库中的数据转换为某种用户指定的其他数据格式的过程。

在相应的数据库中单击右键，在弹出的快捷菜单中选择"任务"→"导入数据"（或者"导出数据"）命令，将打开"SQL Server 导入和导出向导"对话框，然后选择相应的数据源和目标，可完成数据的导入和导出操作。

本 章 小 结

本章介绍了 SQL Server 数据库创建、管理和删除的方法，以及数据库的基本存储结构。介绍了 SQL Server 数据库备份和还原的基本概念、类型和方法，以及数据的导入、导出操作。通过对本章的学习，应该重点掌握根据需要创建数据库，并对其进行有效的管理。

实 训 任 务

1. 实验目的

1）掌握查询分析器的使用方法。

2）掌握如何使用 T-SQL 语言创建数据库。

3）掌握如何使用 T-SQL 语言查询数据库

4）掌握如何使用 T-SQL 语言删除数据库。

5）掌握如何使用 T-SQL 语言还原数据库。

6）掌握如何使用 T-SQL 语言修改数据库。

2. 实验内容

1）新建以学生本人学号（后两位）＋姓名命名的文件夹，启动企业管理器，使用查询分析器，利用 T- SQL 语言创建以"高校管理系统"命名的包含多个数据文件和日志文件的 SQL Server 数据库，数据文本分别为高校管理系统_ DATA1 和高校管理系统_ DATA2，其中高校管理系统_ DATA1 文件为主要数据库文件。主要数据文件初始大小为 20MB，最大尺寸为无限大，增长速度为 10MB；次要数据名为"高校管理系统_ DATA3"，初始大小为 5MB，最大尺寸为无限大，增长速度为 1MB；文件事务日志文件名为"高校管理系统_ LOG1"，初始大小为 3MB，最大尺寸为 30MB，增长速度为 10%。高校管理系统_ DATA2 文件采用默认设置。

（操作提示：创建数据库时要注意数据文件和事务日志的存放位置，以下各题文件存储位置相同）。

2）使用企业管理器完全备份高校管理系统。

（操作提示：备份数据库时要注意数据库备份文件的存储位置。）

3）使用 T- SQL 语言删除高校管理系统数据库。

4）使用 T- SQL 语言还原高校管理系统数据库。

5）使用 SQL 查询分析器重命名"高校管理系统"数据库为"中国高校管理系统"，并将"高校管理系统_ DATA1"、"高校管理系统_ DATA2"、"高校管理系统_ DATA3"、"高校管理系统_ LOG1"分别重名为"中国高校管理系统_ DATA1"、"中国高校管理系统_ DATA2"、"中国高校管理系统_ DATA3"、"中国高校管理系统_ LOG1"。然后将"中国高校管理系统_ DATA2"扩展为 20MB。

6）将"中国高校管理系统_ DATA2"收缩为 15MB。

7）使用 SQL 查询分析器添加一个包含一个数据文件"中国高校管理系统_ DATA4"和一个日志文件"中国高校管理系统_ LOG2"的文件组 FILEGROUP1 到中国高校管理系统数据库。并设置文件组 FILEGROUP1 为默认文件组，并将文件组 FILEGROUP1 重命名为 GROUP1。

8）删除文件组 GROUP1。

9）分别使用 T- SQL 语言查询"高校管理系统"数据库的文件信息、工作组信息以及参数列表和其数据类型。

练　习　题

一、判断题

1. 数据存储结构是指数据库中的物理数据和逻辑数据的表示形式、物理数据和逻辑数据之间关系映射方式的描述。（　　）

2. 辅助数据文件用于保存所有主要数据文件中容纳不下的数据，扩展名为 mdf，又称次要数据文件。（　　）

3. SQL Server 2008 包括主文件组、用户自定义文件组和默认文件组 3 种类型。（　　）

4. 为了确保数据库的安全，必须每周进行一次数据库备份。（　　）

5. 利用 sp _ helpdb 存储过程可以查看所有数据库的信息。（　　）

二、单选题

1. 下列数据库中包含了所有系统级信息，对 SQL Server 系统来说至关重要，一旦受到损坏，有可能导致 SQL Server 系统的彻底瘫痪的是（　　）。

A. master 数据库　　　B. tempdb 数据库　　　C. Model 数据库　　　D. msdb 数据库

2. 事务日志文件的默认扩展名是（　　）。

A. mdf　　　　　　B. ndf　　　　　　C. ldf　　　　　　D. dbf

3. 通过使用文件组，可以（　　）。

A. 提高存取数据的效率　　　　　　　B. 提高数据库备份与恢复的效率

C. 简化数据库的维护　　　　　　　　D. 以上 3 项都对

4. Microsoft 公司的 SQL Server 数据库管理系统一般只能运行于（　　）。

A. Windows 平台　　B. UNIX 平台　　C. Linux 平台　　D. NetWare 平台

三、多选题

1. 逻辑存储结构是指用户可以看到的数据库对象，包括（　　）。

A. 表　　　　　　B. 视图　　　　　　C. 索引　　　　　　D. 存储过程

2. 在物理层面上，SQL Server 数据库由多个操作系统文件组成，其中操作系统文件主要包括（　　）。

A. 主要数据文件　　B. 辅助数据文件　　C. 事物日志文件　　D. 视图

3. SQL Server 2008 文件组包括（　　）。

A. 主文件组　　　　B. 用户自定义文件组 C. 默认文件组　　　D. master 文件组

4. SQL Server 数据库的备份内容主要包括（　　）。

A. 系统数据库　　　B. 用户数据库　　C. 事务日志　　　D. 逻辑数据库

5. SQL Server 数据库的备份方式主要包括（　　）。

A. 完全数据库备份　B. 差异数据库备份　C. 事务日志备份　D. 文件组备份

四、填空题

1. 数据库是存储_____和_____的地方。

2. 在物理层面上，SQL Server 数据库由多个操作系统文件组成，其中操作系统文件主要包括主要数据文件、_____和_____三大类型。

3. 为了便于进行管理和数据的分配，数据库将多个数据文件集合起来形成的一个整体，并赋予这个整体一个名称，这个整体就称为_____。

4. 要修改数据库，可通过 SQL Server 管理工具集或者_____进行修改。

5. 一般情况下，SQL 数据库的收缩并不能很大程度上减小数据库大小，其主要作用是_____，应当定期进行此操作以免数据库日志过大。

第 5 章　数据表的创建与管理

☞ 学习目标：

1）掌握数据表的基本概念。

2）理解约束、默认和规则的含义并学会运用。

3）熟练掌握 SQL Server Management Studio 的"对象资源管理器"对表的创建、查看、修改、重命名及删除的操作。

4）熟练掌握 T-SQL 语句对表的创建、查看、修改、重命名及删除的操作。

数据库是保存数据的集合，其目的在于存储和返回数据。建立数据库最重要的一步就是创建其中的数据表。数据表是数据库的基本构成单元，它用来保存用户的各类数据，是数据库中最重要的对象。在实际应用中，数据表常用的操作包括数据表的创建、数据表的管理及约束与默认的管理，本章通过具体实例的操作依次进行详细的讲解。

5.1　表概述

SQL Server 数据库的主要用途是存储和检索数据，如果没有数据库表所提供的结构，这些任务是不可能完成的。数据库中包含一个或多个表，表是数据库最基本、最重要的构成单元。表是数据的集合，是用来存储数据和操作数据的逻辑结构。创建数据表的任务就是将数据库设计方案中确定的每一个关系模式，按 SQL 语言的规范定义为一张张的二维表。这里，要注意以下几个方面：

1）每个表都是一个确定的数据库对象，必须清楚它们属于哪个具体的数据库。也就是说，表必须创建在指定的数据库中。

2）同一个数据库中的不同表命名不能相同。如果同名，系统会拒绝创建，并给予提示。

3）要充分重视表中各列定义的描述，一般每列都有列名、数据类型及精度、完整性约束条件。好的列名既要简单明了、便于记忆，又能较准确地表达应用语义。同一个表中的不同列不能同名。

4）每列的数据类型要符合设计要求，做到类型合适、符合规范、精度够用。

5）如果一列有约束条件，必须符合设计要求和语法规范。

5.1.1　列属性

关系数据库由数据表和数据表之间的关联组成。其中数据表通常是一个由行和列组成的二维表，每一个数据表分别说明数据库中某一特定的方面或部分的对象及其属性。

数据表中的行通常叫做记录或元组，代表众多具有相同属性的对象中的一个。例如在"学生表"中，每条记录代表一名学生的完整信息。数据表中的列通常叫做字段或属性，代表相应数据表中存储对象的共有的属性。例如在"学生表"中，每一个字段代表学生的一方面信息。

5.1.2　约束

通过学习数据库的基本概念，我们知道数据库中的数据是现实世界的反映，各个数据之间有一定的联系和存在规则，如"学生表"中的学号必须是唯一的，学生的姓名可能相同，但学号一定不一样；学生的性别只能是"男"或"女"中的一种取值，不可能有其他的取值。类似的例子有许多，这说明一个成功的数据库系统必须能够保证上述现实情况的实现。所以在学习约束这种数据库对象之前，需要学习关系完整性的知识。

关系完整性是为保证数据库中数据的正确性和相容性，对关系模型提出的某种约束条件或规则。例如，数据的值正确无误；数据的存在必须确保同一表格数据之间的和谐关系，比如学号不能相同；数据的存在必须能够确保维护不同表格数据之间的和谐关系，比如学生表中的系别必须是系别表里有的。完整性通常包括实体完整性、域完整性、参照完整性和用户定义完整性，其中域完整性、实体完整性和参照完整性是关系模型必须满足的完整性约束条件。

1. 实体完整性约束

实体完整性是指基本关系的主属性都不能取空值。现实世界中的实体是可区分的，即它们具有某种唯一性标识。相应地，关系模型中以主键作为唯一性标识，主键中的属性即主属性不能取空值。如果主属性取空值，就说明存在某个不可标识的实体，即存在不可区分的实体，这与现实世界的环境相矛盾，因此这个实体一定不是一个完整的实体。

2. 值域完整性约束

考虑如何限制表中数据的值的范围。注意：SQL Server 中允许存储特殊值 NULL，它是未知数据的占位符，表示不知道该列上是否有值，也不知道值是什么。应该考虑在特殊情况下是否可以让该列值 NULL，如果该列的值为 NOT NULL，则必须提供一定的数值才能提交记录。

3. 参照完整性

参照完整性是指两个表的主关键字和外关键字的数据应对应一致，它确保了有主关键字的表中有对应其他表的外关键字的行存在。在插入或者删除数据时，这是维护表之间数据一致性的手段。

关系数据库中通常都包含多个存在相互联系的关系，关系与关系之间的联系是通过公共属性来实现的。所谓公共属性，是一个关系 R（称为被参照关系或目标关系）的主关键字，同时又是另一关系 K（称为参照关系）的外部关键字。如果参照关系 K 中外部关键字的取值，要么与被参照关系 R 中某元组主关键字的值相同，要么取空值，那么，在这两个关系间建立关联的主关键字和外部关键字引用，符合参照完整性规则要求。如果参照关系 K 的外部关键字也是其主关键字，根据实体完整性要求，主关键字不得取空值。因此，参照关系 K 外部关键字的取值实际上只能取相应被参照关系 R 中已经存在的主关键字值。

在学生管理数据库中，如果将选课表作为参照关系，学生表作为被参照关系，以"学号"作为两个关系进行关联的属性，则"学号"是学生关系的主关键字，是选课关系的外部关键字。选课关系通过外部关键字"学号"参照学生关系。

4. 用户自定义完整性

实体完整性和参照完整性适用于任何关系型数据库系统，它主要是针对关系的主关键字和外部关键字取值必须有效而做出的约束。用户定义完整性则是根据应用环境的要求和实际的需要，对某一具体应用所涉及的数据提出约束性条件。这一约束机制一般不应由应用程序提供，而应有由关系模型提供定义并检验。用户定义完整性主要包括字段有效性约束和记录有效性。

5. 实施数据完整性的途径

1）实体完整性：包括 primary key（主键约束）、unique key（唯一键约束）、unique index（唯一索引）、identity column（标识列）。

2）值域完整性：包括 default（默认值）、check（检查约束）、foreign key（外键约束）、data type（数据类型）、rule（规则）。

3）参照完整性：包括 foreign key（外键约束）、check（核查约束）、triggers（触发器）、stored proceduce（存储过程）。

4）用户自定义完整性：包括 rule（规则）、triggers（触发器）、stored procedures（存储过程）和 create table 中的全部列级和表级约束。

5）check 约束：通过检查数据表列的数据值来维护值域的完整性。只有符合条件的数据才能进入到数据库中，它与外键约束都是通过检查数据的值的合法性来实现数据的完整性的维护，但是外键约束是从另一个表中获得合理的数据，而 check 检查约束则是通过对一个逻辑表达式的结果进行判断来对数据进行核查。

6. 约束的分类

凡是在某一列的列名、数据类型之后定义的约束，都叫"列级约束"。列级约束是行定义的一部分，只能应用在一列上。特别地，默认值约束和（非）空值约束只能定义为列级约束。凡是在一个表的全部列定义之后再定义的约束，都叫"表级约束"。表级约束的定义独立性位于列的定义，可以应用在一个表得多列上。

5.2　创建与管理表结构

创建用户数据库之后，接下来的工作是创建数据表。因为要使用数据库就需要在数据库中找到一种对象能够存储用户输入的各种数据，而且以后在数据库中完成的各种操作也是在数据表的基础上进行的，所以数据表是数据库中最重要的对象。

在 SQL Server 中有两种表：永久表和临时表。永久表在创建后一直存储在数据库文件中，除非用户删除该表；临时表在系统运行过程中由系统创建，当用户退出或系统修复时，临时表将自动被删除。

创建表的方式有两种，可以通过 SQL 命令创建，也可以利用 SQL Server Management Studio 创建数据表。不管以何种方式建表，都应严格按照语法规范和操作顺序操作，以减少错误，提高工作效率。下面通过实例进行讲解。

【例 5-1】　创建一个图书管理系统，包括图书类别表 category、图书表 book、读者表 reader、借阅表 lend，表的设计要求、结构和相关说明见表 5-1 至表 5-4。

69

表 5-1　图书类别表 category

列名	说明	数据类型	约束
category	类型	变长字符串，长度为50	非空值，唯一
categno	类型代号	定长字符串，长度为4	主键
Pressmark	类型书架	变长字符串，长度为20	允许为空

表 5-2　图书表 book

列名	说明	数据类型	约束
bookno	图书唯一的图书号	定长字符串，长度为6	主键
bookname	图书的书名	中文变长字符串，长度为50	非空
Writer	图书的编著者名	中文变长字符串，长度为20	空值
catno	图书的类型代号	定长字符串，长度为10	外码，引用图书类别表的主键
publish	图书的出版社	变长字符串，长度为30	空值
price	出版社确定的图书的单价	浮点型，float	空值

表 5-3　读者表 reader

列名	说明	数据类型	约束说明
readerno	读者唯一编号	定长字符串，长度为6	主键
readername	读者姓名	中文定长字符串，长度为10	非空值
sex	读者性别	中文定长字符串，长度为1	非空值
tel	读者联系电话	定长字符串，长度为20	唯一
depart	读者所在部门	中文变长字符串，长度为20	空值

表 5-4　借阅表 lend

列名	说明	数据类型	约束说明
readerno	读者的唯一编号	定长字符串，长度为6	外码，引用读者表的主键
bookno	图书的唯一编号	定长字符串，长度为6	外码，引用图书表的主键
lenddate	图书借出的日期	日期型，长度为3字节	非空值
restoredate	图书归还的日期	日期型，长度为3字节	空值

主键为：（读者号，图书号）

5.2.1　使用 T-SQL 语句创建表

使用 T-SQL 语句中的 CREATE TABLE 命令创建，其语法格式如下：

CREATE TABLE table _ name

（{ < column _ definition > |computed _ column _ definition > | < column _ constraint >}

[< table _ constraint >] [, . . . n]）

各参数含义如下：

1）table _ name：新表的名称。表名必须遵循标识符规则，除了本地临时表名（以单个数字符号（#）为前缀的名称）不能超过 116 个字符外，最多可包含 128 个字符。

2）column＿name：表中列的名称。列名必须遵循标识符规则并且在表中是唯一的，最多可包含 128 个字符。

3）column＿constraint：列级完整性约束定义。

4）table＿constraint：表级完整性约束定义。

【例 5-2】 利用 CREATE TABLE 命令创建 CATEGORY 表。

运行 Microsoft SQL Server Management Studio 应用程序，如图 5-1 所示，单击"新建查询"命令按钮，打开查询窗口。

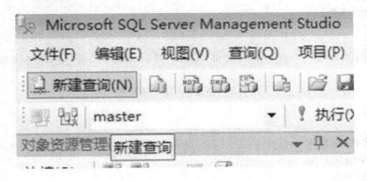

图 5-1 新建查询

在查询窗口中运行如下代码：

```
Use book
create table category
(
cate varchar（50）notnull,
categno char（4）primary key,
Pressmark varchar（20）null
)
```

其中，关键字 primary key 为设置主键。表通常具有包含唯一标识表中每一行的值的一列或一组列，这样的一列或多列称为表的主键，用于强制表的实体完整性。在创建或修改表时，可以通过定义 primary key 约束来创建主键。

一个表只能有一个 primary key 约束，并且 primary key 约束中的列不能接受空值。由于 primary key 约束可保证数据的唯一性，因此经常对标识列定义这种约束。如果为表指定了 primary key 约束，则数据库引擎将通过为主键列创建唯一索引来强制数据的唯一性。当在查询中使用主键时，此索引还可用来对数据进行快速访问。因此，所选的主键必须遵守创建唯一索引的规则。如果对多列定义了 primary key 约束，则一列中的值可能会重复，但来自 primary key 约束定义中所有列的任何值组合必须唯一。

如图 5-2 所示，经调试执行查询后数据库 book 创建 CATEGORY 表。

【例 5-3】 利用 CREATE TABLE 命令创建 book 表。

在 SQL Server Management Studio 的查询窗口中运行以下代码：

```
Use book
create table book
```

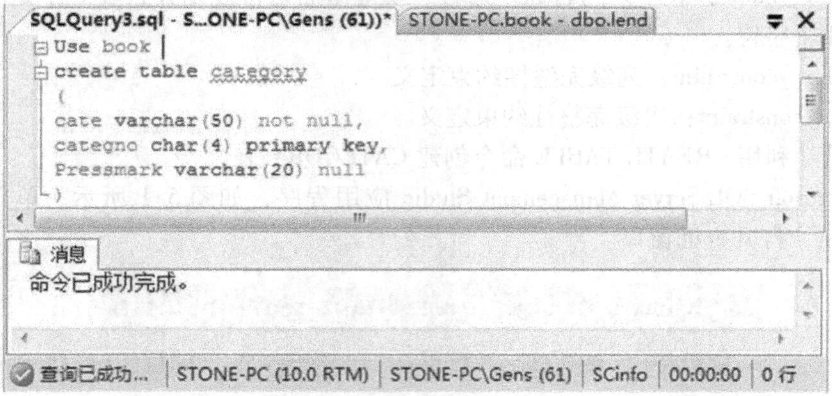

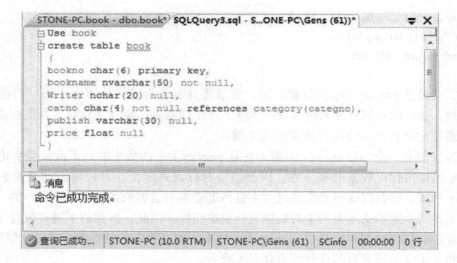

图 5-2   创建 CATEGORY 表

(

bookno char（6）primary key,

bookname nvarchar（50）not null,

Writer nchar（20）null,

catno char（4）not null references category（categno）,

publish varchar（30）null,

price float null

)

运行结果如图 5-3 所示。

图 5-3   创建 BOOK 表

5.2.2   在对象资源管理器中创建表

【例5-4】   在对象资源管理器中创建读者表 reader。

在 SQL Server Management Studio 的"对象资源管理器"面板中，展开"book"项，如图 5-4 所示。右击"表"项，在弹出的快捷菜单中选择"新建表"命令。

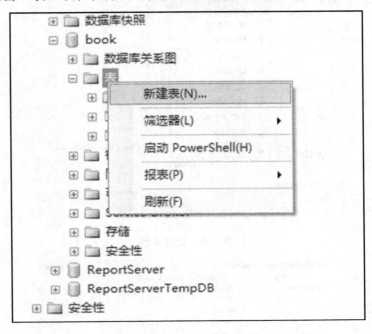

图 5-4　新建表

在弹出的编辑面板中分别输入各列名称、数据类型、长度、是否允许为空等属性，如图 5-5 所示。

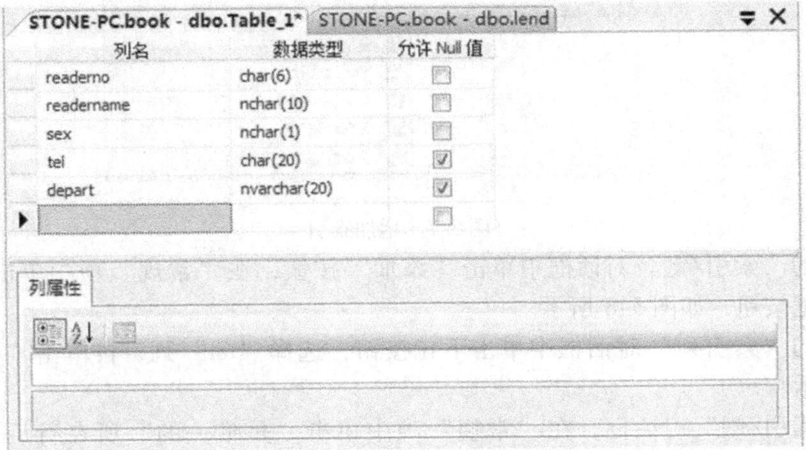

图 5-5　数据表创建界面

接着为表设置主分键。选中列名为"readerno"的行，单击右键，在弹出的快捷菜单中选择"设置主键"命令，如图 5-6 所示。

为表添加唯一性弹约束。在图 5-5 所示的编辑面板中单击右键，在弹出的快捷菜单中选择"索引/键"命令，如图 5-7 所示。

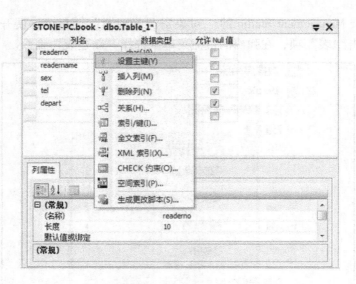

图 5-6　设置主键

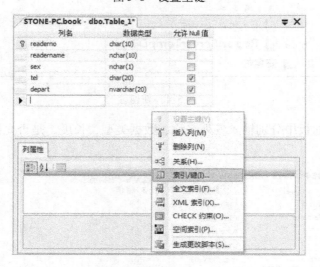

图 5-7　增加索引

在打开的"索引/键"对话框中单击"添加"按钮，在"常规"项中单击"列"所在行后面的浏览按钮，如图 5-8 所示。

在打开的"索引列"对话框中单击下拉按钮，选择"tel"列，再单击"确定"按钮，如图 5-9 所示。

返回"索引/键"对话框，在"常规"项中单击"是唯一的"所在行后的下拉按钮，选择"是"，如图 5-10 所示。单击"关闭"按钮，再选择菜单栏中的"文件"→"保存"命令，如图 5-11 所示。在"选择名称"对话框中输入表名"reader"，单击"确定"按钮，完成表的保存，如图 5-12 所示。

【例 5-5】　在对象资源管理器中创建借阅表 lend。

与例 5-4 的操作步骤类似，在创建数据库表的编辑面板中参照表 5-4，输入各列的名称、数据类型、长度、是否允许为空等属性。在此表中，主键为两列的复合主键，设置如图

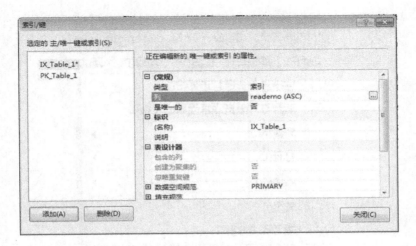

图 5-8　选择增加唯一属性的列

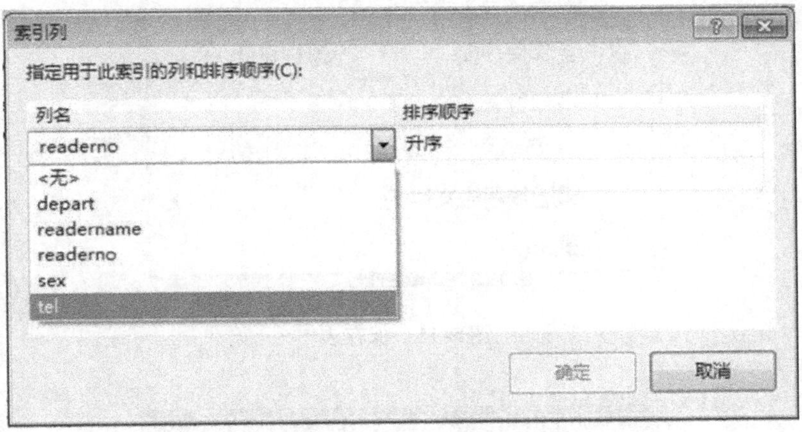

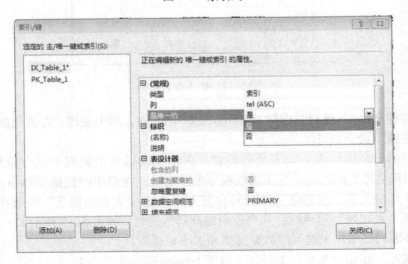

图 5-9　索引列

图 5-10　增加唯一属性

图 5-11 保存表

图 5-12 输入表名称

5-13 所示。按住 < Ctrl > 键同时选择 readerno 及 bookno 列,单击右键,在弹出的快捷菜单中选择"设置主键"命令即可。

此表中 leaderno 及 bookno 均有外码设置。主键是确保每个表都不包含重复行的约束,外键是强制引用完整性的约束。在编辑面板中单击右键,在弹出的快捷菜单中选择"关系"命令,打开"外键关系"对话框,如图 5-14 所示。单击"表和列规范"项所在行右侧的浏览按钮,打开"表和列"对话框,从列表中选择其他表列,如图 5-15 所示。

注意:外键列必须与主键列的数据类型和大小相匹配。

单击"确定"按钮后重复以上操作,设置 bookno 列的外键约束。

注意:只要将鼠标移出表设计器窗口,对关系的属性所做的任何更改就会生效。在保存

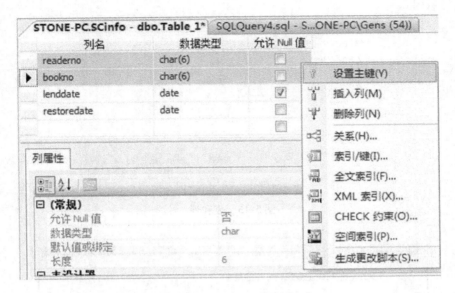

图 5-13 设置复合主键

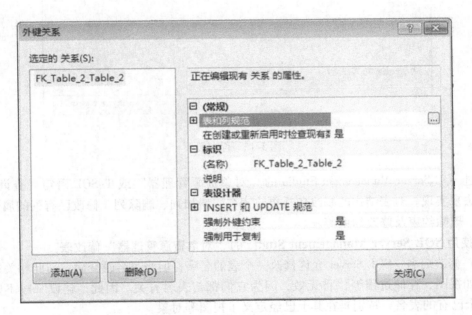

图 5-14 外键关系

表时，将在数据库中更改该约束。

以 lend 为表名保存该表，在如图 5-16 所示的 "保存" 提示框中单击 "是" 按钮，将所键的表保存到数据库中。

5.2.3 修改、删除表及约束

数据表创建以后，在使用过程中可能需要对原先定义的表的结构进行修改。修改的方法

图 5-15　表和列

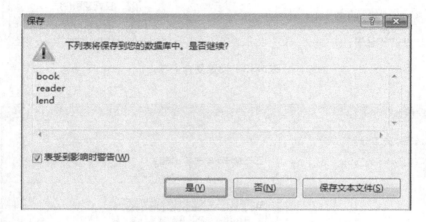

图 5-16　保存表

可以通过 SQL Server Management Studio 的"对象资源管理器"或 T-SQL 语句（查询窗口）两种方法来实现。对表结构的修改包括更改表名、增加列、删除列、修改已有列的属性、增加约束、删除约束及修改约束等。

1. 使用 SQL Server Management Studio 的"对象资源管理器"修改表

（1）修改表名　SQL Server 允许修改一个表的名字，但当表名改变后，与此相关的某些对象（如视图、存储过程等）将无效，因为它们都与表名有关。因此，建议一般不要随便更改一个已有的表名，特别是在其上已经定义了视图等对象。

在 SQL Server Management Studio 的"对象资源管理器"面板中展开"book"项，再展开"表"项，右击其中的"dbo. book"项，在弹出的快捷菜单中选择"重合名"命令，如图 5-17 所示，输入表的新名称"book1"即可。

（2）增加列　当需要向表中增加项目时，就要向表中增加列。例如，对 book 数据库中的 reader 表增加一列"birthday"，操作如下：

在 SQL Server Management Studio 的"对象资源管理器"面板中展开"book"项，再展开"表"项，单击其中的"dbo. reader"表前的展开按钮，右击"列"项，在弹出的快捷菜单中选择"新建列"命令，如图 5-18 所示。

图 5-17　重命名表

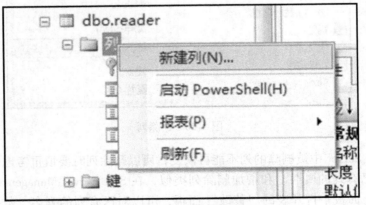

图 5-18　新建列

在数据库表"编辑"面板中输入新建列名"birthday"及其属性，如图 5-19 所示。

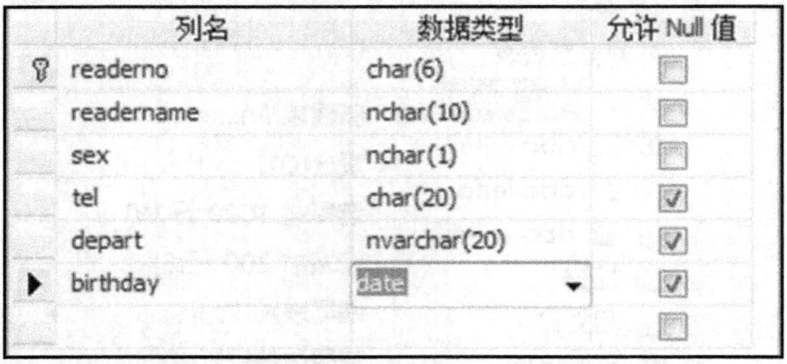

列名	数据类型	允许 Null 值
🔑 readerno	char(6)	☐
readername	nchar(10)	☐
sex	nchar(1)	☐
tel	char(20)	☑
depart	nvarchar(20)	☑
▶ birthday	date ▼	☑
		☐

图 5-19　输入新建列名及属性

（3）删除列　删除刚才在 reader 表中建立的"birthday"列，操作如下：

在 SQL Server Management Studio 的"对象资源管理器"面板中展开"book"项，再展开"表"项，单击其中的"dbo. reader"表前的展开按钮，再单击"列"项前的展开按钮，右击"birthday"列，在弹出的快捷菜单中选择"删除"命令，如图 5-20 所示，该列即被删除。

图 5-20　删除列

注意：SQL Server 中被删除的列不能再恢复，所以删除列时要慎重考虑。

（4）修改已有列的属性　和增加删除列类似，在 SQL Server Management Studio 的"对象资源管理器"面板中打开表的"修改"面板，可以对已有列的列名、数据类型、长度以及是否允许为空值等属性直接进行修改。修改完毕后保存表格，以保存修改的结构。

注意：在表中已有记录后，不要轻易修改表的结构，特别是修改列的数据类型，以免产生错误。例如，表中某列原来的数据类型是 decimal 型，如果将它改为 int 型，那么表中原有的记录值将失去部分数据，从而引起数值错误。

（5）增加约束　在 SQL Server Management Studio 的"对象资源管理器"面板中展开"book"项，再展开"表"项，单击其中的"dbo. reader"表前的展开按钮，右击"约束"项，在弹出的快捷菜单中选择"新建约束"命令，如图 5-21 所示。

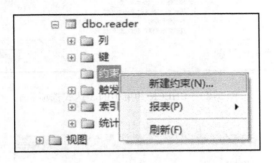

图 5-21　新建约束

【例5-6】　在表 reader 中创建一个约束，sex 列只能取"男"或"女"两个选项之一。使用上述方法，进入如图 5-22 所示的"CHECK 约束"对话框。

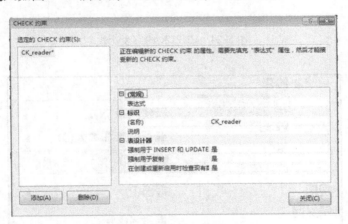

图 5-22　CHECK 约束

选择"常规"项中的"表达式"，如图 5-23 所示。单击右边的浏览按钮，打开"CHECK 约束表达式"对话框。输入约束条件"sex ='男' or sex ='女'"，如图 5-24 所示。单击"确定"按钮，关闭对话框并保存表格。

（6）修改约束　在 SQL Server Management Studio 的"对象资源管理器"面板中展开"book"项，再展开"表"项，单击其中的"dbo. reader"表前的展开按钮，再单击"约束"项前的展开按钮，右击想要进行修改的约束名，在弹出的快捷菜单中选择"修改"命令，即可对该约束进行修改，如图 5-25 所示。

（7）删除约束　在 SQL Server Management Studio 的"对象资源管理器"面板中展开"book"项，再展开"表"项，单击其中的"dbo. reader"表前的展开按钮，再单击"约束"

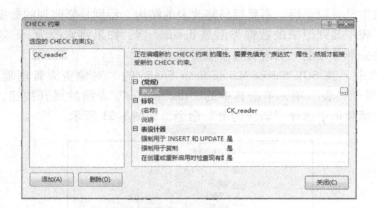

图 5-23　CHECK 约束中的表达式选项

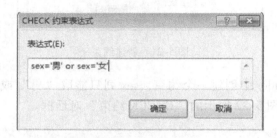

图 5-24　CHECK 约束表达式

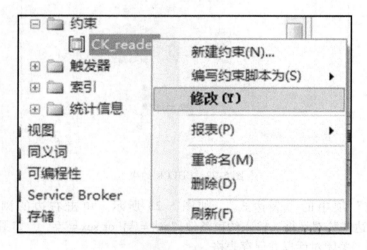

图 5-25　修改约束

项前的展开按钮，右击想要进行删除的约束名，在弹出的快捷菜单中选择"删除"命令，即可对该约束进行删除。

2. 使用 T-SQL 语句修改表结构

使用 ALTER TABLE 语句能够完成上述在 SQL Server Management Studio 的"对象资源管

理器"面板修改表的操作。ALTER TABLE 可以通过更改、添加或删除列和约束,重新分配分区,或者启用或禁用约束和触发器,从而修改表的定义。基本语法格式如下:

```
ALTER TABLE 表名
〔ALTER COLUMN 原列名新的数据类型〕--修改列的数据类型
｜〔ADDCOLUMN 列名数据类型〕〔约束〕    --增加新列
｜〔DROP COLUMN 列名〕    --删除列
```

注意:竖杠符号"｜"表示在它分割开的多个子项中选择一个。

删除约束的基本语法格式如下:

```
ALTER TABLE 表名
DROP CONSTRAINT 约束名
```

【例5-7】 利用 ALTER TABLE 命令在 reader 表中增加一列"birthday",数据类型为 date,允许空值。

在 SQL Server Management Studio 的查询窗口中运行以下代码:

```
use book
go
alter table reader
add birthday date null
```

其查询结果如图 5-26 所示。

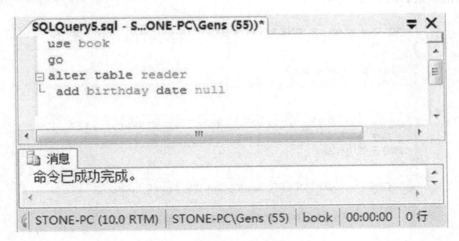

图 5-26 利用 ALTER TABLE 命令新增列

【例5-8】 删除 reader 表中的"birthday"列。

在 SQL Server Management Studio 的查询窗口中运行以下代码:

```
use book
go
alter table reader
drop column birthday
```

其查询结果如图 5-27 所示。

【例5-9】 修改 book 表中的已有列的属性,将"price"的数据类型改为 smallmoney。

在 SQL Server Management Studio 的查询窗口中运行以下代码:

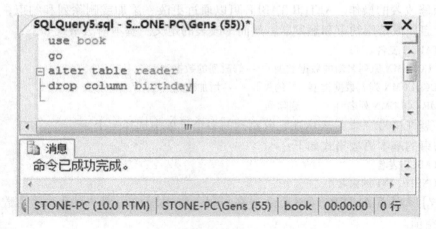

图 5-27　利用 ALTER TABLE 命令删除列

use book

go

alter table book

alter column price smallmoney

其查询结果如图 5-28 所示。

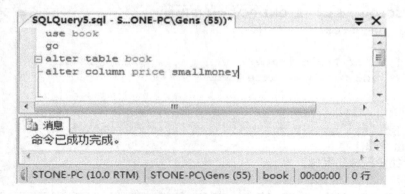

图 5-28　利用 ALTER TABLE 命令修改列属性

5.2.4　查看表信息

1. 使用 SQL Server Management Studio 的"对象资源管理器"面板查看表的结构

在 SQL Server Management Studio 的"对象资源管理器"面板中，右击需要查看结构的表，在弹出的快捷菜单中选择"属性"命令，打开表属性对话框，如图 5-29 所示，在左侧"选择页"中选择"常规"项，即可查看表信息。

2. 使用系统存储过程 sp _ help 查看表的结构

语法格式如下：

[execute] sp _ help [table _ name]

【例 5-10】　查看 reader 表的结构。

84

图 5-29　表属性

在 SQL Server Management Studio 的查询窗口中运行以下代码:

exe csp _ help reader

显示 reader 表的结构如图 5-30 所示。

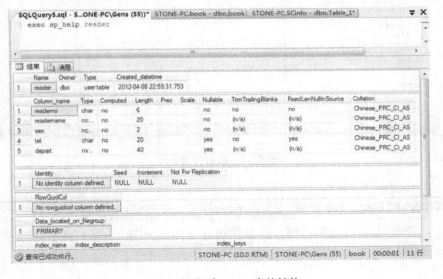

图 5-30　查看 reader 表的结构

5.3　管理表中的数据

5.3.1　图形界面的数据录入

当表的定义、修改全部完成后,数据库系统要进行调试或试运行,必须有适量的数据录入或输入基本表中,这项工作也称为数据载入。为了使数据能够适时、正确地载入新建的数据库中,数据录入时必须做到有严格控制的技术手段和数据标准、科学的输入方法和经验以及认真的校验和审核。SQL Server 中为用户提供了一种通过界面直接进行表的数据录入的方法。其操作过程如下：

1）用户以合法身份进入相应的数据库系统，展开数据库目录。

2）找到要录入数据的用户表，右击表名，在弹出的快捷菜单中选择"编辑前 200 行"命令，如图 5-31 所示。在弹出数据录入界面中将准备好的数据逐行输入表中即可，如图 5-32所示。

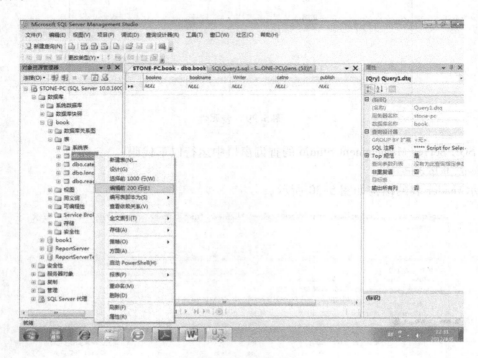

图 5-31　编辑前 200 行

图 5-32　数据录入界面

在进行表的数据录入时，要特别注意如下几个问题：

1）数据的正确性和相关的约束条件。数据库管理系统会严格地按数据结构、数据类型、精度和约束条件对每个输入数据进行检验。一个表的主码值不能为空值，也不可重复。所有列的数据系统都会按定义的约束条件严格检查。一行数据全部满足约束条件，则这个元组可以进行表中。只要一个元组中有一个值破坏了约束，就会将整个元组卡住，一个都不能进入表中。

2）各表录入数据时，操作员要有计划地安排好表的录入顺序，其目的还是保证数据录入时，不破坏数据的完整性约束。应当安排没有外码的表第一批（优先）录入，而有外码的表只能稍后录入。如果一个表中定义了外码，当此表录入数据时，数据库管理系统要对外码项的输入数据进行约束检查，看是否符合引用规则。一旦发现外码列录入的数据在初引用表中不存在时，就报告一个外码引用错误，录入失败。

在本章的练习中，请读者按数据库模型各表的要求，分别自拟一批数据，并将数据输入各表中，要求每个表的实际数据不少于 20 行。不要怕出现错误，如果遇到不能输入的情形，请认真查看系统给予的错误信息提示，冷静分析，找准出错的原因并加以排除。系统可以检查出的输入错误，基本上只有几大类，一个是数据类型、长度的错误，另一类是破坏了约束条件。当然，约束条件的种类是较多的，但只要具体分析判断并找准原因，错误即可排除。

图形界面的数据的修改和数据删除操作与数据录入基本类似，读者通过实践很容易掌握，这里就不作具体介绍了。

5.3.2　使用 T-SQL 语句添加记录

在查询分析器中使用 T-SQL 语句也可以实现数据的添加。向表中插入数据就是将一条或多条记录添加到表尾，插入语句的语法格式如下：

INSERT［INTO］表名字［（列名列表）］VALUES（值列表）

各参数含义如下：

1）表名：要插入数据的表名。

2）列名列表：要插入的数据列的各列名称，当然，必须是表中有定义的列名。如果此表中列出了多个列名，各列名之间用逗号分隔开。当原表中的列名不全时，列名列表中所缺的列名只能是允许取空值的列名。列名的书写顺序可以按用户的需要排列，不必按表定义的顺序。

3）值列表：插入各列的实际数据。当语句中存在列名列表时，值列表中的数据的个数、顺序和数据类型必须与列名列表中的个数、顺序、数据类型保持严格的一一对应关系。

当列名列表缺省时，值列表中数据项的个数、顺序和数据类型必须与原表中定义的列的数据项个数、顺序、数据类型保持严格一一对应关系。如果某列暂时无值而此列允许取空值，则可以在列值的相应位置添加 NULL，但不能省略。

注意：值列表左右的圆括号不可少。

【**例 5-11**】　在图书类别表 CATEGORY 中插入如下记录：（'生物'，'a110'，'p11077'）。

在 SQL Server Management Studio 的查询窗口中运行以下代码：

```
Usebook
insert into category
values('生物','a110','p11077')
```

打开图书类别表 CATEGORY，可以看到表尾已经添加了上面的一行记录。

5.3.3　使用 T-SQL 语句修改记录

用户需要经常对已有的数据进行修改，一是因为发现某些已录入的数据存在错误，必须及时纠正；二是因为随着业务的发展，需要对原来的某些数据进行修改，以适应新情况。

用 T-SQL 语句修改表中的数据，其语法格式如下：

UPDATE 表名 SET 列名 = 赋值表达式[，列名 2 = 赋值表达式 2...]

[WHERE 修改条件]

其中，表名指定了要进行数据修改的表。

SET 之后是一个（或多个）赋值短语，该短语的左边是被修改的列名，右边是一个可计算的赋值表达式，执行时将用赋值表达式的值取代原有的列值。

如果没有语句后部的条件子句，称为无条件修改，其执行的结果是将表中全部记录的某列的值全部用新值替代。

注意：使用数据修改操作语句，必须保证其修改的结果满足数据库的完整性约束条件。这里有两种情况：

1）被修改的列值只与本表的约束相关，系统只检查修改结果是否满足本表中的约束。

2）被修改的列值与外表的约束相关（或者是外码，或者被其他表引用），系统将检查修改结果是否满足相关的约束条件。

总之，修改语句的结果如果会破坏数据完整性约束，系统将拒绝执行这些修改。

【例 5-12】 将图书表中所有图书的价钱都增加 1（无条件修改）。

在 SQL Server Management Studio 的查询窗口中运行以下代码：

update book set price = price + 1

其查询结果如图 5-33 所示。

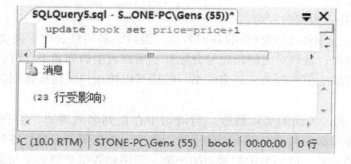

图 5-33　使用 UPDATE 语句修改记录

如果语句中有条件子句，则只对符合条件的那些记录进行数据修改。

【例 5-13】 将读者刘备的联系电话修改为"13022001933"（有条件修改）。

在 SQL Server Management Studio 的查询窗口中运行以下代码：

update reader set tel = '13022001933'

where readername = '刘备'

其查询结果如图 5-34 所示。

注意：在有条件修改语句中，上例是基于本表的条件修改，即修改的条件只涉及要修改的表的本身，相关条件利用本表中的数据可以判断。但是，有些修改可能涉及较复杂的条件，而某些条件需要本表之外的其他信息，则需要用到多表连接查询或子查询的方法。

5.3.4　使用 T-SQL 语句删除记录

当用户确定一个表中的某些记录不再需要时，就可以使用删除语句将无用的记录删除，

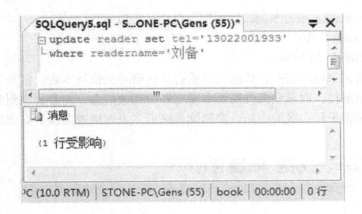

图 5-34　使用 UPDATE 语句有条件修改记录

一是节省系统资源，二是有利于提高系统的运行效率。

从表中删除数据记录的语法格式如下：

DELETE［FROM］表名［WHERE 删除条件］

其中，表名指定了要删除数据记录的表。

如果语句中没有条件子句，称为无条件删除。对一个表做无条件删除的结果是，表中的全部数据记录都将被清除，使得这个表变成一张空表，但在数据库中，这个表的结构还存在。读者一定要注意删除数据与删除表语句的区别，不要混淆。这两个语句的功能是明显不同的。

如果语句中有条件子句，称为有条件删除。有条件删除的执行结果为只从表中删除那些符合条件的数据行，而不会对其他记录产生影响。同 UPDATE 语句类似，其删除条件只涉及本表的数据，称为基于本表的删除；如果删除条件涉及本表以外的数据，则称为带外部条件的删除。

注意：使用数据删除操作语句，必须保证其操作结果满足数据库的完整性约束条件。这里也有两种情况：

1）被删除的元组只与本表的约束有关，系统只检查结果在本表中是否破坏约束。

2）被删除的元组与外表的约束相关（被其他表引用），系统将检查结果是否破坏相关的约束条件。

总之，删除元组的结果如果破坏数据完整性约束，系统将拒绝执行此修改。

【例 5-14】 删除所有读者的借阅记录。

在 SQL Server Management Studio 的查询窗口中运行以下代码：

delete from lend

此语句执行的结果是，lend 表的有效记录全部被删除，使它成为一张空表。一旦 DE-LETE 语句被执行，如果原来的数据没有备份，是不能恢复的。因此，执行数据删除是需要十分慎重的，不可掉以轻心。

另外，一个表的数据删除后，可能会影响其他用户的正常工作。比如有的用户视图是依赖于这个表的，一旦这个用户还要使用视力查询，其查询结果会产生变化。

【例 5-15】 删除所有 2010 年前的借阅记录（基于本表条件的删除）。

在 SQL Server Management Studio 的查询窗口中运行以下代码：

delete from lend where lenddate < '2010-01-01'

其查询结果如图 5-35 所示。

注意：与数据记录修改类似，数据记录的有条件删除只依赖本表。但是，有些删除操作可能涉及较复杂的条件，而某些条件需要本表之外的其他信息，则需要用到多表连接查询或子查询的方法。这属于较高级的应用，要到读者熟悉多表连接查询或子查询的方法之后才能讨论。

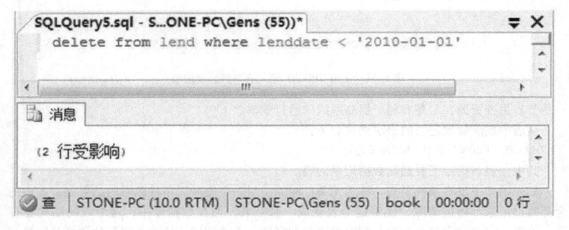

图 5-35　基于本表条件的删除

本 章 小 结

本章的重点是创建定义表，这是数据库实现的第一步工作。每个表的结构必须是由设计阶段确定的，符合规范的表。各列的数据类型和约束条件的定义尤其要重视。一个数据库中表可能有很多，要规划好定义的顺序，特别是有外码的表，一般应当稍后定义。修改表的约束，要特别注意这种修改是否破坏约束条件。带数据的基表的修改或者删除是非常复杂的，处理时要特别小心谨慎，以免造成不应有的数据丢失。

数据录入是紧接着基本表创建后的工作。这项工作看似容易、简单，但用户在实际进行数据录入时，常常会遇到许多意想不到的问题。因为在录入数据时，数据库管理系统将对每个数据项、每个元组进行多方面检查，包括数据类型、字段长度、约束条件等，全部要进行检查。不管发生了什么错误，都会立即报告出错信息，终止当前行的录入工作。用户必须经过反复实践操作，取得必要的经验，才能正确判断解决问题的途径，并熟练掌握批量数据录入的技能。

表结构的定义、修改、删除语句与数据修改、删除语句必须严格区分。数据更新语句只涉及表中的数据元组，或插入一行、或删除满足条件的行、或删除表中的全部行、或进行字段的修改，决不会改变表的结构。而表结构的定义、修改、删除语句与表中数据行（元组）不发生任何关系，全部是涉及表的结构的定义与修改，其功能明显不同，概念一定不能混淆。

实 训 任 务

新建人事管理系统数据库，包括 3 个表：员工基本信息表、部门信息表、员工工资信息表，其结构见表 5-5 ~ 表 5-7。完成以下各题。

表 5-5　员工基本信息表

列名	数据类型	约束说明	备注
员工编号	INT	NOT NULL	主键，约束名为 PK _ YGID
员工姓名	NVARCHAR（50）	NOT NULL	
员工登录名	NVARCHAR（20）	NOT NULL	建议为英文字符，且与姓名不同
员工登录密码	BINARY（20）	NULL	
员工电子邮件	NVARCHAR（50）	NOT NULL	
员工所属部门编号	INT	NULL	
员工基本工资	INT	NULL	
员工职位名称	NVARCHAR（50）	NULL	
员工电话	用户自定义类型 TELEPHONE _ CODE	NULL	
员工报到日期	DATETIME	NOT NULL	
员工自我介绍	NVARCHAR（200）	NULL	初始为空，由员工自行输入
员工剩余假期	INT	NULL	小时数
员工的级别	INT	NULL	
员工照片	IMAGE	NULL	

表 5-6　部门信息表

列名	类型	约束说明	备注
部门编号	INT	NOT NULL	主键，约束名为 PK _ BMID
部门名称	CHAR（10）	NULL	
部门描述	CHAR（50）	NULL	
部门经理编号	INT	NULL	

表 5-7　员工工资信息表

列名	类型	约束说明	备注
工资编号	INT	NOT NULL	主键，约束名为 PK _ GZID _ YGID
员工编号	INT	NOT NULL	主键，约束名为 PK _ GZID _ YGID
工资发放时间	DATETIME	NOT NULL	
员工基本工资	INT	NULL	
加班工资	INT	NULL	
缺勤扣除	INT	NULL	
其他工资	INT	NULL	

1）使用 SQL Server Management Studio 图形界面创建员工基本信息表。

2）使用 T-SQL 语句创建部门信息表。

3）使用 T-SQL 语句创建员工工资信息表。

4）使用 T-SQL 语句重命名员工工资信息表为员工工资表。

5）在员工基本信息表中进行如下修改：

① 添加一个"联系地址"字段，数据类型为 VARCHAR（100），允许为空值。

② 将"员工自我介绍"字段删除。

③ 将"员工所属部门编号"字段重命名为"部门编号"，数据类型修改为 INT，不允许为空。

④ 将"部门编号"字段添加外键约束，约束标识为 FK_BMID，与部门信息表中的"部门编号"字段关联。

⑤ 添加一个"性别"字段，数据类型为 CHAR（2），默认约束，约束名为 DF_XB，其值为"男"。

⑥ 在"性别"列上增加 CHECK 约束，约束名为 CK_XB，要求性别字段只能是"男"或"女"。

6）修改部门信息表，在"部门名称"列增加唯一约束 UK_BMNAME。

7）修改员工工资表，删除主键约束 PK_GZID_YGID。

8）使用 SQL Server Management Studio 图形界面为员工基本信息表录入 10 个以上数据元组。

9）使用 T-SQL 语句将表 5-8 所示部门信息记录表插入部门信息表中。

表 5-8　部门信息记录表

部门编号	部门名称	部门描述	部门经理编号
000	人力资源部	负责招聘等工作	200
001	财务部	负责工资管理	202
002	市场部	负责销售	203
003	开发部	负责产品开发	204

10）使用 T-SQL 语句将部门信息表中的人力资源部部门经理编号改为201。

11）使用 T-SQL 语句将部门信息表中的部门编号增加 1。

12）使用 T-SQL 语句将部门信息表中的开发部删除。

练 习 题

一、判断题

1. 数据表是数据的集合，是用来存储数据和操作数据的逻辑结构。　　（　　）

2. 关系完整性是为保证数据库中数据的正确性和相容性，对关系模型提出的某种约束条件或规则。　　（　　）

3. 在创建或修改表时，可以通过定义 FOREIGN KEY 约束来创建主键。　　（　　）

4. 语句 ALTER TABLE 可以通过更改、添加或删除列和约束，重新分配分区，或者启用

或禁用约束和触发器，从而修改表的定义。 （　　）

5. 语句 DELETE 可以删除表结构。 （　　）

二、单选题

1. 删除一个表，正确的 T-SQL 语句是（　　）。

A. DROP 表名　　　　　　　　　B. ALTER TABLE 表名

C. DROP TABLE 表名　　　　　　D. ALTER 表名

2. 要删除一个表中的某列，正确的 T-SQL 语句是（　　）。

A. DROP TABLE 表名 DROP COLUNM 列名

B. ALTER TABLE 表名 ADD CULUMN 列名

C. ALTER TABLE 表名 DROP CULUMN 列名

D. DROP TABLE 表名

3. 如果一个表的某列数据类型，该列未被任何表引用，以下说法正确的是（　　）。

A. 修改类型不受限制

B. 不能被修改

C. 只能修改其数据精度或长度

D. 以上说法都不对

三、多选题

1. 完整性约束通常包括（　　）。

A. 实体完整性　　　B. 域完整性　　　C. 参照完整性　　　D. 用户定义完整性

2. SQL Server 中，完整性约束可以分为（　　）。

A. 列级约束　　　B. 数据库级约束　　C. 表级约束　　　D. 元组约束

3. SQL Server 中创建表的方式有（　　）。

A. 通过 T-SQL 语言创建

B. 通过数据的查询创建表

C. 通过数据的更新创建表

D. 利用 SQL Server Management Studio 创建数据表

四、填空题

1. T-SQL 语言中对表修改的语句是_____，在表中增加列的子句是_____，删除列的子句是_____。

2. 表是用来存储数据和操作数据的_____，关系数据库中的所有数据都表现为_____形式。在创建表之前的重要工作是设计_____，即确定表的名字、所包含的各个列的列名、数据类型和长度、是否为空值等。

3. 给列定义唯一性约束的英文是_____；有唯一性约束的列值，不能有两个值_____，但允许有一个为_____。

4. 如果用 CHECK 约束限制多列数据的取值约束时，必须使用_____定义。

第6章 数据查询

☞ 学习目标：

1）掌握简单查询的使用。

2）掌握条件查询、多表连接、子查询等复杂查询的使用。

数据查询是数据库系统中最基本也是最重要的操作，查询语句有灵活的使用方式和丰富的功能。用户要正确、高效地实现数据查询，首先要搞清楚以下几条最基本的原则：

1）必须十分清楚所要查询的数据在哪些基本表中，即清楚查询所需的数据源。如果对数据源不清楚或不准确，难以达到查询目的，也得不到需要的结果。

2）对于基本表的结构要十分清楚，这是实现高效查询的要素，也是正确输入查询语句的前提条件。

3）对于查询语句的语法结构要很熟练。越是复杂的查询，可能查询的语句越灵活多样。

4）要对系统执行一个查询语句的基本过程有正确的了解，并对结果的状态有基本的估计，以便判断查询结果的可靠性。

有些初学者往往不太注意以上原则。只有一开始就对这些原则予以充分认识，才能有的放矢，提高学习与查询的效率。

6.1 SELECT 语句

在 T-SQL 语言中，使用 SELECT 语句进行数据查询，其语法格式如下：

SELECT 字段列表

FROM 数据源

[WHERE 筛选条件]

[GROUP BY 分组表达式]

[HAVING 搜索表达式]

[ORDER BY 排序表达式[ASC|DESC]]

其中各结构含义如下：

1）SELECT 子句：指示所要的查询结果（要哪些列，要多少条元组）。它们通常是基本表中的列名（或视图中的列名），也可以是表达式等。

2）FROM 子句：指示从哪查找数据，即数据源是谁。

3）WHERE 子句：指示查询筛选条件。

4）GROUP BY 子句：指示进行分组查询。

5）HAVING 子句：在分组查询时，对分组的筛选条件。

6）ORDER BY 子句：对查询结果进行排序输入的排序方案。

SELECT 语句在任何 SQL 语言中都是使用频率最高的语句，是 SQL 的灵魂语句。

6.2　简单查询

6.2.1　查询表中指定的列

在很多情况下,用户只对一个表中的部分列的数据感兴趣(其他列的数据相对无用)。这时可以在"查询结果列表"中,按用户需要的顺序指定所要的列来实现。

【例6-1】　查询图书类别表的全部信息。

Select ∗ from CATEGORY

其查询结果如图6-1所示。

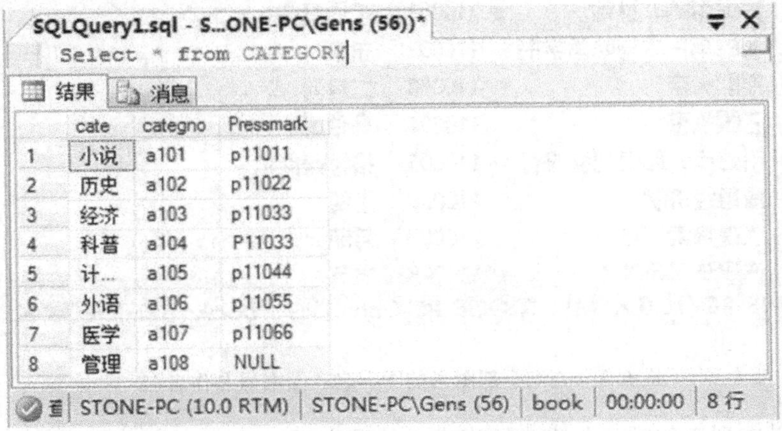

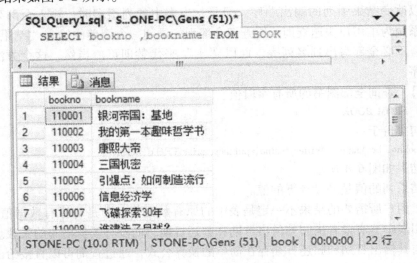

图6-1　查询图书类别表的全部信息

【例6-2】　查询全部图书的图书号和书名。

SELECT bookno, bookname FROM BOOK

其查询结果如图6-2所示。

图6-2　查询全部图书的图书号和书名

注意：这里只显示了图书号和图书名两列，是用户所希望的。

【例6-3】 查询全部图书的图书名、图书号和作者名。

SELECT bookname, bookno, writer FROM BOOK

其查询结果如图6-3所示。

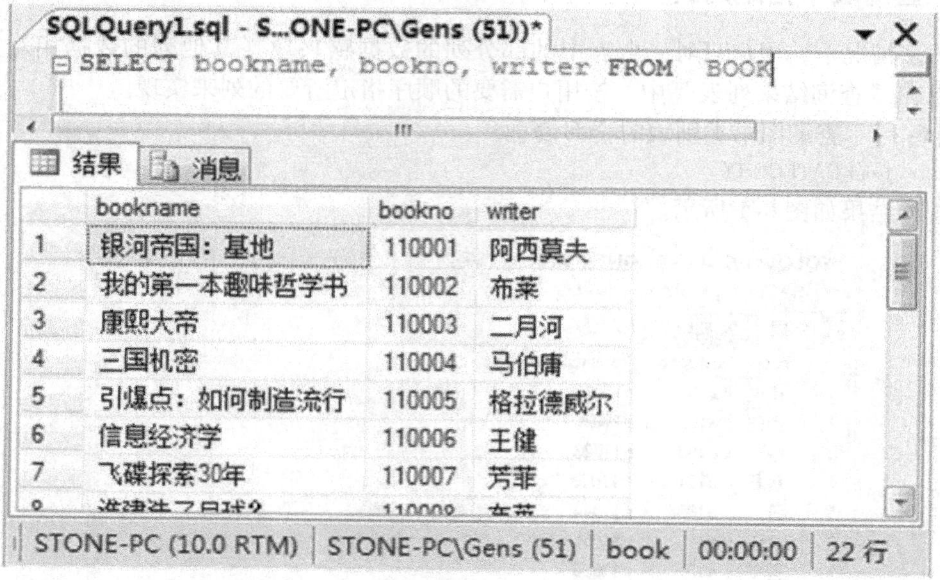

图6-3　查询全部图书的图书名、图书号和作者名

注意：结果中列表的顺序与表中原来定义的顺序不一致，完全是按用户的爱好或要求给出的。

6.2.2　查询表中全部的列

如果要查询一个表中的全部列值，可以在SELECT之后，列出表中的全部列名的方法实现，而且可以改变结果中列的输出顺序。但是，当表中的列很多时，输入全部列名比较费时。于是，系统为了用户快速查询，给查询全部列的语句一个简单的输入"结果列名列表"的省略方法，不必全部写出列名列表，而以"＊"来代替即可。当然，这个方法不能改变结果列的顺序。

【例6-4】 查询全部图书的所有字段值。

SELECT ＊ FROM BOOK

上述语句等价于：

SELECT bookno, bookname, Writer, catno, publish, price FROM BOOK

其查询结果如图6-4所示。

注意：结果列的值是经过计算的值。

有时候，用户所需要的结果不一定是表中的原有数据值，而是与原有数据值相关的值。例如，在借阅表中，有读者借阅的借出日期和归还日期，而没有读者借阅的天数。但是读者的借阅天数与其借出日期和归还日期存在简单的换算公式，通过查询可以直接给出读者的借阅天数。由此可见，但凡与基本表中的数据存在公式转换的数据，都可以使用计算的方法查

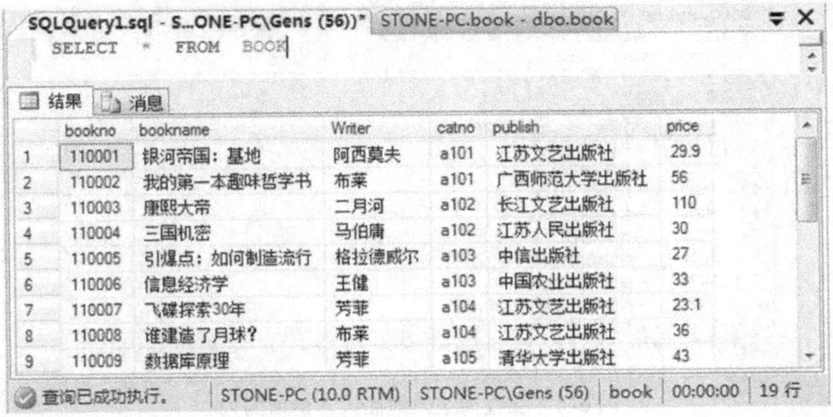

图 6-4　查询全部图书的所有字段值

询到。

【例 6-5】　查询全部读者的编号和借阅天数。

SELECT readerno, DATEDIFF（dd, lenddate, restoredate）FROM LEND

查询结果如图 6-5 所示。

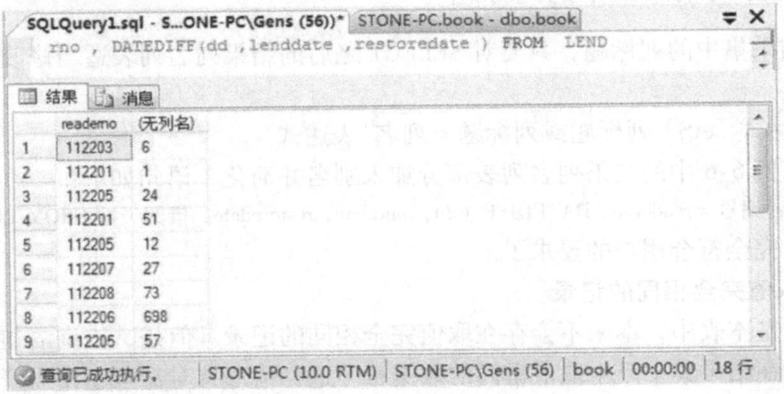

图 6-5　查询全部读者的编号和借阅天数

查询结果的表头（即表的第一行），读者编号一列给出的是 readerno，是借阅表的列名，而第二列显示的是"（无列名）"。因 DATEDIFF（dd, lenddate, restoredate）是一个表达式，它不是表中定义的列名，所以只能给出"（无列名）"。

6.2.3　在查询结果中插入常量值的列

按用户需要，可以在查询结果中插入需要的某些常量值，使用户的结果更符合需要。例如，用户想要将结果保存为一个外观适用的表。

【例 6-6】　查询全部读者的读者编号、借阅天数，并在其借阅天数前加入"一共借阅的天数是"的字符串，可以用以下语句实现。

SELECT readerno, '一共借阅的天数是', DATEDIFF（dd, lenddate, restoredate）FROM LEND

查询结果如图 6-6 所示。

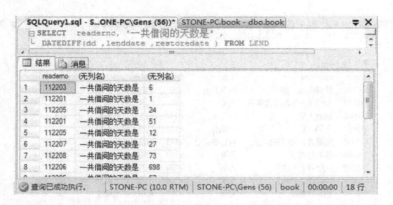

图 6-6　在查询结果中插入常量值的列

以上例子中，经过计算的列值，可以是算术表达式、函数或常量值。但是，其结果集的表头中都以"（无列名）"填补。为了满足用户的需要，可以使用为列指定列名的方法，改变查询结果集中的列标题。这对于查询结果集中含有算术表达式、函数名、常量的情况尤其有用。

6.2.4　改变查询结果集中的列标题

要改变结果集中的列标题，只要对 SELECT 之后的结果列名列表适当修改即可。其语法格式如下：

列名|表达式［AS］列标题或列标题 = 列名|表达式

例如，将例 6-6 中的结果列名列表部分加入别名并简化，语句如下：

SELECT 读者编号 = readerno, DATEDIFF（dd, lenddate, restoredate）借阅天数 FROM LEND

其结果就完全符合用户的要求了。

1. 消除取值完全相同的记录

在数据的基本表中，本来不会存在取值完全相同的记录。但是，查询语句进行了列的筛选后，就可能在结果集中产生取值雷同的数据行，这种情形有时甚至还相当严重。结果集中出现的这种重复，一般来说对用户没有实用价值，因此应当消除这些完全重复的行。

【例 6-7】　在图书表中，查询都有哪些作者写的书，列出作者的名字。如果不取消重复的值，SQL 语句如下：

SELECT Writer FROM BOOK

此语句的查询结果如图 6-7 所示。

尽管这里只列出了很小一部分，但是可以看出其中有作者名重复出现了多次。为了消除这种不必要的重复，将查询语句略作修改如下：

SELECT DISTINCT Writer FROM BOOK

其查询结果如图 6-8 所示。

此语句的执行结果中只有发表过图书的作者的名字，哪怕该作者出过多本书，也只出现一次。这正是用户想要的结果。

2. 使用 TOP 关键字

TOP 关键字在 T－SQL 语言中用来限制返回结果集中的记录条数，其使用方法有以下两

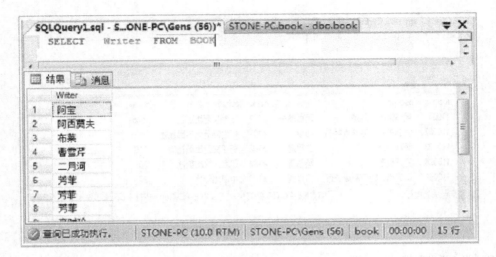

图 6-7　取值完全相同的记录

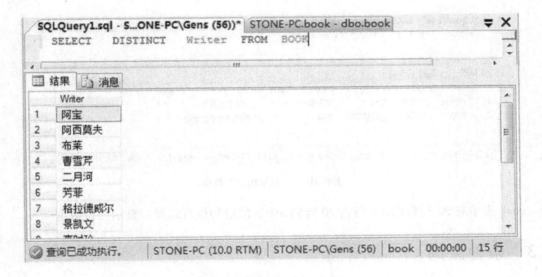

图 6-8　消除取值完全相同的记录

种形式。

（1）返回确定数目的记录个数　语法格式如下：

SELECT TOP n < 列名表 > FROM < 表名 >［查询条件］

其中，n 为要返回结果集中的记录条数。

【例6-8】　在图书表中查询所有图书的信息，要求只显示前 5 行数据。语句如下：

SELECT top 5 ＊ from book

其结果如图 6-9 所示。

（2）返回结果集中指定百分比的记录数　语法格式如下：

SELECT TOP n PERCENT < 列名表 > FROM < 表名 >［查询条件］

其中，n 为所返回的记录数所占结果集中记录数目的百分比数。

【例6-9】　在图书表中查询所有图书的信息，要求只显示前 5% 数据。语句如下：

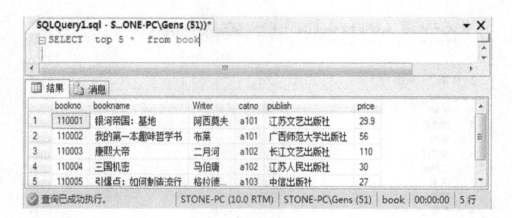

图 6-9　只显示前 5 行数据

select top 5 percent ＊ from book

其结果如图 6-10 所示。

图 6-10　只显示前 5% 数据

book 表中有 20 行数据，1 行占 20 行的 5%，故语句执行结果只显示一行数据。

6.3　条件查询

数据库用户常常需要查找符合一定条件的结果，这种查询称为条件查询。条件查询的应用很广，是在简单查询的基础上，再加上条件子句来实现的。条件子句中的查询条件由简单到复杂，形式多样。SQL 中提供的查询条件有 6 类，见表 6-1。

表 6-1　WHERE 子句中使用的查询条件

条件类型	运算符或逻辑谓词
比较运算	＝、＞，＞＝，＜，＜＝，＜＞（或！＝），NOT＋比较运算
确定范围	BETWEEN，AND，NOT BETWEEN AND
确定集合	IN，NOT IN
字符匹配	LIKE，NOT LIKE
空值	IS NULL，IS NOT NULL
多重条件	AND，OR，（ ）

6.3.1 以比较运算为条件

【例6-10】 查询销售部门的全部读者的名字。

SELECT readername，depart FROM READER

where depart = '销售部'

执行结果如图6-11所示。列出 depart 是为了方便核对与验证结果的真实性。

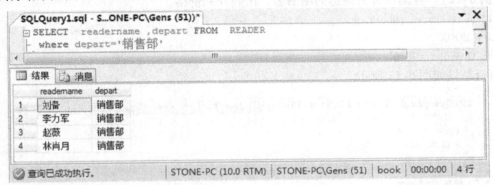

图6-11 查询销售部门的全部读者的名字

【例6-11】 查询借阅天数超过30天的读者编号。

SELECT readerno，DATEDIFF（dd，lenddate，restoredate）借阅天数

FROM LEND

WHERE DATEDIFF（dd，lenddate，restoredate）＞30

执行结果如图6-12所示。

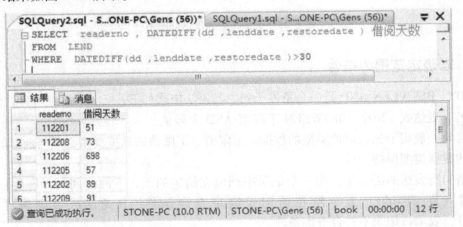

图6-12 查询借阅天数超过30天的读者编号

数据库管理系统在执行此语句时，首先从 DB 中调出 LEND 表中的全部记录。然后，从第一行开始，判定 DATEDIFF（dd，lenddate，restoredate）＞30 是否成立，如果满足条件，信息会列入结果中。接下来，系统再分析借阅表中的第二行数据、第三行数据……依此类推，一行一行查询，比较条件，直到查完 LEND 表中的全部记录为止。所有满足条件的记录，会

被列入结果集之中。最后，显示查询结束。

上例也可以用下面的语句实现：

SELECT readerno, DATEDIFF（dd, lenddate, restoredate）借阅天数

FROM LEND

WHERE NOTDATEDIFF（dd, lenddate, restoredate）＜＝30

两个表达式给出的条件在逻辑上等价，因此其查询结果完全一样。

【例6-12】 查询作者为鲁迅的图书名、出版社和价格。

SELECT bookname, publish, price

FROM BOOK

WHERE Writer='鲁迅'

执行结果如图6-13所示。

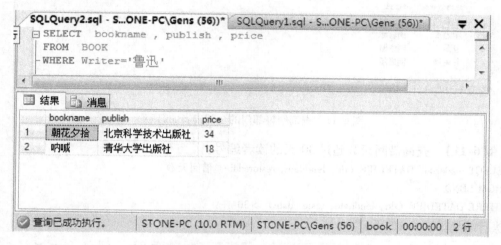

图6-13 查询作者为鲁迅的图书

6.3.2 以确定范围为条件

［NOT］BETWEEN AND 是一个条件子句，其语法格式如下：

列名｜表达式［NOT］BETWEEN 下限值 AND 上限值

该语句一般用于比较数值类型的数据，上限值、下限值的数据类型必须与前部的列名或表达式的数据类型保持一致。

该语句所表达的语义是：当一个记录中列值在给定的上、下限之间时，产生一个逻辑"真"值（即 TRUE），表示所在的记录满足查询条件；反之，产生逻辑"假"值（FALSE），表示该记录不符合查询条件。

如果子句前部带否定词 NOT，其语义正好相反，产生的逻辑值也恰好相反。

此条件所表达的逻辑值等价于以下的逻辑表达式的逻辑值：

列名｜表达式＞＝下限值 AND 列名｜表达式＜＝上限值

【例6-13】 查询图书价格在30到50之间的图书名、作者和出版社。

SELECT bookname, Writer, publish, price FROM BOOK

WHERE price BETWEEN 30 AND 50

执行结果如图 6-14 所示。

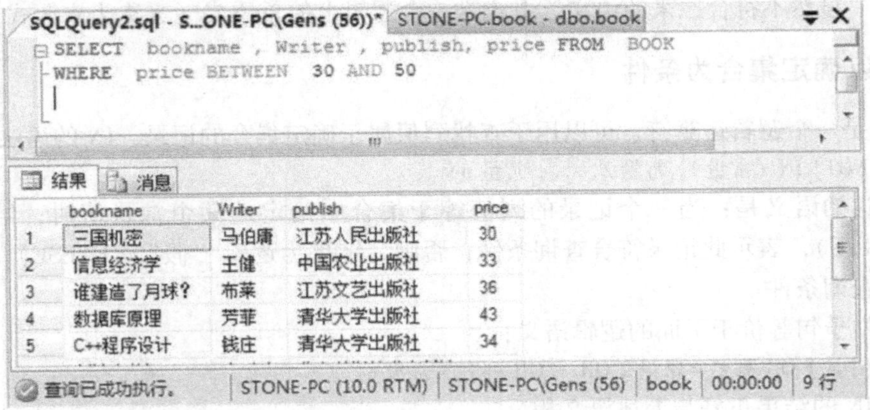

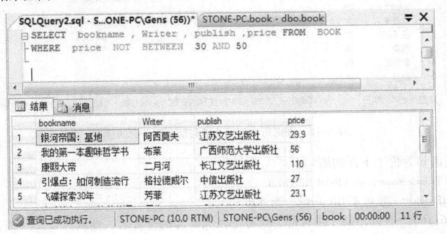

图 6-14　查询图书价格在 30 到 50 之间的图书

以上语句等价于下列语句：

SELECT bookname，Writer，publish，price FROM BOOK

WHERE price > = 30 AND price < = 50

在 BETWEEN 子句的写法中，不得将上、下限写颠倒。如果出现下限值大于上限值，其查询的结果集必定是空集，因为在任何表中，"列名 | 表达式 > = 上限值 AND 列名 | 表达式 < = 下限值"的记录永远不存在。

【例 6-14】　查询图书价格不在 30 和 50 之间的图书名、作者和出版社。

SELECT bookname，Writer，publish，price FROM BOOK

WHERE price NOT BETWEEN 30 AND 50

执行结果如图 6-15 所示。

图 6-15　查询图书价格不在 30 和 50 之间的图书

当把带 NOT 的限定范围子句以逻辑表达式替换时，两个子表达式之间的逻辑词不能用 AND（与），而应改为 OR（或），才能与原来的语义一致；否则，也得不到正确的查询结果。例 6-14 中的条件应该改成"price < 30 OR price > 50"才能与"price NOT BETWEEN 30

AND 50"所表示的逻辑语义等价，其查询结果才会一致。如果写成"price ＜ 30 AND price ＞ 50"显然不符合原来的语义。上式是一个逻辑上的矛盾式（又称为永假式）。

6.3.3 以确定集合为条件

IN 也是一个逻辑运算符，可以用于查找列值属于确定集合的记录。IN 的语法格式如下：

列名［NOT］IN（常量1，常量2，...，常量n）

其表达的语义是：当一个记录的列值等于集合中给定的某个常量值时，结果为逻辑"真"（TRUE），表示此记录符合查询条件；否则，结果为逻辑"假"（FALSE），表示此记录不符合查询条件。

该条件子句等价于下面的逻辑语义：

列名｜常量1 OR 列名＝常量2 OR...OR 列名＝常量n

NOT IN 的结果正好与上述语义相反。

"列名 NOT IN（常量1，常量2，...，常量n）"等价于"列名！＝常量1 AND 列名！＝常量2 AND...AND 列名！＝常量n"所表达的逻辑语义。

【例6-15】 查询所在部门为销售部和财务部的读者名、性别。

SELECT readername, sex FROM READER

WHERE depart IN（'销售部', '财务部'）

执行结果如图 6-16 所示。

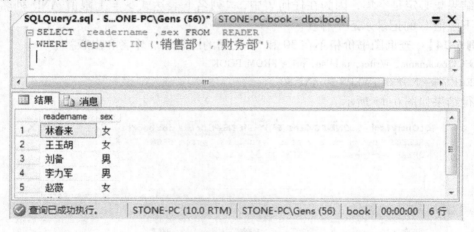

图 6-16 查询所在部门为销售部和财务部的读者

上述语句等价于下面的语句：

SELECT readername, sex FROM READER

WHERE depart = '销售部' OR depart = '财务部'

【例6-16】 查询不属于销售部、财务部及人事部的读者名、性别。

SELECT readername, sex, depart FROM READER

WHERE depart NOT IN（'销售部', '账务部', '人事部'）

执行结果如图 6-17 所示。

上述语句等价于下面的语句：

SELECT readername, sex, depart FROM READER

WHERE depart < >'销售部' AND depart < >'账务部' AND depart < >'人事部'

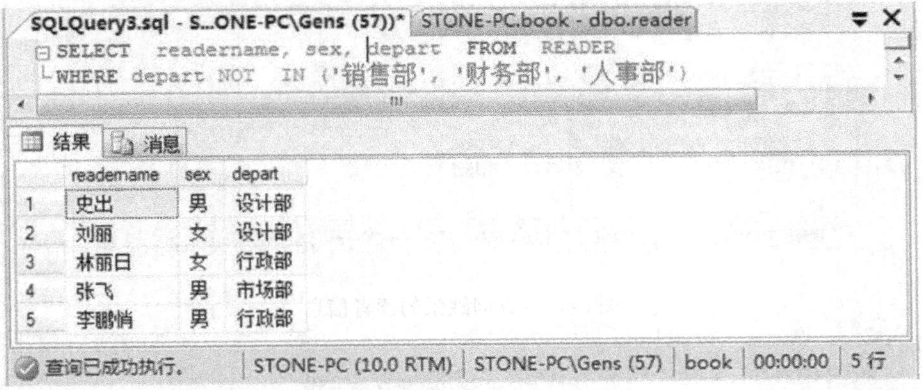

图 6-17 查询不属于销售部、财务部及人事部的读者

6.3.4 以字符匹配为条件

读者经常会遇到这样的问题：查询以"中"字开头的书名，查询以"大学"两字结尾的出版社，或者查询第二个字为"人"的书名等。查询与给定的某些字符串相匹配的数据可以使用 LIKE 关键字。LIKE 关键字是一个匹配运算符，它与字符串表达式相匹配，字符串表达式由字符串和通配符组成。匹配串既可以是常量字符串，也可以包含通配符的字符串。所谓通配符是规定的某些字符，可以代表一个任意字符或多个任意字符，这样一来，具有极大的灵活性，非常适合模糊查找。

LIKE 短语的语法格式如下：

列名［NOT］LIKE 匹配字符串

其中的匹配字符串除通常的字符串外，可以包含如下 4 个通配符：

1) 下划线"_"：与任意单个字符相匹配。

2) 百分号"%"：与零个或多个任意字符相匹配。

3) 方格号"［一个或多个字符]"：匹配其中任何一个字符。如［abcde］表示匹配 a、b、c、d、e 中的任何一个。

4) 方格号"［^一个或多个字符]"：不匹配其中任何一个字符。

通配符和字符串必须括在单引号中，要查找通配符本身时，需将它们用方括号括起来。例如，LIKE '5［%］'表示要匹配"5%"。

【例6-17】 查询姓张的读者的所有信息。

SELECT * FROM READER
WHERE readername LIKE '张%'

执行结果如图 6-18 所示：

【例6-18】 查询姓李和林的读者所有信息。

SELECT * FROM READER
WHERE readername LIKE '［李林］%'

执行结果如图 6-19 所示。

图 6-18　查询姓张的读者信息

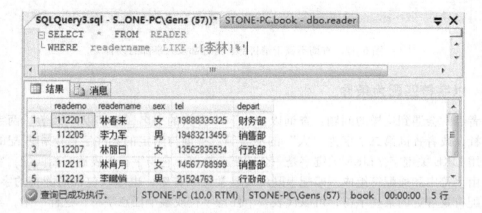

图 6-19　查询姓李和林的读者信息

【例 6-19】　查询不姓李、林、张的读者信息。

SELECT * FROM READER
WHERE readername LIKE '[^李林张]%'

执行结果如图 6-20 所示。

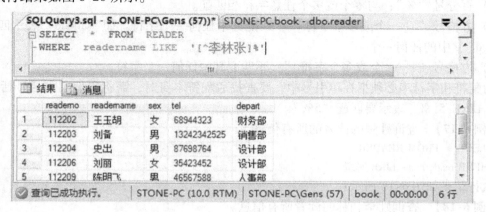

图 6-20　查询不姓李、林、张的读者信息

【例 6-20】　查询姓名中的第二个字为"丽"或"飞"的读者所有信息。

SELECT * FROM READER

WHERE readername LIKE '_[丽飞]%'

执行结果如图 6-21 所示。

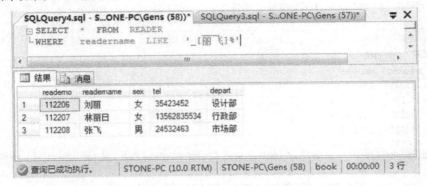

图 6-21 查询姓名中的第二个字为"丽"或"飞"的读者信息

6.3.5 涉及空间值的查询

空值（NULL）在数据库中有特殊的定义，它表示其值暂不确定。例如，在 LEND 表中，由于读者借阅的书籍需要借阅一段时间，归还图书的日期还不能确定，允许 restordate 列暂时为空值。在查询语句中，判断某列的值是否为空值，不能使用比较运算符等于号（=）或不等号（<>、!=），而只能使用专门用于判断空值的子句来实现，其语法格式如下：

列名 IS [NOT] NULL

【例 6-21】 查询借阅图书还没归还的读者代号和借书日期。

SELECT readerno，lenddate，restoredate FROM LEND

WHERE restoredate IS NULL

执行结果如图 6-22 所示：

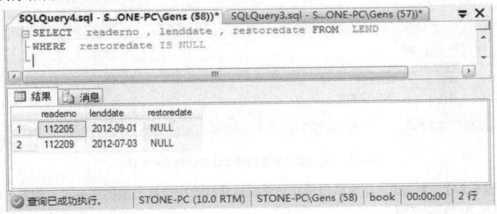

图 6-22 查询借阅图书还没归还的读者代号和借书日期

【例 6-22】 查询借阅并归还了图书的读者代号和借书日期。

SELECT readerno，lenddate FROM LEND

WHERE restoredate IS NOT NULL

执行结果如图 6-23 所示。

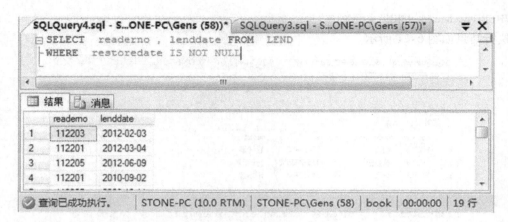

图 6-23 查询借阅并归还了图书的读者代号和借书日期

6.3.6 多重条件（或复合）查询

如果有需要，可以由以上的条件复合，使用逻辑运算符 NOT、AND、OR 组成多重条件，还可以加括号组成非常复杂的条件表达式。只要条件表达式的结果为"真"（TRUE），就表示符合查询条件；否则，不满足查询条件。

【例 6-23】 查询在销售部门的女读者的姓名和电话。

SELECT readername, tel FROM reader

WHERE sex = '女' AND depart = '销售部'

执行结果如图 6-24 所示。

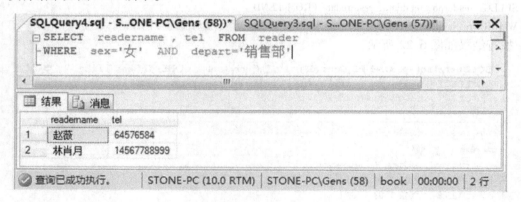

图 6-24 查询在销售部门的女读者的姓名和电话

【例 6-24】 查询由清华大学出版社和北京科学技术出版社出版的图书名、作者名，图书价格在 20 到 30 之间。

SELECT bookname, Writer, publish, price FROM BOOK

WHERE price BETWEEN 30 AND 40

AND（publish = '清华大学出版社' OR publish = '北京科学技术出版社'）

执行结果如图 6-25 所示。

图 6-25　多重条件查询

6.4　对查询结果排序和使用计算函数

前面的各种查询语句，对查询的结果集原则上不作任何顺序上的调整，即显示的结果是按元组在源表中的自然顺序给出的。在许多情况下，查询出来的结果集很大，满足条件的元组相当多，用户看起来不方便。因此，用户希望能对查询的结果进行适当的整理，有利于查看结果。将查询的结果按某些列值排序或分组，就很受用户的青睐。SQL 中设计了将结果集按用户指定的列值进行排序的子句，既可以按列值升序排序，也可以降序排序；既可以按一列排序，还可以按多序排列。

6.4.1　对查询结果排序

对查询结果排序用 ORDER 子句，其语法格式如下：

ORDER BY 列名［ASC］| DESC［, ... n］

子句中给出的列名必须是查询结果列名列表中出现的列名或该列的别名，所表达的语义是，查询结果集中的元组将按此列的值排序后，返回给用户。

列名之后的关键字是说明结果的排序方式。ASC 表示按列值从小到大的升序排列，可以省略不写。DESC 表示按列值从大到小的降序排列，查询结果需要降序排列时 DESC 不能省略。

如果子句中指定了多个排序的列名，则系统在整理查询结果时，将符合查询条件的全部元组，先按第一个列值排序；然后，如果在结果中存在列值相同的元组，则将这些元组按第二个列值排序，依此类推，产生出最终结果。

此外，要注意子句的顺序。如果一个查询语句中有 WHERE 子句和 ORDER 子句，必须先写 WHERE 子句，后写 ORDER 子句。顺序颠倒为语法错误。

【例 6-25】　按图书价格降序排序。

SELECT ∗ FROM BOOK

ORDER BY price DESC

执行结果如图 6-26 所示。

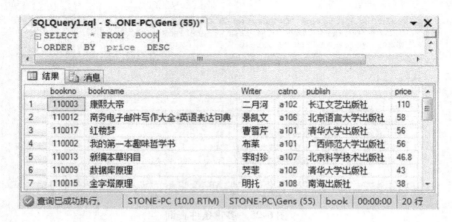

图 6-26　按图书价格降序排序

【例 6-26】　查询清华大学出版社的图书的价格、类型代号，结果按价格从高到低排序。

SELECT price，catno FROM BOOK

WHERE publish ='清华大学出版社' ORDER BY price DESC

　执行结果如图 6-27 所示。

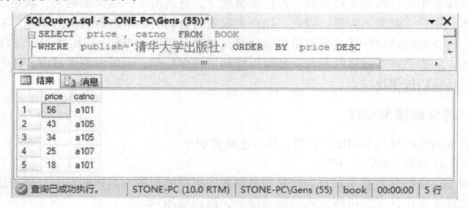

图 6-27　按价格从高到低查询清华大学出版社的图书

【例 6-27】　查询全部图书信息，查询结果按图书编号升序排列，同出版社的图书按价格的降序排序。

　　SELECT ＊ FROM BOOK

　　ORDER BY bookno ASC，price DESC

　执行结果如图 6-28 所示。

　　排序的列值通常是数值类型的数据。但是，字符串类型的数据按系统的解释也是有值的，而且可以按其值比较大小，因此也可以用于排序。事实上，用户也经常有这类需要。

6.4.2　在查询语句中使用计算函数

　　计算函数也称为集合函数、聚合函数或聚集函数，是 DBMS 为了方便用户而定义的，其作用是对一个表中的某一组值进行统计类计算并返回一个单一的值。SQL 提供的集合函数有下面几个：

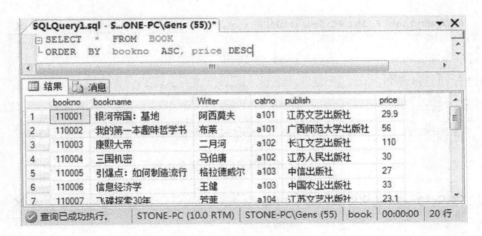

图 6-28　多重排序

1）COUNT（＊）：统计一个表中的元组个数。

2）COUNT（列名）：统计指定列的有效值的个数，空值不予统计。

3）SUM（列名）：对列值求和，列的数据类型必须是数值型，空值不予统计。

4）AVG（列名）：计算列值的平均值，列的数据类型必须是数值型，空值不予统计。

5）MAX（列名）：求列值中的最大值，不含空值。

6）MIN（列名）：求列值中的最小值，不含空值。

上述集合函数，除 COUNT（＊）外，在计算或统计时均忽略空值 NULL。这些计算函数不允许出现在 WHERE 子句的条件表达式之中。

【例 6-28】　统计图书总册数。

SELECT COUNT（＊）图书总册数 FROM BOOK

执行结果如图 6-29 所示，系统返回图书总册数，是一个单一的值。

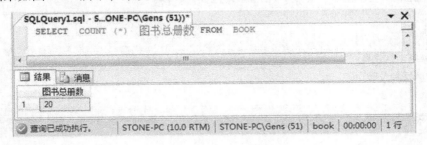

图 6-29　统计图书总册数

【例 6-29】　统计图书中的作者总人数，出版了多本书的作者也只计算一次。

SELECT COUNT（DISTINCT writer）FROM BOOK

执行结果如图 6-30 所示。

【例 6-30】　求清华大学出版社的图书价格平均值。

SELECT AVG（price）FROM BOOK

WHERE publish = '清华大学出版社'

执行结果如图 6-31 所示。

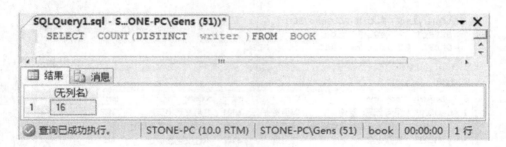

图 6-30　统计图书中的作者总人数

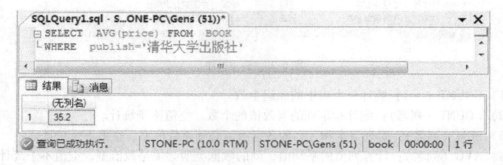

图 6-31　清华大学出版社的图书价格平均值

【例 6-31】　统计类型代号为"a105"的图书总册数及总价格。

SELECT COUNT（＊）总册数, SUM（price）总价格

FROM BOOK WHERE catno = 'a105'

执行结果如图 6-32 所示。

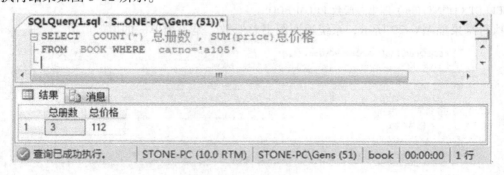

图 6-32　统计类型代号为"a105"的图书总册数及总价格

【例 6-32】　查询类型代号为"a105"的图书中价格最高值和最低值。

SELECT MAX（price）最高价格, MIN（price）最低价格 FROM BOOK

WHERE catno = 'a105'

执行结果如图 6-33 所示。

6.4.3　使用 COMPUTE 子句

COMPUTE 子句用来计算总计或进行分组小计，总计值或小计值将作为附加的新行出现

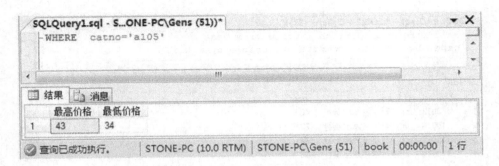

图 6-33　图书中价格最高值和最低值

在查询结果中。该子句用在 WHERE 子句之后。

【例 6-33】　查询清华大学出版社出版图书的本数，包括书号、书名、价钱并计算平均价格。

select bookno, bookname, price from book

where publish = '清华大学出版社' compute avg（price）

执行结果如图 6-34 所示，可以看到，平均价格作为新行显示在查询结果的下面。

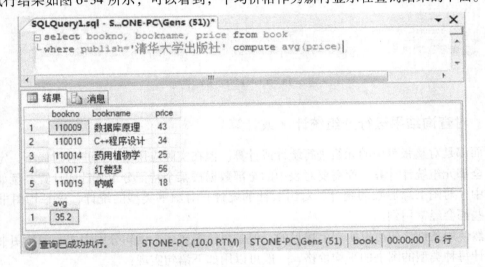

图 6-34　COMPUTE 子名

6.4.4　使用 COMPUTE BY 子句

使用 COMPUTE BY 子句对 BY 后面给出的列进行分组显示，并计算该列的分组小计。使用 COMPUTE BY 子句时必须按照 ORDER BY 和 COMPUTE BY 中 BY 指定的列进行排序。

【例 6-34】　按各出版社显示图书表中的书号、出版社、价格，并计算每个出版社的平均定价。

select bookno, publish, price from book

order by publish compute avg（price）by publish

执行结果如图 6-35 所示。

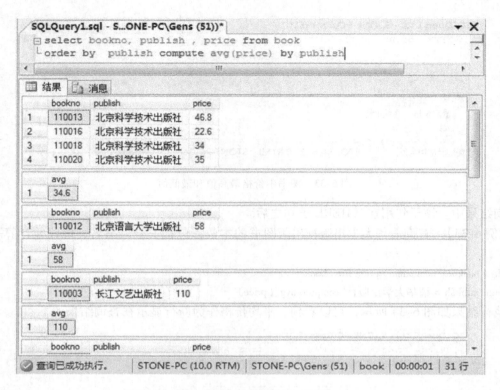

图 6-35　COMPUTE BY 子句

6.4.5　对查询结果进行分组统计（或计算）

上面都是对整张表中的元组进行统计或计算。但在实际应用中，用户有时候不一定需要对表的全部元组统计计算，而需要对表中的全部数据按某个特征分组统计或计算。例如，在图书表中，对图书总册数的统计、对出版社的统计、对图书类型的统计、求平均图书价格等，这些都会经常用到。

虽然使用条件语句可以实现上述目的，但是可能需要多个语句分别完成。如按图书类型代号统计每种类型的图书的平均价格，一般可以用如下语句实现：

SELECT catno, AVG（price）FROM BOOK

WHERE catno = '某种类型'

很明显，上述语句一次只能查询一种类型的平均价格。如果要查多种类型的平均价格，就得多次修改语句中的查询条件并多次执行查询，效率明显很低。有了分组统计计算的GROUP 子句，问题就简单多了。一个语句一次就可以求出各种类型的平均价格等，而不必多次修改和查询。分组的目的是细化统计计算的作用对象，GROUP 子句可以将计算控制在一个组内进行，一个语句中还可以使用多个列分组。

分组统计的 GROUP 子句的语法格式如下：

GROUP BY 分组依据列名［ , ... n］

［HAVING 组内选取条件］

分组子句通常与集合函数配合使用。在 SELECT 与 FROM 之间的集合函数，是针对语句中的分组依据列和组内选取条件（如果存在此条件），对查询结果进行分组计算并产生分组的计算结果。

注意：如果一个查询语句中使用了 GROUP 子句，则查询结果列表中的所有成分要么是分组依据的列名，要么是计算函数。此外，分组依据的列的数据类型不能是 text、ntext、mage 和 bit。

【例 6-35】 统计每种图书类型的图书册数，列出图书类型、图书册数。

SELECT 图书类型 = catno, COUNT（catno）as 图书册数 FROM BOOK

GROUP BY catno

执行结果如图 6-36 所示。

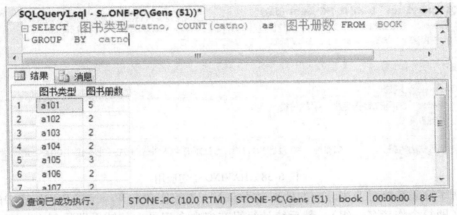

图 6-36　统计每种图书类型的图书册数

【例 6-36】 按图书类型统计每种图书类型的图书册数和平均价格。

SELECT 图书类型 = catno，COUNT（∗）图书册数，AVG（price）平均价格

FROM BOOK GROUP BY catno

执行结果如图 6-37 所示。

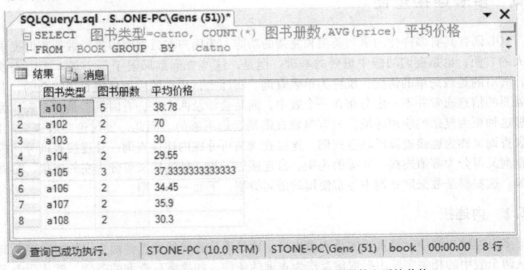

图 6-37　按图书类型统计每种图书类型的图书册数和平均价格

上述两列中，都没有使用 HAVING 子句。HAVING 子句的功能有点像 WHERE 子句，但两者有明显的区别。WHERE 子句中的条件是用于全表中的所有记录的，即执行查询时，系统要对每一个元组进行条件检查，判断是否满足条件，条件表达式中不允许带计算函数。而HAVING 子句的功能是只对分组后的查询结果再次进行过滤，其过滤的条件式中，往往带计算函数，而且是 GROUP 子句的一个部分。

【例 6-37】 查询出版图书 3 本以上的作者名、出版图书册数及平均价格。

SELECT Writer, COUNT（Writer）出版的图书册数, AVG（price）平均价格
FROM BOOK GROUP BY Writer HAVING COUNT（＊）＞＝3

执行结果如图 6-38 所示。

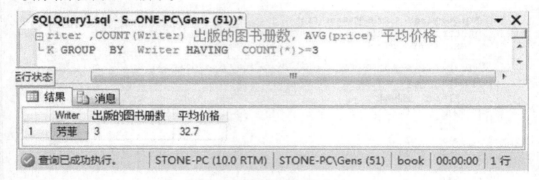

图 6-38 HAVING 子句应用

数据库管理系统对上述语句的处理过程如下：先按作者名 Writer 将 BOOK 表中的元组分成小组（即每个作者名一组），然后统计每组有多少个记录，其结果即是每个作者出版的图书册数，生成初步结果；其次，在初步结果中，再按 HAVING 子句中的组内选取条件，这里是 COUNT（＊）＞＝3，进行了一次筛选，将不满足条件的元组剔除，只留下满足条件的结果返回给用户。

6.5 多表连接查询

SQL 语言具有多样化的语句类型和复杂的功能，为用户在数据库中进行数据查询提供了极大的方便，也是查询功能中重要的基础。但是，这些查询都局限于一个基本表中查找信息，面对的是较简单的情况，统称为单表查询。实际上，用户的应用环境是很复杂的，有时所需要的信息通常并不一定分布在一个表中，而是会涉及两个表，有时甚至是多个表。为了处理这种更为复杂的应用环境，只有单表查询是远远不够的。因此，要讨论多表查询功能。多表查询又称为连接查询或联合查询。连接查询又可分成内连接查询、外连接查询等。内连接查询又可分为等值连接、非等值连接、自连接等子类。外连接又可分为左外连接、右外连接等。这些都是数据库查询中经常使用的语句类型，下面一一介绍。

6.5.1 内连接

多表连接查询中，最重要的是两表连接，这是连接查询的重点。两个表的内连接查询是指从两个表中的相关字段中提取信息作为查询的条件，如果满足查询的条件，就从两个表中的相关记录中，选择需要的信息，连接成一个元组，置于查询结果集之中，这就是内连接的

主要作用。内连接语句的语法格式如下：

FROM 表1［INNER］JOIN 表2 ON 连接条件表式

连接查询语句主要是在单表查询的语句中，对数据源部分进行了语法成分的扩展，用以申明是哪两个表联合查询。ON 之后的条件表达式说明了连接的条件。连接条件表达式的格式有特殊要求，一般格式为：

［表名1.］列名1 比较运算符［表名2.］列名2

这里，列名1是取自表1中的列名，列名2是取自表2的列名。原则上，如果某个列名在多个表中都存在，且名字相同，使用时就应在其前面冠上表名，并以圆点（.）分隔开。当确认某个列名只出现在一个表中时，它前面的表名才可以省略不写。这里的原则也适用于查询结果列名的列表。即连接查询语句中，SELECT 之后的列名列表也应该如下表示：

SELECT［表名.］列名1,…,［表名.］列名n FROM…

注意：连接条件中，两个表中的比较列必须是语义相同的列，才可以构成比较条件；否则，比较将失去意义，即使不构成语法错误，其执行结果也很难预料，用户应当尽量避免这类错误。

【例6-38】 查询读者情况和借阅情况。这里要用到读者表 READER 和借阅表 LEND，其连接查询条件是读者编号相等，查询语句如下：

SELECT * FROM READER INNER JOIN LEND
ON READER. readerno = LEND. readerno

执行结果如图 6-39 所示。

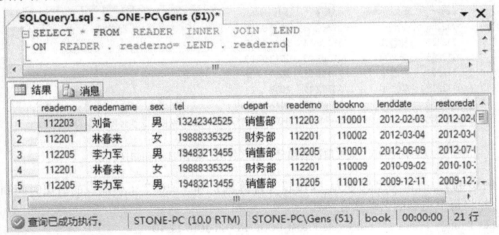

图 6-39 查询读者情况和借阅情况

结合原来的两个表中的数据元组，认真地分析一下为何会是这样的查询结果？只有分析透彻，对后面的多表连接查询，才能正确、全面的理解。

由于查询语句中的结果列名列表中使用的是"*"，所以，结果中列出了两个表的全部列。

数据库管理系统处理连接查询的过程是：从读者表 READER 中提取一条记录中的读者编号，然后再到借阅表 LEND 中去与其读者编号列进行值的匹配。找到一条符合连接条件的记录（读者编号相等），就将读者表中的这行数据与借阅表中匹配上的那条记录的数据连接

117

成一条新纪录，置于结果之中。接着，在借阅表中继续按刚才的读者编号，往下面找匹配的记录，直至将借阅表的最后一条记录处理完为止。但这还只处理了读者表中的一条记录，查询并没有结束。

接下来，在学生表中处理第二条记录，处理方法同第一条记录一样。也就是说，在第一个表中的一条记录，到第二个表去匹配时，要将整个表扫描一遍。按这种方式，将第一个表的全部记录匹配完，才能得出查询的最后结果。只有搞清楚系统的这一处理过程，对多表连接查询才算明白。

上面的结果有些繁杂，因为有太多的重复数据和不需要的数据。比如，用户只是想了解每个读者的借书日期，就可以将结果简化。

【例6-39】 只选取读者编号、读者姓名、借出日期和归还日期。

SELECT LEND. readerno, readername, lenddate, restoredate
FROM READER INNER JOIN LEND
ON READER. readerno = LEND. readerno

执行结果如图 6-40 所示。

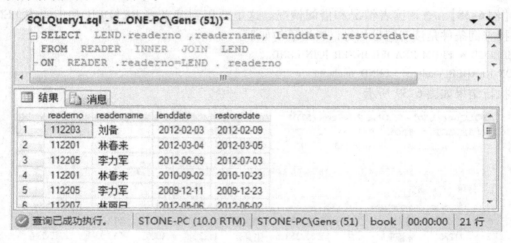

图 6-40 只选取读者编号、读者姓名、借出日期和归还日期

【例6-40】 查询类型代号为"a105"（计算机）和"a101"（小说）的借出时间和归还时间，并将每个类型的名单排在一起。

SELECT catno, lenddate, restoredate FROM BOOK INNER JOIN LEND
ON BOOK. bookno = LEND. bookno
WHERE catno = 'a105' OR catno = 'a101'
ORDER BY catno

执行结果如图 6-41 所示。

可以为连接查询的表指定别名，来简化语句的书写，为表取别名的语法格式为：

原表名［AS］别名

【例6-41】 使用表的别名，可以将上例的语句改成如下形式：

SELECT catno, lenddate, restoredate FROM BOOK AS B
INNER JOIN LEND

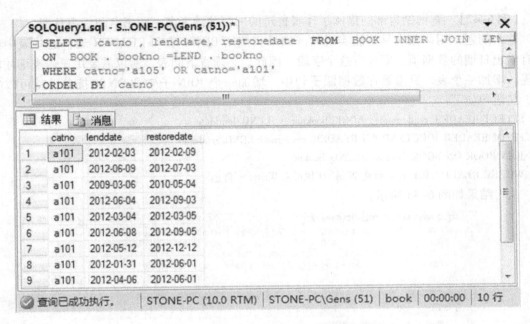

图 6-41 查询两种类型代号的借出时间和归还时间

ON B. bookno = LEND. bookno
WHERE catno = 'a105' OR catno = 'a101'
ORDER BY catno

执行结果如图 6-42 所示。

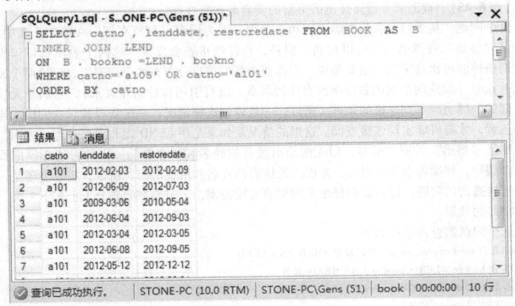

图 6-42 使用表的别名

注意：当为一个表定义了别名后，凡是列名前要求冠此表名的，在本语句中都得使用其表名，不得再使用原表名。另外，表的别名只在本查询语句中有效。

119

【例 6-42】 查询销售部门借阅了作者鲁迅的书籍的读者名、图书名和借出日期。

这个问题，用两张表是不能实现的。如果只使用 BOOK 表和 READER 表，这些表中都没有借出日期的数据项，即没有这个字段。因此，必须查借阅表，所以需要用三表查询才能实现。增加一个表，只需要在数据源子句中，增加一个 JOIN 子句和 ON 连接条件就可以实现。其语句如下：

SELECT READER. readername, BOOK. bookname, LEND. lenddate

FROM READER JOIN LEND ON READER. readerno = LEND. readerno

JOIN BOOK ON BOOK. bookno = LEND. bookno

WHERE READER. depart = '销售部' AND BOOK. Writer = '鲁迅'

执行结果如图 6-43 所示。

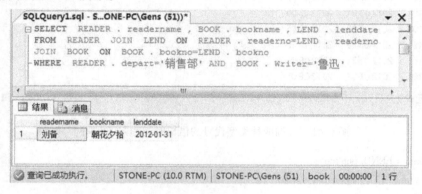

图 6-43　三表链接

【例 6-43】 查询所有借阅鲁迅的书籍的读者名和所在部门。

这个问题，从表面上看只需图书表和读者表，因为读者名和所在部门在第二个表中有，作者名"鲁迅"在图书表中可以找到。但是，再仔细审查会发现，这两个表没有可作为连接查询条件的可比较字段。也就是说，当需要查找的信息分布在两个列表中，而这两个表又彼此独立时（即这两个表的数据项没有任何联系，没有引用和被引用关系），它们是无法联合查询的，因为找不到连接的条件。所以，一旦遇到这种情况，一定要寻找与它们构成连接的第三者，才有可能实现连接查询。这里的情况是如果是用 LEND 表和图书表连接查询，可以查到了"鲁迅"的图书编号，但无法给出读者的姓名和所在部门。因此，还必须用找到的读者编号，到读者表中去对比，才能知道读者的姓名和所在部门。所以，实际上还是一个三表连接查询的问题。用户要很好地掌握多表连接查询，一定要在问题分析上多下工夫，才会有很好的效果。

这个问题的查询语句如下：

SELECT readername, depart FROM BOOK B JOIN LEND

ON B. bookno = LEND. bookno JOIN READER R

ON R. readerno = LEND. readerno

WHERE Writer = '鲁迅'

执行结果如图 6-44 所示。

在多表连接查询中，其连接条件表达式中使用得较多的比较符是等号（＝），称为等值连接。当然，只要用户有需要，连接条件表达式中科可以使用等号之外的其他比较符，称为

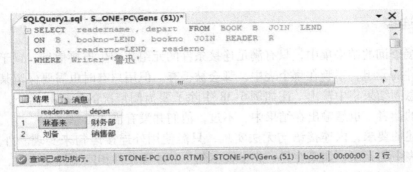

图 6-44 查询所有借阅鲁迅的书籍的读者名和所在部门

非等值连接。

6.5.2 自连接

自连接是内连接的特殊情况，有时候需要使用。例如，要查询与某读者在同一个部门的借书情况，就属于这类问题，需要用自连接。

自连接的处理思想是，将物理上的一个表从逻辑上视为两个表。使用自连接必须为同一张表取两个别名，让一个表变成表名不同的两个表，仅此而已。其余的工作与两表连接查询无任何区别。

【例 6-44】 查询与读者刘备在同一个部门的借书情况。

不用自连接，用简单查询也可以实现，首先通过语句：

SELECT depart FROM READER WHERE readername = '刘备'

查到刘备所在部门，为销售部门。再通过语句：

SELECT readername, depart FROM READER WHERE depart = '销售部'

得到最终结果。这固然是一种方法，但由于需要两个查询语句，大大降低了使用效率。如果使用自连接，一个语句就能实现：

SELECT R2. readername, R2. depart

FROM READER R1 JOIN READER R2 ON R1. depart = R2. depart

WHERE R1. readername = '刘备'

执行结果如图 6-45 所示。

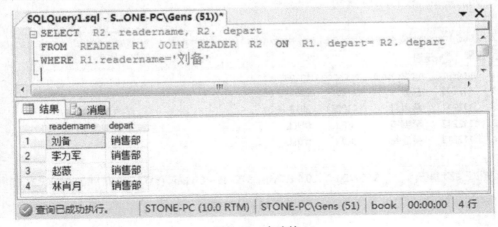

图 6-45 自连接

6.5.3 外连接

在内连接查询的结果集中，只有满足连接条件的元组才产生连接信息，置于结果中；不满足连接条件的元组，不管在哪个表中，都会被丢弃。但用户有时也需要保留某些不满足连接条件的信息到结果集中输出。比如例6-38中除了要借阅情况的连接数据外，那些没有借阅任何图书的读者，也想输出在结果中，不过，他们并没有借阅信息。

对于上述的要求，内连接语句无法实现，只能使用外连接语句来实现。外连接的思想是，当一个表中的元组，如果在另一表中找不到与其连接条件相匹配的元组时，并不将此元组的数据抛弃，而是将该元组的相关信息（结果中需要的列值）与连接的另一个表的空值（全部取空值），也在形式上连接成新的元组，并将它置于查询结果中。这样一来，就达到了用户想保留某些信息的目的。

1. 左外连接及右外连接

外连接是左外连接和右外连接的统称，其语法结构如下：

FROM 表1 LEFT｜RIGHT［OUTER］JOIN 表2 ON 连接条件

其中，LEFT［OUTER］JOIN 称为左外连接，RIGHT［OUTER］JOIN 称为右外连接。

左外连接将在查询结果中除输出满足连接条件的结果外，还输出表1里面那些在表2中找不到相应的匹配元组的数据行的相关信息。而右外连接的处理结果恰好相反，将在查询结果中除输出满足连接条件的结果外，还输出表2里面那些在表1中找不到相应的匹配元组的数据行相关信息。

【例6-45】 查询每个读者的情况和借阅情况，即使有些读者没有借阅任何图书，也要列出他的信息。

SELECT R. readerno, readername, bookno, lenddate

FROM READER R LEFT JOIN LEND

ON R. readerno = LEND. readerno

执行结果如图6-46所示。

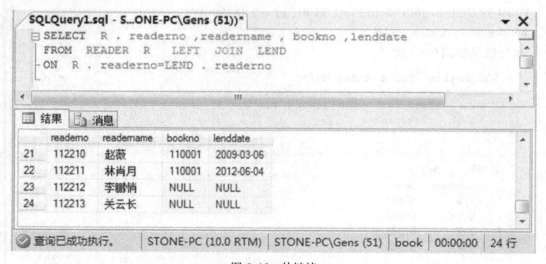

图6-46 外链接

上述语句的执行结果中，bookno 和 leaddate 为 NULL 值的读者，因为这些读者在 LEND 表中没有借阅记录，所以结果中只保留了读者编号和读者姓名，而 bookno 和 leaddate 都填写为空值，形成一个完整的记录，置于结果集合之中。这正是左外连接的功能。

【例 6-46】　问题和上例相同，将左外连接改成右外连接，查看结果会有何不同。

SELECT R. readerno, readername, bookno, lenddate

FROM READER R RIGHT JOIN LEND

ON R. readerno = LEND. readerno

执行结果如图 6-47 所示。

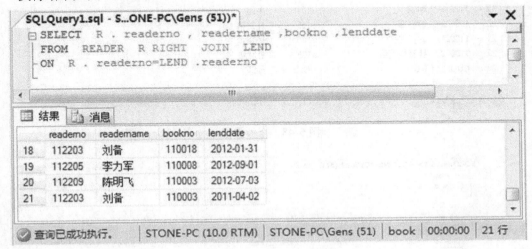

图 6-47　右链接

2. 全外连接

为了包含两个表中都不匹配的数据行，可以使用全外连接，它完成左外连接和右外连接的操作，包括了左表和右表中所有不满足条件的行。全外连接的 FROM 子句的语法格式如下：

FROM 左表名 FULL JOIN 右表名 ON 连接条件

【例 6-47】　使用全外连接查询类型表中凡是有图书信息的所有类型的信息。

SELECT bookno, bookname, catno, cate

from book full join category c onbook. catno = c. categno

执行结果如图 6-48 所示。

3. 交叉连接

交叉连接就是将连接的两个表的所有行进行组合，形成一个结果集，该结果集的列数等于两个表的列数，行数等于两个表的行数积。

【例 6-48】　计算图书表和类型表的交叉连接。

select *

from book, category

执行结果如图 6-49 所示。

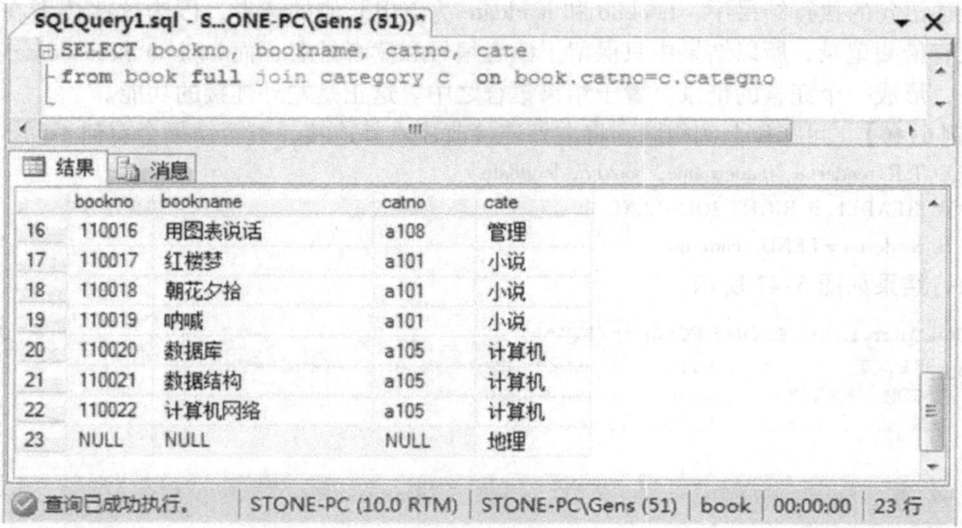

图 6-48 全外连接

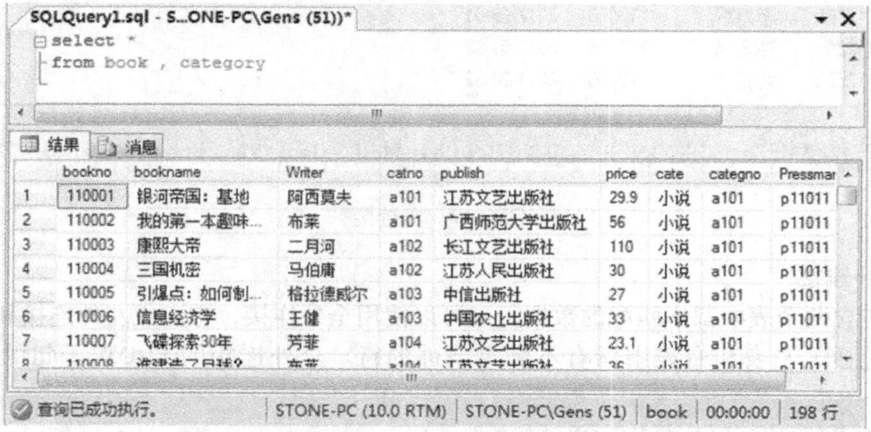

图 6-49 交叉连接

6.6 子查询

在 T-SQL 语言中，将一个 SELECT FROM WHERE 语句称为一个查询块。如果将一个
SELECT 语句嵌套在下列语句中，则称这样一类语句为子查询语句或内层查询语句，而位于
外面（包含子查询语句）的语句则称为主查询语句或外层查询语句。可以当做主查询的语
句有以下几个：

1）SELECT 语句。

2）INSERT 语句。

3）UPDATE 语句。

4）DELETE 语句。

此外，一个子查询语句内，还可以再嵌入一个子查询语句。一般将一个子查询语句用圆括号括起来，使嵌套的查询语句保持结构的清晰。

子查询语句原则上可以出现在任何允许使用表达式的位置。但通常是用于外层查询的WHERE 子句或 HAVING 子句中，构成其查询条件的一个组成部分。

6.6.1 使用子查询的结果作比较

当确认一个子查询语句的查询结果是一个单一值时，这样的子查询语句可以置于任何带比较运算符的条件表达式的一端，构成一个条件表达式。比较运算符可以是 =、<、>、<=、>=、<>、!= 等中的一个。

【例 6-49】 查询图书类型代号为"a105"的图书且图书价格比该类的平均价格高的图书名、作者名。

SELECT bookname，Writer FROM BOOK

WHERE catno = 'a105' AND price >

（SELECT AVG（price）from BOOK Where catno = 'a105'）

执行结果如图 6-50 所示。

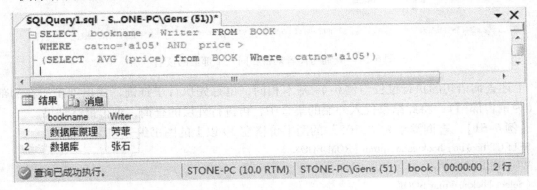

图 6-50 使用子查询的结果作比较

上述语句的执行过程大致为：系统先执行子查询语句"（SELECT AVG（price）from BOOK Where catno = 'a105'）"，查出全部类型代号为"a105"的图书的平均价格，再将这一结果代入外层查询的条件中。外层查询语句相当于如下的语句：

SELECT bookname，Writer FROM BOOK

WHERE catno = 'a105'AND price > （平均价格）

执行外层查询语句，得到最终需要的结果。

所有嵌套查询的顺序，都是先做内层的子查询，求得结果后，将结果代入外层查询中，再执行外层的查询。不管是几层的嵌套语句，都是如此处理的。

6.6.2 使用子查询的结果作集合

当确认一个子查询语句的结果集中的值的个数大于 1 的情况下，它不能与比较运算符一起使用，而只能使用集合运算符 IN 或 NOT IN，将一个表达式的值与查询返回的结果集进行比较。这同前面在 WHERE 子句中使用 IN 或 NOT IN 的作用完全相同。如果表达式的值在子查询的结果集合之中，条件为真；否则，条件为假。

子查询语句中只能返回一组类型相同的值，要求其返回值的数据类型与测试表达式的数据类型一致。

【例6-50】 查询与读者刘备在同一个部门的读者。

在例6-44中，是用自连接查询实现的。现在，希望用嵌套查询来实现，其语句如下：

```
SELECT readerno, readername, depart FROM READER
WHERE depart IN
( SELECT depart FROM READER WHERE readername = '刘备')
```

执行结果如图6-51所示。

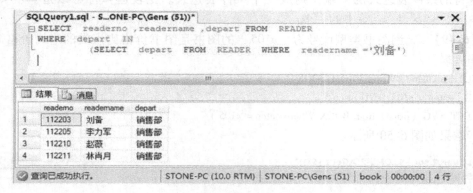

图6-51　查询与读者刘备在同一个部门的读者

上述查询语句的执行过程与例6-44基本相同，也是先执行子查询，找出刘备所在的部门（为销售部），将此结果代入外层的集合中，再进行外层的查询，求得最终结果。

【例6-51】 查询类型为"a105"的图书价格在30以上的图书编号和图书名。

```
SELECT bookno, bookname, price FROM BOOK
WHERE bookno IN
( Select bookno From BOOK
Where price > = 30 and catno = 'a105')
```

执行结果如图6-52所示。

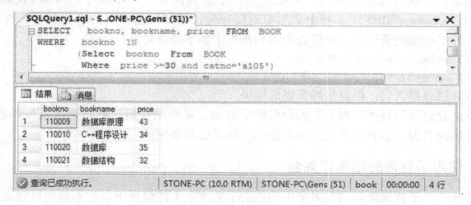

图6-52　查询类型为"a105"的图书价格在30以上的图书编号和图书名

以上的查询当然可以用多表连接查询实现：

SELECT B1. bookno，B1. bookname
FROM BOOK B1 JOIN BOOK B2 ON B1. bookno = B2. bookno
WHERE B2. price > = 30 AND B2. catno = 'a105'

其查询结果如图 6-53 所示。

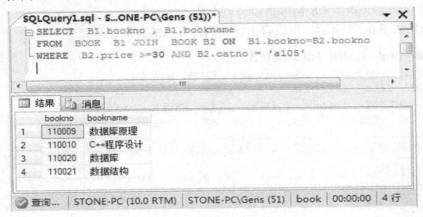

图 6-53　用多表连接查询

【例 6-52】　查询借阅了图书类型为 "a105" 的读者编号和读者姓名。

这个问题有两种基本实现方法：一是多表连接查询语句，二是子查询语句。通过对问题的分析，都要用到三个表的信息。

方法 1：多表连接查询。

SELECT R. readerno，R. readername FROM READER R
JOIN LEND ON R. readerno = LEND. readerno
JOIN BOOK B ON B. bookno = LEND. bookno
WHERE catno = 'a105'

执行结果如图 6-54 所示。

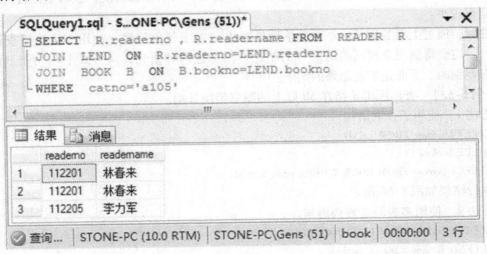

图 6-54　多表连接查询借阅了图书类型为 "a105" 的读者信息

方法 2：嵌套查询。

SELECT readerno, readername FROM READER

WHERE readerno IN

（SELECT readerno FROM LEND WHERE bookno IN

（SELECT bookno FROM BOOK WHERE catno = 'a105'））

执行结果如图 6-55 所示，可以看出，这两种方法的查询结果完全一样。

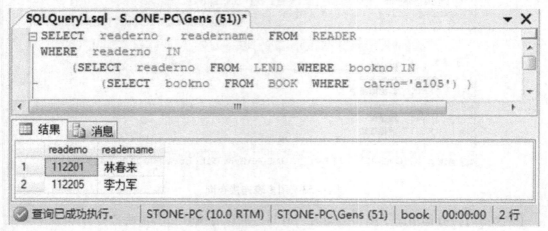

图 6-55　子查询借阅了图书类型为 "a105" 的读者信息

到目前为止，介绍了 T – SQL 语言的特点和长处，它为用户对数据库的查询提供了许多类型的查询语句，同一问题可以使用不同的方法解决，具有极大的灵活性和多样性。多表连接查询和嵌套查询，应当说各有特点，各有优势。实践证明，多表连接查询一般有较高的运行效率。对于有些用户，一下子将好几个表摆在一起，当条件较多和较复杂时，容易感到混乱。而嵌套查询一般说来运行速度稍慢，其优点是用户可以将一个复杂化的问题分解为多个较简单的子问题，一步步、一层层地进行，逐步逼近，最后全部解决，逻辑上比较清晰，出错的概率较小。

注意：通过上面的例子，不要简单地推断出"对于任何问题，使用多表连接查询与子查询，一定会得到完全相同的结果"的结论。因为这两种语句，从形式上和功能上说，毕竟是有差别的。下面是扩展思路的例子。

【例 6-53】　查出图书价格在 50 以上的图书借出日期。

方法 1：使用子查询语句。

SELECT lenddate FROM LEND

WHERE bookno IN

（SELECT bookno FROM BOOK WHERE price > = 50）

执行结果如图 6-56 所示。

方法 2：使用多表联结查询语句。

SELECT lenddate FROM LEND JOIN BOOK

ON LEND. bookno = BOOK. bookno

WHERE price > = 50

执行结果如图 6-57 所示。

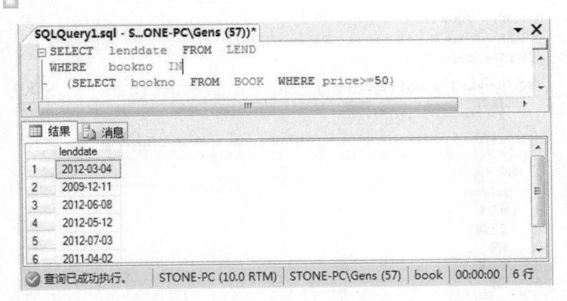

图 6-56 使用子查询查出图书价格在 50 以上的图书借出日期

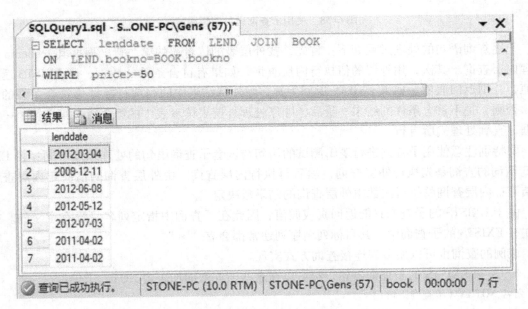

图 6-57 使用多表连接查询图书价格在 50 以上的图书借出日期

6.6.3 使用子查询进行逻辑测试

使用子查询进行逻辑测试，要使用存在性谓词 EXISTS。在这个词后面带一个子查询语句，这一语句执行后并不返回具体数据，而只返回一个逻辑值，或者返回"真"，或者返回"假"。

【例 6-54】 查询借阅了图书编号为"110002"的图书的读者名。
SELECT readername FROM READER WHERE EXISTS

（SELECT ＊ FROM LEND

WHERE readerno = READER. readerno AND bookno ='110002'）

执行结果如图 6-58 所示。

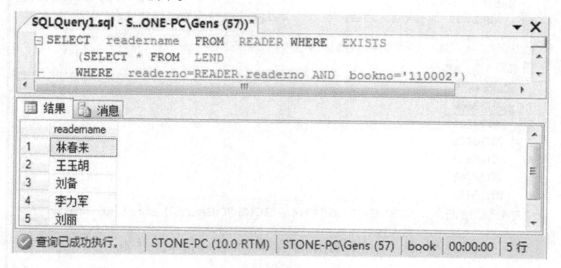

图 6-58　使用子查询进行逻辑测试

上述查询语句的处理过程如下：首先，找外层表的读者表的第一行，根据其 readerno 值处理内层查询。其次，用外层的值执行内层查询，如果有符合条件的数据，则 EXISTS 返回真值，否则返回假值。如果 EXISTS 返回为真，则外层结果中的当前行数据为符合条件的结果；否则，是不符合条件的结果。最后，顺序处理外层表读者表中的第 2 行、第 3 行……的数据，直到处理完所有行。

要特别注意使用子查询进行逻辑测试的语句与嵌套子查询语句的处理顺序不同：带 EX-ISTS 谓词的查询是先执行外层查询，然后再执行内层查询。由外层查询的值决定内层查询的结果；内层查询的执行次数由外层查询的结果数决定。

由于 EXISTS 的子查询只能返回真或假值，因此在子查询中指定列名是没有意义的。所以在有 EXISTS 的子查询中，其目标列名序列通常都会有"＊"。

该例的查询也可以用多表连接查询方式实现。

带 IN 和 EXISTS 的子查询语句，都可以在这些谓词前面加否定 NOT。子句：

列名 NOT IN（子查询语句）

的含义是：当一个元组中所给列名的值不在子查询语句返回的结果集合中时，返回的逻辑值是"真"，反之为"假"。子句：

NOT EXISTS（子查询语句）

的含义是：当子查询语句中不存在任何满足条件的记录时，返回的逻辑值是"真"；当子查询语句中至少存在一个满足条件的记录时，返回逻辑值为"假"。

【例 6-55】　查询没有借阅图书编号为"110002"的图书的读者名和所在部门。

SELECT readername，depart FROM READER R

WHERE NOT EXISTS

（SELECT ＊ FROM LEND

WHERE LEND. readerno = R. readerno AND bookno = '110002')

执行结果如图 6-59 所示。

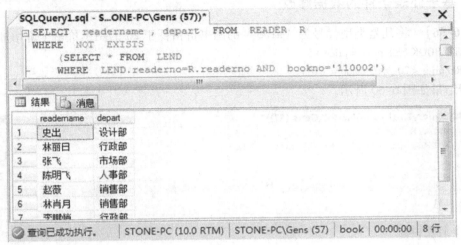

图 6-59　子查询语句 NOT EXISTS

上述查询语句的执行过程如下：在外层，每从读者表中选定的一个记录（一行数据）中提出它的 readerno，就到内层的子查询语句中去比对，即比对 LEND 表中是否有满足条件"LEND. readerno = R. readerno AND bookno = '110002'"的元组。这种对比是从 LEND 表的第一行开始的。如果不满足查询条件，子查询不会结束。因为这一行不满足条件，并不表示整个表中没有符合查询条件的记录。

只有当一行一行查找，一直查到 LEND 表的最后一个记录，如果都不满足查询条件，子查询语句才能结束，得出不存在的结论。一旦得出这结论，NOT EXIST 返回逻辑"真"，那么，外层查询的读者表中的当前记录是要找到的记录，将此记录中的 readername 和 depart 列的数据置于结果集之中。

然后，系统开始处理读者表的第二行数据，还是提取其中的学号，进入内层作子查询。还是从 LEND 表的第一行开始比对，如果没有找到符合条件的记录，就一直往后查找。或者查到某一行是，发现此行满足查询条件，子查询就此结束。那么，NOT EXISTS 就返回一个逻辑"假"值。对外层查询而言，这个读者不是所需要的记录，当然无需在结果集合中加入新记录。

按上述处理过程，直到外部查询结束为止，得出全部需要的结果。

关于查询的效率问题，进行一些初步的探讨。假设外表有 3000 个记录，子查询的表有 10000 个记录。最坏的情况是，需要比对 3000 × 10000 次条件。平均来说，大约需要 3000 × 5000 次比对。这个语句的查询效率不高，显然可以进行更好的优化，有兴趣的读者可以查阅相关书籍，这里不再赘述。

6.7　基于外表条件的数据修改和删除

事实上用户经常会遇到一些复杂的情形：基于外表条件的数据修改和删除。本节运用前两节的相关知识，学习基于外表条件的数据修改和删除。

6.7.1 基于外表条件的数据修改

【例6-56】 将凡是类型代号为"a105"的图书价格低于20的图书价格全部增加5。

UPDATE BOOK SET price = price + 5

WHERE price < 20 AND catno = 'A105'

执行结果如图6-60所示。

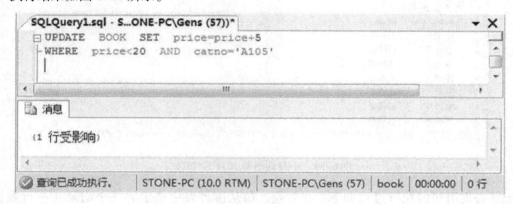

图6-60 基于外表条件的数据修改

注意：任何数据的修改，都不得破坏数据的约束条件。一旦破坏了数据的约束，无疑会被系统拒绝执行。

【例6-57】 取消设计部门的图书归还日期的录入（但保留读者记录）。

方法1：使用子查询语句实现。

UPDATE LEND SET restoredate = NULL

WHERE readerno IN

（SELECT readerno from READER where depart = '设计部'）

执行结果如图6-61所示。

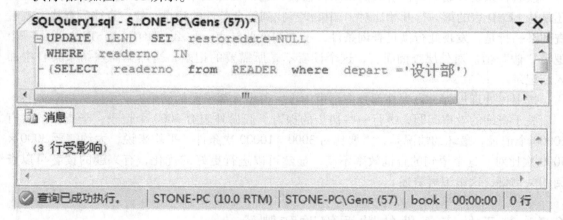

图6-61 UPDATE 子查询语句

方法2：使用多表连接查询实现。

UPDATE LEND SET restoredate = NULL

FROM LEND JOIN READER ON LEND. readerno = READER. readerno

Where depart = '设计部'

执行结果如图 6-62 所示。

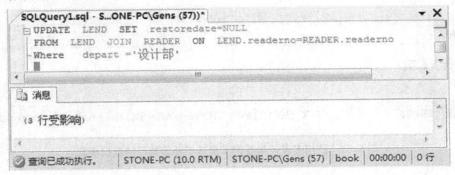

图 6-62　使用多表连接查询实现

6.7.2　基于外表条件的数据删除

【例 6-58】　删除 LEND 表中图书类型为 "a104" 的借阅记录。

方法 1：使用子查询语句实现。

DELETE FROM LEND

WHERE bookno IN

(SELECT bookno FROM BOOK WHERE catno = 'a104')

执行结果如图 6-63 所示。

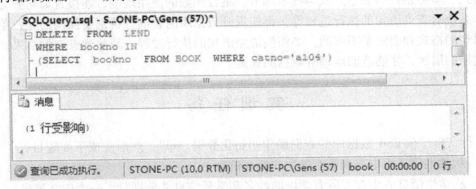

图 6-63　基于外表条件的数据删除

方法 2：使用多表连接查询实现。

DELETE FROM LEND

FROM LEND JOIN BOOK ON LEND. bookno = BOOK. bookno

WHERE catno = 'a104'

执行结果如图 6-64 所示。

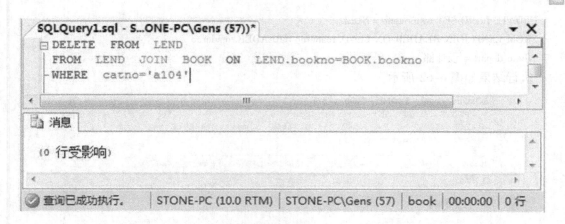

图 6-64　使用多表连接查询实现基于外表条件的数据删除

本 章 小 结

　　查询是数据库系统中用户使用最多、功能最多样、技巧最丰富多彩及引人入胜的部分，也是最有创意、最灵活多变、最展现用户聪明才智的舞台。面对不同的用户需求，提出的查询问题可能是千奇百怪，如果能对各类查询语句的使用十分熟练，就可能以最快的速度写出正确的查询语句，得到需要的结果。用什么类型的语句最合适，复杂的查询条件怎么实现，用多表连接还是子查询方式等，或许有很多种选择。学会查询，必须抓住几个关键点：一是数据源，二是语句类型，三是结果集的格式，四是查询条件。纯熟掌握本章节的各种查询语句的格式、多种条件的表达方式与技术细节、集合函数的使用规则、连接查询与嵌套查询的异同、系统对查询语句的执行过程等，都能提升数据库的查询。特别要强调的是：单单记住查询语句的格式和语法是不够的，必须搞清楚语句的执行过程，预测到查询的结果。只有进入到这样的层次，才能透彻地理解数据的查询。

实 训 任 务

运行文件"实训 6 数据库的查询操作初始化数据 . sql"，然后完成下面题目：
1）从学生信息表中查询所有学生的所有信息。
2）从学生信息表中查询所有学生的姓名和学号信息并分别赋予一个中文列名。
3）从学生信息表中查询姓名是 Allen 的学生的所有信息。
4）从学生信息表中查询学号在 1101 到 1199 之间的所有学生的信息。
5）从学生信息表中查询年龄小于在 18 和大于 20 的所有学生的学号和姓名。
6）从学生信息表中查询计算机系年龄小于 20 的学生的信息。
7）从学生信息表中查询姓名以 A 开头的学生的信息。
8）从学生信息表中查询姓名的第三个字符是 a 的学生的学号和姓名。
9）从学生信息表中查询姓名中包含 "llen" 的学生的学号和姓名。
10）从学生信息表中查询姓名中包含 "llen" 且姓名只有 5 个字符的学生的学号和

姓名。

11）从学生信息表中查询有年龄信息的学生的学号和姓名。

12）从学生信息表中查询最大年龄和最小年龄。

13）从学生信息表中查询所有学生的平均年龄。

14）从学生信息表中查询学校所有系的名字。

15）从学生信息表中查询学校共有多少个系。

16）从选课信息表中查询所有学生的选课情况。

17）从选课信息表中查询选修课程号为 C01 课程的学生的学号。

18）从选课信息表中查询所有没有选 C02 课程的学生的学号。

19）从选课信息表中查询所有选修了 C01 又选修 C02 课程的学生的学号。

20）从选课信息表中查询学号为 1101 的学生的选课情况。

21）从选课信息表中查询所有选课信息，即学号、课程号、成绩，并给所有成绩加 8 分。

22）从选课信息表中查询学号为 1101 的学生的所有选修课程成绩的总和。

23）从选课信息表中查询选修课程号为 C02 所有学生的成绩的平均值并赋予"平均成绩"列名。

24）从选课信息表中查询选修课程号 C02 且该门课程考试及格的学生的学号。

25）从选课信息表中查询所有无考试成绩的学生的学号和课程的课程号。

26）从选课信息表中查询选修了课程号以 C 开头的学生的学号和所选课程的课程号。

27）从选课信息表中查询选修了课程号以 C、D 或 E 开头学生的学号和所选课程的课程号。

28）从选课信息表中查询选修了课程号中包含"DB"的学生的学号和课程号。

29）从选课信息表中查询选修了课程的学生的学号。

30）从选课信息表中查询选修了课程的学生的人数。

31）找出姓名以 D 开头的学生姓名和所有成绩。

32）查找的所有学生姓名与学号，结果按学号降序排序。

33）查找成绩介于 80 和 90 之间的学生姓名，结果按成绩和姓名升序排序。

34）查找 ENGLISH 系的所有学生姓名、学号及成绩。

35）查找同时选修了 C01 及 C02 两门课程的学生姓名及学号。

36）查找所有选修了课程的学生姓名及所在系别。

37）查询成绩高于 90 分的学生姓名、学号及系别。

38）找出选修了 C01 课程的学生姓名。

39）找出与 Allen 在同系的学生姓名、学号。

40）查询各门课程成绩的最高分、最低分及平均成绩。

41）查询 ENGLISH 系的学生人数。

42）分别查询各系的学生人数。

43）查询当前至少选修了 2 门课程以上的学生姓名及所在系别。

44）查询选修了 C02 课程的学生成绩的前三名。

提示：

学生信息表（Students）属性：学号（Sno），姓名（Sname），性别（Ssex），系别（Sdept），年龄（Sage）。其中学号设为主键，学号和姓名不能为空，性别取值只能是 F 或 M，系别默认值为"计算机"。

选课信息表（Enrollment）属性：学号（Sno），课程名（Cno），成绩（Grade）。其中课程号设为主键，课程号和课程名不能为空。

课程信息表（Course）属性：课程号（Cno），课程名称（Cname），学分（Credits）。

附：实训 6 数据库的查询操作初始化数据. sql

```
CREATE DATABASE SCinfo
go
USE SCinfo
go
CREATE TABLE Students
(Snosmall int
CONSTRAINT PK _ Students PRIMARY KEY,
Sname varchar（8）NOT NULL,
Ssex char NOT NULL
CONSTRAINT CK _ Students
CHECK（Ssex IN（'F', 'M')),
dept varchar（20）DEFAULT（'Computer'),
Sagetiny int
)
CREATE TABLE Enrollment
(Sno int NOT NULL,
Cno varchar（10）NOT NULL,
Gradetiny int
)
GO
CREATE TABLE Course
(Cno char（10）PRIMARY KEY,
Cname varchar（20）NOT NULL,
Creditstiny int
CONSTRAINT CK _ Course
CHECK（Credits LIKE '[1-3]')
)
GO
INSERT INTO Students VALUES（1101, 'Kevin', 'M', 'English', 18）
INSERT INTO Students VALUES（1102, 'Allen', 'M', 'English', 19）
INSERT INTO Students VALUES（1103, 'Cici', 'F', DEFAULT, 18）
INSERT INTO Students VALUES（1104, 'John', 'M', DEFAULT, 19）
INSERT INTO Students VALUES（1105, 'Grace', 'F', DEFAULT, 20）
INSERT INTO Students VALUES（1106, 'Darren', 'M', DEFAULT, 21）
INSERT INTO Students VALUES（1110, 'Ditty', 'F', 'English', 19）
```

INSERT INTO Students VALUES（1108, 'Daniel', 'M', 'English', 17）
INSERT INTO Students VALUES（1120, 'Tom', 'M', 'Economy', 22）
INSERT INTO Students VALUES（1119, 'Pheobe', 'F', 'Economy', 23）
INSERT INTO Students VALUES（1118, 'Hyson', 'M', 'Economy', 20）
INSERT INTO Students VALUES（1131, 'Tom', 'M', 'Art', NULL）
INSERT INTO Enrollment VALUES（1102, 'E01', 78）
INSERT INTO Enrollment VALUES（1102, 'C01', 81）
INSERT INTO Enrollment VALUES（1102, 'C02', 88）
INSERT INTO Enrollment VALUES（1101, 'E02', NULL）
INSERT INTO Enrollment VALUES（1101, 'C01', 79）
INSERT INTO Enrollment VALUES（1101, 'CDB01', 76）
INSERT INTO Enrollment VALUES（1103, 'C01', 82）
INSERT INTO Enrollment VALUES（1103, 'C02', 72）
INSERT INTO Enrollment VALUES（1104, 'C01', 62）
INSERT INTO Enrollment VALUES（1104, 'C02', 56）
INSERT INTO Enrollment VALUES（1105, 'C01', NULL）
INSERT INTO Course VALUES（'E01', 'Ccollege English 1', 2）
INSERT INTO Course VALUES（'E02', 'College English 2 ', 2）
INSERT INTO Course VALUES（'C03', 'Basic Commputer', 1）
INSERT INTO Course VALUES（'CDB01', 'SQL Server Database', 3）
INSERT INTO Course VALUES（'CDB02', 'FoxPro', 2）
INSERT INTO Course VALUES（'C01', 'C Language', 3）
INSERT INTO Course VALUES（'C02', 'C + + Language', 3）

练 习 题

一、判断题

1. LIKE 关键字是一个匹配运算符，它与字符串表达式相匹配，字符串表达式由字符串和通配符组成，其中星号 * 与零或多个任意字符相匹配。 （　　）

2. LIKE 关键字是一个匹配运算符，它与字符串表达式相匹配，字符串表达式由字符串和通配符组成，其中下划线 "_" 表示与任意单个字符相匹配。 （　　）

3. 在查询语句中，判断某列的值是否为空值，不能使用比较运算符等于号（＝）或不等号（＜＞、! ＝），而只能使用专门用于判断空值的子句来实现。 （　　）

4. 当一个表定义了别名后，列名前要求冠此表名的，在本语句中都得使用其表名，不得再使用原表名。 （　　）

5. 在 BETWEEN 子句的写法中，下限值必须大于上限值。 （　　）

二、单选题

1. 假定 Num 是 int 数据类型，下列条件表达式，符合语法要求的是（　　）。

A. Num > ='10'　　　　　　　　　　B. Num < ='100'

C. Num BETWEEN 10 AND 100　　　D. Num BETWEEN 100 AND 10

2. 要查找书名列 bookname 中包含汉字 "数据" 的书名，不正确的条件表达式是(　　　)。

A. bookname LIKE '%［数据]% '　　　　　　B. bookname LIKE '% 数据%'

C. bookname LIKE '%［数]据%'　　　　　　D. bookname LIKE '%［数]［据]% '

3. 与条件表达式 "Num NOT BETWEEN 10 AND 100" 等价的条件表达式是（　　　）。

A. Num > =0 AND Num < =100　　　　　　B. Num > =0 OR Num < =100

C. Num < 0 AND Num > 100　　　　　　　D. Num < 0 OR Num > 100

三、多选题

1. 可以当做主查询的语句有（　　　）。

A. SELECT 语句　　　　B. INSERT 语句　　　　C. UPDATE 语句　　　　D. DELETE 语句

2. LIKE 子句中可以包含的通配符有（　　　）。

A. 下划线（_）　　　　B. 百分号（%）　　　　C. 问号（?）　　　　D. 星号（＊）

3. ORDER 子句中的关键字包含（　　　）。

A. ASC，表示按列值从大到小的降序排列

B. ASC，表示按列值从小到大的升序排列

C. DESC，表示按列值从大到小的降序排列

D. DESC，表示按列值从小到大的升序排列

四、填空题

1. 判断列名 tel 为空值的语句格式为_____。

2. 当使用子查询进行比较测试时，要求子查询语句返回的值是_____。

3. 多表连接查询，又分为自连接、_____和_____几种。

4. 在查询语句中，GROUP BY 子句实现_____功能，ORDER BY 子句实现对结果表的_____功能。

第7章 索引和视图

☞ **学习目标:**

1) 掌握简单索引的使用。

2) 掌握创建视图和更改视图的操作方法。

7.1 索引

在前面章节中,已经介绍了表的相关知识。表本质上是一个存储空间,主要用来保存数据以及与数据相关的信息。然而,表的定义并不能保证其中的数据能够被快速获取。当用户要查找其中特定记录的时候,不得不把表从头到尾扫描一遍,这其中很多耗费的时间是不产生效益的。所以在这个时候,就需要表的某种类型的交叉引用,在交叉引用中记录在表中包含了哪些列,这样才可能快速找到要查询的完整信息记录。

索引是通过对表中的记录按某些字段的顺序进行排序,以达到提高查找速度的目的。建立索引可以提高记录查询的速度,但因为索引是需要维护的,所以反过来索引又会影响记录的更新效率。遵循索引设计的规则,建立合理的索引,对数据库应用才是有益的。从不同角度来看,可以将索引分为聚集索引与非聚集索引、唯一索引与非唯一索引、单列索引与多列索引。

索引包含从表或视图中一个或多个列生成的键,以及映射到指定数据的存储位置的指针。通过创建设计良好的索引以支持查询,可以显著提高数据库查询和应用程序的性能。索引可以减少为返回查询结果集而必须读取的数据量,还可以强制表中的行具有唯一性,从而确保表数据的数据完整性。

7.1.1 索引的基本概念

索引是与表或视图关联的一种数据结构,可以帮助加快表或视图检索行的速度。索引包含由表或视图中的一列或多列生成的键,这些键存储在一个 B-Tree(Balance Tree,平衡树)中,使 SQL Server 可以快速有效地查找与键值关联的行。

1. 索引的结构

SQL Server 2008 的索引是以 B-Tree 结构来维护的。B-Tree 是一个多层次、自维护的结构。一个 B-Tree 包括一个根节点(Root Node)、零或多个中间节点(Intermediate)和最底层的叶子节点(Leaf Node),其结构如图 7-1 所示。

2. 索引的优点和缺点

索引具有如下优点:

1) 创建唯一性索引,可以保证每一行数据的唯一性。

2) 可以大大加快数据的检索速度。

3) 可以加速表和表之间的连接,在实现数据的参考完整性方面特别有意义。

139

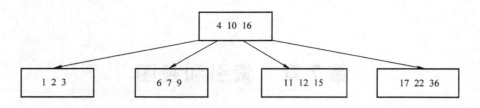

图 7-1   多层次、自维护的结构

4）在使用 ORDER BY 和 GROUP BY 子句进行数据检索时，可以显著减少查询中分组和排序的时间。

5）通过使用索引，可以在查询的过程中使用优化隐藏器，提高系统的性能。

索引的缺点如下：

1）创建索引和维护索引要耗费时间。

2）索引需要占物理空间，除了数据表占数据空间之外，每一个索引还要占一定的物理空间，如果要建立聚集索引，需要的空间就会更大。

3）对表中的数据进行增加、删除和修改时，索引也要动态地维护，这样就降低了数据维护速度。

7.1.2   索引的类型

1. 聚集索引

聚集索引（Clustered）基于聚集索引键按顺序排序和存储表或视图中的数据行。聚集索引按 B - Tree 索引结构实现，B - Tree 索引结构支持基于聚集索引键值对行进行快速检索。

2. 非聚集索引

既可以使用聚集索引为表或视图定义非聚集索引，也可以根据堆来定义非聚集索引。非聚集索引中的每个索引行都包含非聚集键值和行定位符，此定位符指向聚集索引或包含该键值的数据行。索引中的行按索引键值的顺序存储，但是不保证数据行按任何特定顺序存储，除非对表创建聚集索引。

3. 唯一索引

确保索引无重复，换句话说，如果一个字段设置了唯一索引，那么这个字段里的内容就是唯一的，不同记录中的同一个字段的内容不能相同。因此，表或视图中的每一行在某种程度上是唯一的。无论是聚集索引还是非聚集索引，都可以将其设为唯一索引。

唯一索引通常都建立在主键字段上，当数据表中创建了主键之后，数据库会自动将该主键创建成唯一索引。设置成唯一索引的字段通常也会将其设为不能为空（NOT NULL）。即使设置可以为空，在表中也只能有一条记录的该字段都为 NULL，因为 NULL 值也不能重复。

4. 非唯一索引

非唯一索引运行所保存的列中出现重复的值，所以在提取数据的时候，非唯一索引会比唯一索引带来更大的开销。唯一索引通常用于实现对数据的约束，譬如对主键的约束；而非唯一索引则通常用于实现对非关键列的行定位。

5. 单列索引

只针对表的其中一个字段建立索引，这种索引叫做单列索引。

6. 多列索引

针对多个字段创建索引，多个字段合起来作为索引，这种索引叫做组合索引。例如，在很多的表设计中，会有"姓氏"和"名字"两个字段，那么建立索引的时候，就可以把这两个字段合起来作为索引。当同时使用到"姓氏"和"名字"作为条件进行查询的时候，就会用到该索引。

7.1.3 创建索引

在 SQL Server 中，索引的创建可以分为间接方式与直接方式两种。间接方式是在创建其他对象的同时附加创建了索引，如在创建表时定义了主键约束或 UNIQE 约束，那么系统同时就创建了索引。直接方式则是人为有意识地利用图形工具或 T－SQL 语言的 CREATE TA-BLE 语句来创建索引。两种方式相比较，直接方式具有更多的可选项，更具有弹性。

1. 利用图形用户界面创建索引

例如，用户现在希望在数据库 ONLINESTOREDB 的 MEMBER 表的 N_NAME 列上创建非聚集索引，那么可以按以下步骤来操作。

1）启动 SQL Server 管理工具集并连接上数据库实例（如 LOCALHOST\ MSSQLSERVER2008）。

2）在 SQL Server 管理工具集右边的对象资源管理器中，选择数据库实例→数据库→ON-LINESTOREDB→表→DBO. MEMBER→索引，单击右键并选择"新建索引"命令，如图 7-2 所示。

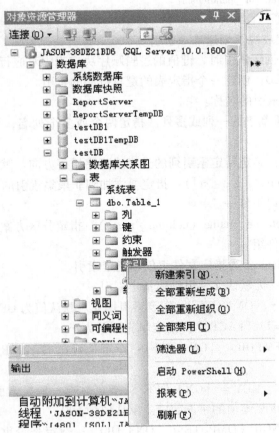

图 7-2 选择"新建索引"命令

在"新建索引"对话框中填写索引名称,选择索引类型"非聚集";在增加索引关键列中选择"M_NAME",再单击"确定"按钮。

2. 在 Database Engine Query 编辑器中创建索引

CREATE [UNIQUE][CLUSTERED|NONCLUSTERED] INDEX index_name

ON <OBJECT> (column[ASC|DESC][,...n])

[INCLUDE(column [,...n])] [WITH(<RELATIONAL_INDEX_OPTION>[,...n])]

[ON{partition_scheme_name(column_name)|filegroup_name|DEFAULT}][;] <OBJECT>::=

{[[database_name.[schema_name].|schema_name.] table_or_view_name}

<RELATIONAL_INDEX_OPTION>::={PAD_INDEX={ON|OFF}

|FILLFACTOR = FILLFACTOR

|SORT_IN_TEMPDB={ON|OFF}

|IGNORE_DUP_KEY={ON|OFF}

|STATISTICS_NORECOMPUTE={ON|OFF}

|DROP_EXISTING={ON|OFF}

|ONLINE={ON|OFF}

|ALLOW_ROW_LOCKS={ON|OFF}

|ALLOW_PAGE_LOCKS={ON|OFF}

|MAXDOP = max_degree_of_parallelism}

其中各结构含义如下:

1)UNIQUE:为表或视图创建唯一索引。

2)CLUSTERED:创建索引时,键值的逻辑顺序决定表中对应行的物理顺序。

3)NONCLUSTERED:创建一个指定表的逻辑排序的索引。

4)index_name:索引的名称。

5)column:索引所基于的一列或多列。指定两个或多个列名,可为指定列的组合值创建组合索引。

6)[ASC|DESC]:确定特定索引列的升序或降序排序方向。默认值为 ASC。

7)INCLUDE(column [,...n]):指定要添加到非聚集索引的叶级别的非键列。非聚集索引可以唯一,也可以不唯一。

8)ON partition_scheme_name(column_name):指定分区方案,该方案定义要将已分区索引的分区映射到文件组。

9)ON filegroup_name:为指定文件组创建指定索引。

10)ON DEFAULT:为默认文件组创建指定索引。

11)PAD_INDEX = {ON|OFF}:指定索引填充。默认值为 OFF。

12)FILLFACTOR = FILLFACTOR:指定填充因子大小。

13)SORT_IN_TEMPDB = {ON|OFF}:指定是否在 TEMPDB 中存储临时排序结果。默认值是 OFF。

14)IGNORE_DUP_KEY = {ON|OFF}:指定对唯一聚集索引或唯一非聚集索引执行多行插入操作时出现重复键值的错误响应。默认值为 OFF。

15)STATISTICS_NORECOMPUTE = {ON|OFF}:指定是否重新计算分发统计信息。默认值为 OFF。

16）DROP_EXISTING = ｛ON｜OFF｝：指定应删除并重新生成已命名的先前存在的聚集、非聚集索引或 XML 索引。默认值为 OFF。

17）ONLINE = ｛ON｜OFF｝：指定在索引操作期间基础表和关联的索引是否可用于查询和数据修改操作。默认值为 OFF。

下面给出两个创建索引的示例。

【例 7-1】 创建聚集索引。

```
--创建表 TABLE4TEST,作为测试
CREATE TABLE TABLE4TEST(
ID INT,
CLOUMN2 CHAR
)
--创建聚集索引
CREATE CLUSTERED INDEX PK_TABLE4TEST
ON TABLE4TEST(ID);
--查看索引信息
SELECT * FROM SYS. INDEXES WHERE NAME = ' PK_TABLE4TEST ';
--删除表 TABLE4TEST
DROP TABLE TABLE4TEST
```

【例 7-2】 创建非聚集索引。

```
CREATE INDEX IX_MEMBER_M_NAME
ON DBO. MEMBER(M_NAME);
```

如果要创建的索引已经存在，那么系统会有类似如下错误提示：

消息 1913，级别 16，状态 1，第 1 行

操作失败，因为在表 DBO. MEMBER 上已存在名称为 IX_MEMBER_M_NAME 的索引或统计信息。要防止这种错误，可以在代码加入判断，如果索引已经存在，那么先将原来的删除后，再创建新的。接下来的示例中，为了简单说明问题，一般不再做这种处理，但读者在自己的实际操作中，加入这种处理是必要的。

```
IF EXISTS(SELECT NAME FROM SYS. INDEXES WHERE NAME = ' IX_MEMBER_M_NAME ')
DROP INDEX  IX_MEMBER_M_NAME ON DBO. MEMBER;
GO
REATE INDEX IX_MEMBER_M_NAME ON DBO. MEMBER(M_NAME,ID_CARD);
GO
```

7.1.4 删除索引

当一个索引不再需要时，可以将其从数据库中删除，以回收它当前使用的硬盘空间。这样数据库中的任何对象都可以使用此回收的空间。

在进行索引删除操作之前，应注意以下几点：

1）当索引所在的数据表或视图被删除时，该数据表或视图的所有索引也会同时被删除。

2）如果索引是由系统自动创建的，如主键字段和 UNIQUE 字段的索引不能被删除，除非先去掉该字段的主键约束和唯一约束。

3）如果要删除数据表或视图中的所有索引，要先删除非聚集索引后再删除聚集索引。可以使用 SQL Server 管理工具集图形化删除索引或使用 T-SQL 语句删除索引。

1. 使用 SQL Server 管理工具集图形化删除索引

1）启动并连接上数据库实例（如 LOCALHOST \ MSSQLSERVER2008）。

2）在右边的对象资源管理器中，选择数据库实例→数据库→ONLINESTOREDB→表→MEMBER→索引→IX _ MEMBER _ M _ NAME，单击右键并选择"删除"命令。

3）在"删除对象"对话框中，单击"确定"按钮。

2. 使用 T-SQL 语句删除索引

普通的删除索引操作只需要简单使用 DROP INDEX 语句，后面跟上表名和索引名即可，语法格式如下：

DROP INDEX

INDEX _ NAME ON < OBJECT >

7.2 视图

在关系数据库中，数据存储在表中，对数据的操纵主要是通过表进行的。有过数据库使用经验的读者也许会经常遇到以下的情况：有时候希望把多个表的数据组合在一起，但又不希望更改表的结构；有时候表中的某些列保存敏感数据，不希望让全部用户使用等。显然，表这种对象结构不能很好地解决这类问题。因此，关系数据库又引用了另一种对象——视图。视图可以把表中分散存储的数据集成起来，让操作人员通过视图而不是通过表来访问数据。与表相比较，数据库中只存放了视图的定义，而不存放视图对应的数据。视图可以被看成是虚拟表或存储查询。数据库中存储的是 SELECT 语句，SELECT 语句的记录集构成视图所返回的虚拟表。用户可以使用跟引用表一样的方法，通过引用视图名称来使用视图。对其中所引用的基础表来说，视图的作用类似于筛选。定义视图的筛选可以来自当前或其他数据库的一个或多个表，或者其他视图。

一般地，视图的内容包括：

1）基表的列的子集或行的子集。也就是说，视图可以是基表的一部分。

2）两个或多个基表的联合。也就是说，视图是对多个基表进行联合运算检索的 SE-LECT 语句。

3）两个或多个基表的连接。也就是说，视图是通过对若干个基表的连接生成的。

4）基表的统计汇总。也就是说，视图不仅是基表的投影，还可以是经过对基表的各种复杂运算的结果。

5）另外一个视图的子集。也就是说，视图既可以基于表，也可以基于另外一个视图。

6）来自于函数或同义词中的数据。

7）视图和基表的混合。在视图的定义中，视图和基表可以起到同样的作用。

视图具备数据表的一些特性，它跟数据表一样可以进行查询、修改（在修改记录时有一定的限制）、删除等操作。同时，视图还能引用另一个视图。它具有以下几个优点：

1）简化查询语句。通过视图可以将复杂的查询语句变得简单。

2）增加可读性。由于在视图中可以只显示有用的字段，并且可以使用字段的别名，能方便用户浏览查询的结果。

3）方便程序的维护。如果应用程序使用视图来存取数据，那么当数据表的结构发生改变时，只需要更改视图的查询语句即可，不需要更改程序。

4）增加数据的安全性和保密性。针对不同用户，可以创建不同的视图，此时的用户只能查看和修改其所能看到的视图中的数据，而真正的数据表中的数据甚至数据表都是不可见、不可访问的，这样可以限制用户浏览和操作的数据内容。另外，视图所引用的表的访问权限与视图的权限设置也是相互不影响的。

7.2.1　创建视图

创建视图十分简单，因为视图本质就是由 SELECT 语句所构成的定义。下面首先介绍视图创建的相关准则，接着再介绍具体视图的创建方法。

1. 创建视图的准则

1）只能在当前数据库中创建视图。

2）视图名称必须遵循标识符的规则，且对每个架构都必须唯一。此外，该名称不得与该架构包含的任何表的名称相同。

3）允许嵌套视图，即可以对其他视图创建视图，但嵌套不得超过 32 层。

4）不能将规则或 DEFAULT 定义与视图相关联。

5）不能将 AFTER 触发器与视图相关联，只有 INSTEAD OF 触发器可以与之相关联。

6）定义视图的查询不能包含 COMPUTE 子句、COMPUTE BY 子句或 INTO 关键字。

7）定义视图的查询不能包含 ORDER BY 子句，除非在 SELECT 语句的选择列表中还有一个 TOP 子句。

8）定义视图的查询不能包含指定查询提示的 OPTION 子句。

9）不能创建临时视图，也不能对临时表创建视图。

2. 创建视图的方法

（1）使用 SQL Server 管理工具集进行可视化创建

1）进入 SQL Server 管理工具集，展开相应服务器实例，展开要创建视图所属的数据库，再展开"视图"项。右键单击并选择"新建视图"命令，如图 7-3 所示。选择"新建存储过程"，在右边的编辑面板中编写对应 T－SQL 语言，单击"执行"按钮即可完成创建。

2）系统会弹出"添加表"对话框，选择相应的表并单击"添加"按钮。

3）系统会弹出所选表的列选择器。选择相应的列，在工具栏中单击"执行 SQL"按钮就可以预览视图了。

4）在工具栏中单击"保存"按钮，然后在"保存"对话框中填上视图名称并单击"确定"按钮，至此视图创建成功。

（2）使用 T－SQL 语句创建视图

CREATE VIEW view _ name ［(COLUMN[,...n])]

［WITH < VIEW _ ATTRIBUTE >［,...n]]

AS SELECT _ STATEMENT ［;]［WITH CHECK OPTION] < VIEW _ ATTRIBUTE > :: =

｛[ENCRYPTION][SCHEMABINDING][VIEW _ METADATA]｝

其中各结构含义如下：

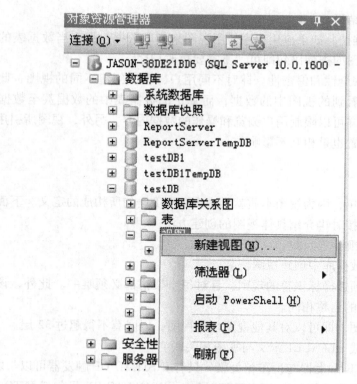

图 7-3　选择"新建视图"命令

1）view _ name：视图的名称。

2）COLUMN：视图中的列使用的名称。

3）SELECT _ STATEMENT：定义视图的 SELECT 语句。

4）CHECK OPTION：强制针对视图执行的所有数据修改语句都必须符合在 SELECT _ STATEMENT 中设置的条件。通过视图修改行时，WITH CHECK OPTION 可确保提交修改后，仍可通过视图看到数据。如果在 SELECT _ STATEMENT 中的任何位置使用 TOP，则不能指定 CHECK OPTION。

5）ENCRYPTION：对 SYS. SYSCOMMENTS 表中包含 CREATE VIEW 语句文本的条目进行加密。

3. 创建视图举例

【例 7-3】　创建简单视图。

下面的例子在表 MEMBER 上创建视图 VIEW _ MEMBER，并查询视图。

```
--在创建视图前把旧的同名视图删除
IF EXISTS(SELECT NAME FROM SYS. VIEWS WHERE NAME = N ' VIEW _ MEMBER ')
DROP VIEW VIEW _ MEMBER
GO
--创建视图
CREATE VIEW VIEW _ MEMBER
AS
SELECT M _ NAME, M _ ID, SEX, TEL
```

FROM DBO. MEMBER;

GO

--查看视图

SELECT ＊ FROM VIEW _ MEMBER

GO

【例7-4】 创建基于多个表的视图。

下面的例子中，视图 VIEW_ORDERS 是基于 ORDER、ORDER_DETAIL、MEMBER、COMMODITY 等4个表联合查询的基础上的，视图显示了会员购物的具体情况。

--在创建视图前把旧的同名视图删除

IF EXISTS(SELECT NAME FROM SYS. VIEWS WHERE NAME = N ' VIEW_ORDERS ') DROP VIEW VIEW _ ORDERS

GO

--创建视图

CREATE VIEW VIEW_ORDERS AS

SELECT ORDERS. O _ ID ORDERID,ORDERS. M _ ID MEMBERID, MEMBER. M _ NAME

MEMBERNAME, ORDER _ DETAIL. C _ ID COMMODITYID, COMMODITY. C _ NAME

COMMODITYNAME, COMMODITY. PRICE _ OUT SALEPRICE

FROM ORDER _ DETAIL INNER JOIN DBO. [ORDER] AS ORDERS ON ORDER _ DETAIL. O _ ID = ORDERS. O _ ID INNER JOIN MEMBER ON ORDERS. M _ ID = MEMBER. M _ ID INNER JOIN COMMODITY ON ORDER _ DETAIL. C _ ID = COMMODITY. C _ ID;

GO

--查看视图

SELECT ＊ FROM VIEW _ MEMBER

GO

【例7-5】 创建加密视图。

加密视图就是在创建视图的时候，使用参数 WITH ENCRYPTION，这样可以防止查看视图的定义。

IF EXISTS(SELECT NAME FROM SYS. VIEWS WHERE NAME = N ' VIEW _ MEMBER _ ENCRY ')

DROP VIEW VIEW _ MEMBER _ ENCRY;

GO

CREATE VIEW VIEW _ MEMBER _ ENCRY WITH ENCRYPTION

AS

SELECT ＊ FROM MEMBER;

GO

SELECT ＊ FROM VIEW _ MEMBER _ ENCRY;

GO

7.2.2 更改视图

视图被定义之后，用户可以更改视图的名称或视图的定义，而无须删除并重新创建视图。删除并重新创建视图会造成与该视图关联的权限丢失。在重命名视图时，需要考虑以下原则：

1）要重命名的视图必须位于当前数据库中。

2）新名称必须遵守标识符规则。

3）仅可重命名具有其更改权限的视图。

4）数据库所有者可以更改任何用户视图的名称。

1. 更改视图的名称

更改视图的名称，可以使用系统存储过程 SP_RENAME。该命令功能强大，可以在当前数据库中更改用户创建对象的名称。此对象可以是表、索引、列、别名数据类型等。SP_RENAME 的语法格式如下：

SP_RENAME [@OBJNAME =]'object_name', [@NEWNAME =]'new_name'
[,[@OBJTYPE =]'OBJECT_TYPE']

其中，参数 [@OBJNAME =]'object_name'是指定修改对象的名称，[@NEWNAME =]'new_name'是新的对象名称，[,[@OBJTYPE =]'OBJECT_TYPE']则是对象的类型。

例如，下面的语句将视图 DBO.VIEW_ORDERS 更名为 VIEW_ORDERS_NEWNAME：

EXEC SP_RENAME 'DBO.VIEW_ORDERS', 'VIEW_ORDERS_NEWNAME', N'OBJECJ'

2. 删除视图

在创建视图后，如果不再需要该视图，就可以将其删除。删除视图后，视图定义及与之相关联的权限将被删除，但视图所基于的表的数据并不受到影响。删除视图的 T-SQL 语句是 DROP VIEW，其语法格式如下：

DROP VIEW [schema_name.] view_name [...,n][;]

例如，下面语句表示如果视图 VIEW_ORDERS_NEWNAME 存在，则删除：

IF OBJECT_ID(N'ONLINESTOREDB.DBO.VIEW_ORDERS_NEWNAME', N'V') IS NOT NULL
DROP VIEW DBO.VIEW_ORDERS_NEWNAME;
GO

本 章 小 结

索引是通过对表中的记录按某些字段的顺序进行排序。建立索引可以提高记录查询的速度。索引的缺点是影响记录的更新效率。遵循索引设计的规则、建立合理的索引，对数据库应用才是有益的。索引可分为聚集索引与非聚集索引、唯一索引与非唯一索引、单列索引与多列索引。

视图可把表中分散存储的数据集成起来，让操作人员通过视图来访问数据。数据库中只存放了视图的定义，而不存放视图对应的数据。视图可以被看成是虚拟表或存储查询。SE-LECT 语句的记录集构成视图所返回的虚拟表。用户可以使用跟引用表一样的方法，通过引用视图名称来使用视图。视图的作用类似于筛选。定义视图的筛选可以来自当前或其他数据库的一个或多个表，也可以是其他视图。

实 训 任 务

实训1：创建简单视图

下面的例子在表 MEMBER 上创建视图 VIEW_MEMBER，并查询视图。

-- 在创建视图前把旧的同名视图删除

```
IF EXISTS(SELECT NAME FROM SYS. VIEWS WHERE NAME = N 'VIEW _ MEMBER')
DROP VIEW VIEW _ MEMBER
GO
--创建视图
CREATE VIEW VIEW _ MEMBER
AS
SELECT M _ NAME, M _ ID, SEX, TEL
FROM DBO. MEMBER;
GO
--查看视图
SELECT * FROM VIEW _ M
```

创建聚集索引：

```
--创建表 TABLE4TEST 作为测试
CREATE TABLE TABLE4TEST
( ID INT,
CLOUMN2 CHAR
)
```

实训 2：创建基于多个表的视图

```
--在创建视图前把旧的同名视图删除
IF EXISTS( SELECT NAME FROM SYS. VIEWS WHERE NAME = N 'VIEW _ ORDERS ') DROP VIEW
VIEW _ ORDERS
    GO
--创建视图
CREATE VIEW VIEW _ ORDERS AS
    SELECT ORDERS. O _ ID ORDERID, ORDERS. M _ ID MEMBERID, MEMBER. M _ NAME MEMBER-
NAME, ORDER _ DETAIL. C _ ID COMMODITYID, COMMODITY. C _ NAME COMMODITYNAME,COMMODI-
TY. PRICE _ OUT SALEPRICE
    FROM ORDER _ DETAIL INNER JOIN DBO. [ORDER] AS ORDERS ON ORDER _ DETAIL. O _ ID = ORDE-
RS. O _ ID INNER JOIN MEMBER ON ORDERS. M _ ID = MEMBER. M _ ID INNER JOIN COMMODITY ON OR-
DER _ DETAIL. C _ ID = COMMODITY. C _ ID;
    GO
--查看视图
SELECT * FROM VIEW _ MEMBER
    GO
```

实训 3：创建聚集索引

```
CREATE CLUSTERED INDEX PK _ TABLE4TEST
ON TABLE4TEST( ID) ;
--查看索引信息
SELECT * FROM SYS. INDEXES WHERE NAME = 'PK _ TABLE4TEST';
--删除表 TABLE4TEST
DROP TABLE TABLE4TEST
```

创建非聚集索引：

CREATE INDEX IX _ MEMBER _ M _ NAME
ON DBO. MEMBER(M _ NAME);

如果要创建的索引已经存在，那么系统会有类似如下错误提示：

消息 1913，级别 16，状态 1，第 1 行

练 习 题

一、判断题

1. 表的定义可以保证其中的数据一定能够被快速获取。（   ）

2. 从不同角度来看，可以将索引分为聚集索引与非聚集索引、唯一索引与非唯一索引、单列索引与多列索引。（   ）

3. 只针对表的其中一个字段建立索引，这种索引叫做唯一索引。（   ）

4. 定义视图的筛选可以来自当前或其他数据库的一个或多个表，但不能来自其他视图。（   ）

5. 定义视图的查询不能包含 COMPUTE 字句、COMPUTE BY 字句或 INTO 关键字。（   ）

二、单选题

1. 可以伴随着表的打开而自动打开的索引是（   ）。

A 一般索引文件　　　　　　B. 复合索引文件

C. 结构化复合索引文件　　　D. 非结构化复合索引文件

2. 打开建立了结构复合索引的数据表，表记录的顺序将按（   ）排列。

A. 第一个索引标识　　B. 最后一个索引标识　　C. 主索引标识　　D. 原顺序

3. 若所建立的索引的字段不允许重复，并且一个表只能创建一个，则应该是（   ）。

A. 主索引　　　　　　B. 候选索引　　　　　　C. 唯一索引　　　D. 普通索引

4. 下列关于索引的叙述中，不正确的是（   ）。

A. Visual FoxPro 支持两种索引文件：单一索引文件和复合索引文件

B. 打开和关闭索引文件均使用 SET INDEX TO 命令

C. 索引的类型有主索引、候选索引、唯一索引和普通索引

D. 索引文件不随表文件的关闭而关闭

5. 建立唯一索引后，只允许重复出现记录值的（   ）。

A. 第一个　　　　　　B. 最后一个

C. 全部　　　　　　　D. 字段值不唯一，不能存储

6. 以下关于视图的描述，错误的是（   ）。

A. 视图可将多个物理数据表抽象为一个逻辑数据表

B. 视图充当着查询中指定的表的筛选器

C. 视图可筛选表中的行

D. 视图不能降低数据库的复杂程度

7. 有关创建视图的描述，以下正确的是（   ）。

A. 可以基于其他数据库中的表创建视图　　　B. 可以基于其他视图建立视图

C. 即使表被删除，视图的定义也不删除　　　　D. 创建视图时可以使用临时表

8. 一个多源表视图的定义语句中，其子查询语句必定是（　　）语句。

A. 一个简单查询　　　　　B. 一个多表连接查询

C. 一个无条件查询　　　　D. 有表和视图的查询或多表连接的查询

9. 一个在已有视图上定义的新视图语句中，其子查询语句中（　　）。

A. 数据源中至少有一个视图　　　　B. 数据源中可能有视图，也可能没有视图

C. 数据源中必须有基表和视图　　　　D. 不一定出现视图名

10. 删除视图的正确语句是（　　）。

A. DELETE VIEW 视图名　　　　　　B. DROP VIEW 视图名

C. DROP VIEW 视图名（列名列表）　　D. 以上都不对

三、填空题

1. 在执行 SEEK、FIND、LOCATE 命令时，不用首先对表文件进行索引的是_____。

2. 表索引有 4 种类型：主索引、候选索引、普通索引和_____。

3. 为表建立索引，其基本特点是可以提高_____速度。

4. 关键字 ASC 和 DESC 分别表示_____。

5. 按照主文件名不同，复合索引文件可以分为_____和_____。

第8章 存储过程与触发器

☞ **学习目标：**

1）掌握存储过程的使用方法。

2）掌握触发器的操作方法。

8.1 存储过程

8.1.1 存储过程概述

1. 存储过程的定义

存储过程是数据库服务器端的一段程序，它有两种类型：一种类似于 SELECT 查询，用于检索数据，检索到的数据能够以数据集的形式返回给客户；另一种类似于 INSERT 或 DE-LETE 操作，它不返回数据，只是执行具体动作。一个存储过程既可以返回数据又可以执行动作。

在 SQL Server 中，存储过程是利用 T-SQL 语言所编写的程序，这个程序经编译和优化后存储在数据库服务器中，使用时只要调用即可。程序员可以将常用的或很复杂的工作写好并用一个指定的名称存储起来，那么以后要让数据库提供与已定义好的存储过程的功能相同的服务时，可以使用 EXECUTE 语句执行对应的存储过程，即可实现所需要的功能。

2. 存储过程的特点

存储过程具有以下几个优点：

1）存储过程只在创造时进行编译，以后每次执行存储过程都不需再重新编译，而一般 SQL 语句每执行一次就编译一次。同时，存储过程是经过实现编译好的属于服务器端的程序，能节省语法分析时间，所以使用存储过程可提高数据库执行速度，提高整个系统的性能。

2）当对数据库进行复杂操作时（如对多个表进行 UPDATE、INSERT、QUERY、DE-LETE 时），可将此复杂操作用存储过程封装起来与数据库提供的事物处理结合一起使用。

3）存储过程可以重复使用，可减少数据库开发人员的工作量。

4）安全性高，可设定只有某些用户才具有对指定存储过程的使用权。

5）当某些系统要通过 Internet 访问数据库时，使用存储过程可以减少客户端访问连接数据库的次数，同时避免把大量的数据下载到客户端，只需传递一次数据给客户端，减少网络上的传输量，提高应用程式性能。

6）存储过程放在服务器端，利用服务器具有的强大计算能力和速度，提高执行效率。

7）简化了应用的维护，提高了应用的灵活性。

8）将商业逻辑封装在数据库管理系统的存储过程中，可以提高整个软件系统的可维护性。当商业逻辑发生改变的时候，不再需要修改并编译客户端应用程序以及将它们重新分发到为数众多的用户手中。

9）确保算法的一致性。

10）数据具有透明性。

存储过程的缺点如下：

1）加重了服务器的负担。

2）可能造成并发冲突。

3）可移植性较差。

3. 存储过程的种类

存储过程可以分为以下 3 类：

1）系统存储过程。以 SP_开头，用来进行系统的各项设定、取得信息及相关管理工作。如 SP_ HELP 就是取得指定对象的相关信息。

2）扩展存储过程。以 XP_开头，是以 C 语言等编写的外部程序，以动态链接库（DDL）形式存储在服务器上，SQL Server 可以动态装载并执行它们。编写好扩展存储过程后，固定服务器角色（SYSADAMIN）成员即可在 SQL Server 服务器上注册该扩展存储过程，并将它们的执行权限授权其他用户。它用来调用操作系统提供的功能。

3）用户自定义的存储过程。即通常所指的存储过程，也是在实际应用项目中最常用到的。它是为实现某些特定的功能而自己创建的存储过程，详细的自定义存储过程将会在后面章节介绍。

8.1.2 创建存储过程

系统存储过程是系统自带的过程，可以供程序员调用，实现调用系统的一些功能，在这节中不会涉及。创建一个存储过程之前，要先判断这个存储过程是否存在，如果存在，就先删除它再创建或者取其他名字。判断的语法如下：

```
IF EXISTS (SELECT NAME FROM SYSOBJECTS WHERE NAME =' MYTEST _ PROC ')
DROP PROCEDURE MYTEST _ PROC   //如果存在名为 MYTEST _ PROC 的存储过程,则删除它
GO
```

创建自定义存储过程时，应注意以下事项：

1）为了更好地与系统存储过程进行区别和更快速地调用自定义存储过程，尽量不要使用 SP_开头（这与 DBMS 处理存储过程的执行步骤有关）。

2）存储过程名不能超过 128 个字符。

3）每个存储过程中输入和输出参数合计不得超过 2100 个。

4）语句的分隔使用分号。

5）如果涉及时间日期，应采用无二义的日期和时间格式。

6）只能在当前数据库中创建存储过程。

1. 创建存储过程的方法

创建用户自定义存储过程有如下两种方法：

1）使用 SQL Server 管理工具集进行可视化创建。进入 SQL Server 管理工具集，展开相应服务器实例，展开要重命名存储过程所属的数据库，再展开"可编程性"项。右键单击"存储过程"项，选择"新建存储过程"命令，如图 8-1 所示。在右边的编辑面板中编写对

应的 T-SQL 语句,单击"执行"按钮即可完成创建。

2）使用 Database Engine Query 编写 T-SQL 语言进行创建。

CREATE PROCEDURE［拥有者．］存储过程名［；NUMBER］

［(@ PARAMETER #1 DATA _ TYPE,…, @ PARAMETER #N DATA _ TYPE)］［OUTPUT］

［WITH ｛RECOMPILE｜ENCRYPTION｜RECOMPILE, ENCRYPTION｝］［FOR REPLICATION］AS BEGIN SET NOCOUNT ON; //在这里添加 T-SQL 语句,实现存储过程功能

END

说明:如果不具体写明拥有者,则默认为 DBO。

【例 8-1】 创建存储过程。

```
CREATE PROCEDURE DBO. TEST
AS BEGIN SET NOCOUNT ON;
SELECT TEST1, TEST2 FROM TABLE1
END
GO
```

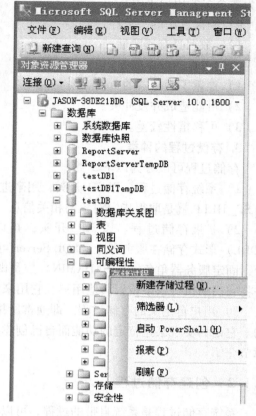

图 8-1 可视化创建存储过程

2. 自动执行存储过程

SQL Server 启动时可以自动执行一个或多个存储过程,这些存储过程必须由系统管理员创建,并在 SYSADMIN 固定服务器角色下作为后台过程执行。这些过程不能有任何输入参数。对启动过程的数目没有限制,但是要注意,每个启动过程在执行时都会占用一个连接。如果必须在启动时执行多个过程,但不需要并行执行,则可以指定一个过程作为启动过程,让该过程调用其他过程,这样就只占用一个连接。在启动时恢复了最后一个数据库后,开始执行存储过程。

创建启动存储过程,必须作为 SYSADMIN 固定服务器角色的成员登录,并在 MASTER 数据库中创建存储过程。使用 SP_ PROCOPTION 可以将现有存储过程指定为启动过程,还可以停止在 SQL Server 启动时执行过程。

3. 权限

CREATE PROCEDURE 的权限默认授予 SYSADMIN 固定服务器角色成员、DB _ OWNER 和 DB _ DDLADMIN 固定数据库角色成员。SYSADMIN 固定服务器角色成员和 DB _ OWNER 固定数据库角色成员可以将 CREATE PROCEDURE 权限转让给其他用户。执行存储过程的权限授予过程的所有者,该所有者可以为其他数据库用户设置执行权限。

4. 存储过程举例

【例 8-2】 使用带有复杂 SELECT 语句的简单过程。

下面的存储过程从 4 个表的连接中返回所有作者(提供了姓名)、出版的书籍以及出版

社。该存储过程不使用任何参数。

IF EXISTS(SELECT NAME FROM SYSOBJECTS WHERE NAME = ' MYTEST _ PROC ')

DROP PROCEDURE MYTEST _ PROC

GO

CREATE PROCEDURE MYTEST _ PROC

AS SELECT AU _ LNAME, AU _ FNAME, TITLE, PUB _ NAME

FROM AUTHORS A INNER JOIN TITLEAUTHOR TA

ON A. AU _ ID = TA. AU _ ID INNER JOIN TITLES T

ON T. TITLE _ ID = TA. TITLE _ ID INNER JOIN PUBLISHERS P

ON T. PUB _ ID = P. PUB _ ID

 MYTEST _ PROC 存储过程可以通过以下方法执行：

EXECUTE MYTEST _ PROC

 – OR

EXEC MYTEST _ PROC

【例 8-3】 使用带有参数的简单过程。

  下面的存储过程从 4 个表的连接中只返回指定的作者（提供了姓名）、出版的书籍以及出版社。该存储过程接收与传递的参数精确匹配的值。

IF EXISTS(SELECT NAME FROM SYSOBJECTS WHERE NAME = ' MYTEST _ PROC ')

DROP PROCEDURE MYTEST _ PROC

 GO

CREATE PROCEDURE MYTEST _ PROC

@ LASTNAME VARCHAR(40),

@ FIRSTNAME VARCHAR(20)

 AS

SELECT AU _ LNAME, AU _ FNAME, TITLE, PUB _ NAME

FROM AUTHORS A INNER JOIN TITLEAUTHOR TA ON A. AU _ ID = TA. AU _ ID INNER JOIN TITLES T

ON T. TITLE _ ID = TA. TITLE _ ID INNER JOIN PUBLISHERS P ON T. PUB _ ID = P. PUB _ ID

WHERE AU _ FNAME = @ FIRSTNAME

AND QU _ LNAME = @ LASTNAME

 MYTEST _ PROC 存储过程可以通过以下方法执行：

EXECUTE MYTEST _ PROC ' DULL ', ' ANN '

 – OR

ECECUTE MYTEST _ PROC @ LASTNAME = ' DULL ', @ FIRSTNAME = ' ANN '

 – OR

EXEC MYTEST _ PROC @ FIRSTNAME = ' ANN ', @ LASTNAME = ' DULL '

  如果该过程是批处理中的第一条语句，则可使用：

MYTEST _ PROC ' DULL ', ' ANN '

 – OR

MYTEST _ PROC @ LASTNAME = ' DULL ', @ FIRSTNAME = ' ANN '

 – OR

MYTEST _ PROC @ FIRSTNAME = ' ANN ', @ LASTNAME = ' DULL '

8.1.3 更新存储过程

当要使用原有的存储过程去实现一些新的功能时，就要对原有的存储过程进行必要的更新，使其满足新功能的要求。

1. 重命名存储过程

重命名存储过程有以下两种方法：

1）在 SQL Server 管理工具集中利用可视化工具重命名。进入 SQL Server 管理工具集，展开相应服务器实例，展开要重命名存储过程所属的数据库，然后展开"可编程性"项。右键单击"存储过程"项，选择"重命名"命令，输入存储过程的新名称，如图 8-2 所示。

2）在 Database Engine Query 编辑器中利用 T-SQL 语句重命名。语句如下：

SP _ RENAME[@ OBJNAME =]' OBJECT _ NAME ', [@ NEWNAME =]' NEW _ NAME ' [, [@ OBJTYPE =]' OBJECT _ TYPE ']

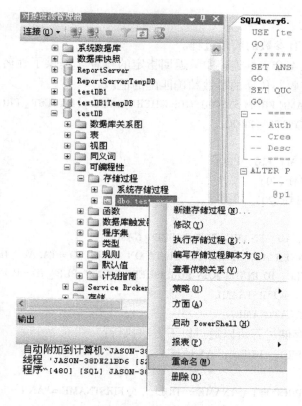

图 8-2　利用可视化工具重命名存储过程

2. 修改存储过程

如果需要更改存储过程中的语句或参数，可以删除和重新创建该存储过程，也可以用单个步骤更改存储过程。删除和重新创建存储过程时，所有与该存储过程相关联的权限都将丢失。更改存储过程时，过程或参数定义会更改，但不会更改权限，也不影响相关的存储过程或触发器。还可以修改存储过程以加密其定义或使该过程在每次执行时都得到重新编译。

修改存储过程有以下两种方法：

1）在 SQL Server 管理工具集中利用可视化工具修改。进入 SQL Server 管理工具集，展开相应服务器实例，展开要重命名存储过程所属的数据库，然后展开"可编程性"项。右键单击"存储过程"项，选择"修改"命令，如图 8-3 所示。在右边打开的窗口中修改存储过程，完成后单击"执行"按钮即可。

图 8-3　利用可视化工具修改存储过程

2）在 Database Engine Query 编辑器中修改。语句如下：

```
ALTER PROC[EDURE] PROCEDURE _ NAME [;NUMBER]
[{@ PARAMETER DATA _ TYPE}[VARYING][ = DEFAULT][OUTPUT]][,...n]
[WITH
{RECOMPILE|ENCRYPTION|RECOMPILE, ENCRYPTION}
][FOR REPLICATION]
AS STATEMENTS[,...n]
```

【例 8-4】　修改存储过程 TEST。

```
ALTER PROCEDURE DBO. TEST
AS
BEGIN
SET NOCOUNT ON;
SELECT TEST1, TEST2 FROM TABLE1
END
```

8.1.4　删除存储过程

不再需要存储过程时可将其删除。如果另一个存储过程调用某个已删除的存储过程，则

157

会在执行该存储过程时显示一条错误信息。但如果定义了同名和参数相同的新存储过程来替换已删除的存储过程，那么引用该过程的其他过程仍能顺利执行。

删除存储过程有以下两种方法：

1）在 SQL Server 管理工具集中利用可视化工具删除。进入 SQL Server 管理工具集，展开相应服务器实例，展开要重命名存储过程所属的数据库，然后展开"可编程性"项。右键单击"存储过程"项，选择"删除存储过程"命令，在右边打开的窗口中修改，修改完后单击"执行"按钮即可。

2）在 Database Engine Query 编辑器中删除。语句如下：

```
IF EXISTS(SELECT NAME FROM SYSOBJECTS WHERE NAME = ' TEST ')
DROP PROCEDURE TEST
GO
```

8.2 触发器

8.2.1 触发器概述

1. 触发器的定义

在 SQL Server 中，可以用两种方法来保证数据的有效性和完整性：约束（Check）和触发器（Trigger）。其中，约束是直接设置于数据表内，只能实现一些比较简单的功能操作，如实现字段有效性和唯一性的检查、自动填入默认值、设置主键、设置外键等功能。当要实现在执行某个操作时能自动执行另外一个或几个操作，或者想限制某个操作时，可以使用触发器。触发器功能强大，例如，修改了某个商品的单价，那么它的总金额也要随着改变，则可以设立一个触发器，让总金额随着货品单价的变化而变化。又比如，要删除一个表 t，但是另外一个表 t1 是依附这个表的，那么此时也可以设立一个触发器，当要删除 t 时触发触发器，先将表 t1 删除，或者发出警告信息，提示操作者。触发器是一种特殊的存储过程，它是在执行某些特定的 T－SQL 语句时自动执行的一种存储过程，类似于事件函数。不同于一般的存储过程，触发器主要是通过事件进行触发而被执行的，而存储过程可以通过存储过程名称被直接调用。当对某一表进行诸如 INSERT、UPDATE、DELETE 等操作时，SQL Server 就会自动执行触发器所定义的 SQL 语句，从而确保对数据的处理必须符合由这些 SQL 语句所定义的规则。在 SQL Server 2008 中，触发器有了更进一步的功能，在数据表（库）发生 CREATE、ALTER 和 DROP 操作时，也会自动激发执行。

2. 触发器的常用功能

触发器具有如下一些常用的功能：

1）完成比约束更复杂的数据约束。

2）检查 SQL 所做的操作是否被允许。例如，要在产品库存表里删除一条产品记录，触发器可以检查该产品库存数量是否为零，如果不为零则取消该删除操作。

3）修改其他数据表里的数据。当一个 SQL 语句对数据表进行操作的时候，触发器可以根据该 SQL 语句的操作情况来对另一个数据表进行操作。例如，一个订单取消的时候，触发器可以自动修改产品库存表，在订购量的字段上减去被取消订单的订购数量。

4）调用更多的存储过程。约束本身是不能调用存储过程的，但是触发器本身就是一种存储过程，而存储过程是可以嵌套使用的，所以触发器可以调用一个或多个存储过程。

5）发送 SQL Mail。在 SQL 语句执行完之后，触发器可以判断更改过的记录是否达到一定条件，如果达到这个条件的话，触发器可以自动调用 SQL Mail 来发送邮件。例如，当一个订单交费之后，可以给物流人员发送 E - mail，通知他尽快发货。

6）返回自定义的错误信息。约束是不能返回信息的，而触发器可以。例如，插入一条重复记录时，可以返回一个具体的、友好的错误信息给前台应用程序。

7）防止数据表结构更改或数据表被删除。为了保护已经建好的数据表，触发器可以再接收以 DROP 和 ALTER 开头的 SQL 语句里，不进行对数据表的操作。

3. 触发器的种类

触发器可以分为以下两大类：

1）DML 触发器。DML 触发器是当数据库服务器中发生数据操作语言（Data Manipulation Language）事件时执行的存储过程。DML 触发器又分为两类：AFTER 触发器和 INSTEAD OF 触发器。其中，AFTER 触发器要求只有执行某一操作（INSERT、UPDATE、DELETE）之后才被触发，且只能在表上定义。可以为针对表的同一操作定义多个触发器。对于 AFTER 触发器，可以定义哪一个触发器被最先触发，哪一个被最后触发，同时使用系统过程 SP _ SETTRIGGERORDER 来完成此任务。INSTEAD OF 触发器表示并不执行其所定义的操作（INSERT、UPDATE、DELETE），而仅是执行触发器本身。既可在表上定义 INSTEAD OF 触发器，也可以在视图上定义 INSTEAD OF 触发器，但对同一操作只能定义一个 INSTEAD OF 触发器。

2）DDL 触发器。DDL 触发器是在响应数据定义语言（Data Definition Language）事件时执行的存储过程。DDL 触发器一般用于执行数据库中管理任务，如审核和规范数据库操作、防止数据库表结构被修改等。

4. 触发器的作用

1）安全性，可以基于数据库的值使用户具有操作数据库的某种权利。

2）可以基于时间来限制用户的操作，如不允许下班后和节假日修改数据库数据。

3）可以基于数据库中的数据限制用户的操作，如不允许股票的价格升幅每天超过 10%。

4）审计，可以跟踪用户对数据库的操作、审计用户操作数据库的语句，把用户对数据库的更新写入审计表。

5）实现复杂的数据完整性规则。触发器可以对数据库中相关的表进行连环更新。例如，在 books 表 bookId 列上的删除触发器可导致删除或修改在其他表中的与之匹配的行，如以下几种情况：

① 在修改或删除时，级联修改或删除其他表中的与之匹配的行。

② 在修改或删除时，把其他表中的与之匹配的行设成 NULL 值。

③ 在修改或删除时，把其他表中的与之匹配的行级联成默认值。

触发器能够拒绝或回退那些破坏相关完整性的变化，取消试图进行数据更新的事物。当插入一个与其主键不匹配的外部键时，这种触发器会起作用。例如，可以在 books. bookId 列上生成一个插入触发器，如果新值与 auths. author _ code 列中的某值不匹配时，插入被回退。

6）实现非标准的数据完整性检查和约束。触发器可产生比规则更为复杂的限制。与规则不同，触发器可以引用列或数据库对象。例如，触发器可回退任何企图吃进超过自己保证金的期货。

7）提供可变的默认值。

8）同步实时地复制表中的数据。

9）自动计算数据值，如果数据的值达到了一定的要求，则进行特定的处理。例如，如果公司的账号上的资金低于某个金额，如10万元，则立即给财务人员发送警告信息。

归根结底，触发器的主要作用就是其能够实现由主键和外键所不能保证的复杂的参照完整性和数据的一致性。总体而言，触发器性能通常比较低。当运行触发器时，系统处理的大部分时间花费在参照其他表的这一处理上，因为这些表既不在内存中也不在数据库设备上，而删除表和插入表总是位于内存中。可见触发器所参照的其他表的位置决定了操作要花费的时间长短。

8.2.2　创建触发器

创建触发器和创建存储过程类似。可以在数据库查询引擎里通过编写 T – SQL 语句来创建，也可以在 SQL Server 管理工具中可视化创建，不过同样也要编写 T – SQL 语句。创建触发器的语法格式如下：

CREATE TRIGGER 触发器名称

ON 表名

FOR INSERT[，UPDATE][，DELETE]

AS 触发器的条件和操作

注意：触发器名称是不加引号的。

【例 8-5】　当在 books 表上插入、更新或删除记录时，发送邮件通知 "Kelvin"。

CREATE TRIGGER reminder

ON books FOR INSERT, UPDATE, DELETE

AS EXEC master. . XP _ SENDMAIL ' Kelvin ', '表 books 被更改'

【例 8-6】　创建表 T1、T2 及触发器 TG _ SUM，插入或更新 T2 表 QT 字段的值，使得 SUM = QT * T1. PRICE。

1）创建表 T1：

CREATE TABLE DBO. T1

（ID INT NOT NULL, PRICE FLOAT NOT NULL）

2）创建表 T2：

CREATE TABLE DBO. T2

（ID INT NOT NULL, QT FLOAT NOT NULL, SUM FLOAT NULL）

3）创建触发器 TG _ SUM：

CREATE TRIGGER DBO. TG _ SUM

ON DBO. T2

FOR INSERT, UPDATE

AS

UPDATE T2 SET PSUM = QT * PRICE FROM T2 INNER JOIN T1

ON T2. ID = T1. ID

往 T1 或 T2 表中添加数据，添加后的 T1 和 T2 表如图 8-4 所示

ID	PRICE
1	3
2	6
3	9
NULL	NULL

ID	QT	PSUM
1	6	6
2	2	12
3	2	18
NULL	NULL	NULL

图 8-4　向表中添加数据

4）运行以下更新语句：

UPDATE T2 SET QT = 6 WHERE ID = 1

语句顺利执行后，再查看 T2 表，会发现在其他改变的同时 PSUM 也改变了，如图 8-5 所示。

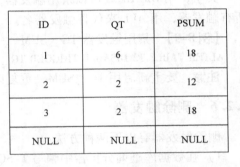

ID	QT	PSUM
1	6	18
2	2	12
3	2	18
NULL	NULL	NULL

图 8-5　T2 表中数据修改

8.2.3　修改触发器

当一些业务逻辑变化时，可能需要修改相应的触发器，使之符合新的业务逻辑的要求。修改触发器的语法如下：

ALTER TRIGGER 触发器名称

ON 数据表名或视图名

AFTER INSERT ｜ DELETE ｜ UPDATE

AS

BEGIN　　　　--这里是要运行的 SQL 语句

END

【例 8-7】　修改触发器 TG _ SUM，使之只在 UPDATE T2 表时触发相应操作。

ALTER TRIGGER DBO. TG _ SUM

ON DBO. T2

FOR UPDATE

AS

UPDAE T2 SET PSUM = QT * PRICE FROM T2 INNER JOIN T1 ON T2. ID = T1. ID

8.2.4　重命名触发器

重命名触发器的语法如下：

EXEC sp _ rename 原名称,新名称

【例 8-8】　将触发器 TG _ SUM 重命名为 TG _ COUNTS。

EXEC sp _ rename TG _ SUM, TG _ COUNTS

注意：sp _ rename 是 SQL Server 自带的一个存储过程，用于更改当前数据库中用户创建对象（如表、列或用户定义数据类型）的名称。

8.2.5 禁用与启用触发器

禁用触发器与删除触发器不同，禁用触发器时，仍会为数据表定义该触发器，只是在执行 INSERT、UPDATE 或 DELETE 语句时，触发重新启用触发器，否则不会执行触发器中的操作。

在 SQL Server 管理工具集中禁用或启用触发器，也必须要先查看触发器列表，在触发器列表里右键单击其中一个触发器，在弹出的快捷菜单中选择"禁用"命令，即可禁用该触发器。启用触发器与之类似，只是在弹出的快捷菜单中选择"启用"命令即可。

禁用/启用触发器的语法如下：

ALTER TABLE 数据表名

DISABLE ｜ ENABLE TRIGGER 触发器名 ｜ ALL

其中，用 DISABLE 可以禁用触发器，用 ENABLE 可以启用触发器；如果要禁用或启用所有触发器，用 ALL 来代替触发器名。

【例 8-9】 禁用触发器 TG ＿ SUM。

ALTER TABLE T2 DISABLE TRIGGER TG ＿ SUM

注意：要重新启用 TG ＿ SUM，重复以上代码，将 DISABLE 改成 ENABLE 即可。

8.2.6 删除触发器

删除触发器有以下两种方法：

1）在数据库查询分析器中编写 T-SQL 语言删除。

【例 8-10】 删除触发器 TG ＿ SUM。

DROP TRIGGER TG ＿ SUM

也可以同时删除多个触发器：

DROP TRIGGER 触发器 1 名称，触发器 2 名称，...

注意：各触发器名称之间用逗号隔开。

2）在 SQL Server 管理工具集中删除。打开 SQL Server 管理工具集，选中要删除的触发器，单击鼠标右键，选择"删除"命令即可删除该触发器。

8.2.7 使用触发器

1. AFTER 触发器的使用

对于同一个操作，如 INSERT、UPDATE 或 DELETE 来说，可以建立多个 AFTER 触发器。

【例 8-11】 建立两个 AFTER INSERT 触发器，一个名为 PRODUCT ＿ INSERT，作用是输出一句提示"ADD ONE PRODUCT SUCCESSFULLY"，提示用户添加一种产品成功；另一个名为 PRODUCT ＿ INSERT1，作用也是输出一句提示，内容为："TELL YOU ONCE AGAIN, ADD ONE PRODUCT SUCCESSFULLY"。

1）创建触发器 PRODUCT ＿ INSERT。代码如下：

CREATE TRIGGER PRODUCT ＿ INSERT

ON 产品

AFTER INSERT

```
AS BEGIN
PRINT ' ADD ONE PRODUCT SUCCESSFULLY '
END
```

2）创建触发器 PRODUCT_INSERT1。代码如下：

```
CREATE TRIGGER PRODUCT_INSERT1
ON 产品
AFTER INSERT
AS BEGIN
PRINT ' TELL YOU ONCE AGAIN, ADD ONE PRODUCT SUCCESSFULLY '
END
```

3）执行 INSERT 语句：

```
INSERT INTO 产品(产品名称) VALUES('大苹果')
```

在"消息"页中可以看到一共输出了两句话，说明激发了两个不同的触发器。

当同一个操作定义的触发器越来越多的时候，触发器被激发的次序就会变得越来越重要。在 SQL Server 中，可以用存储过程 SP_SETTRIGGERORDER 为每一个操作各指定一个最先执行的 AFTER 触发器和最后执行的 AFTER 触发器。该存储过程的语法如下：

```
SP_SETTRIGGERORDER [ @ TRIGGERNAME = ] '[ TRIGGERSCHEMA. ] TRIGGERNAME ', [ @ ORDER
= ] ' VALUE ', [ @ STMTTYPE = ] ' STATEMENT_TYPE ' [ ,[ @ NAMESPACE = ] ¦' DATABASE ' ¦ ' SERVER ' ¦
NULL¦ ]
```

其中各参数含义如下：

1）@ TRIGGERNAME：触发器名，要用单引号括起来，因为它是一个字符串。

2）@ ORDER：激发次序可以为 FIRST、LAST 和 NONE。FIRST 是指第一个要激发的触发器；LAST 是指最后一个要激发的触发器；NONE 表示不指定激发次序，由程序任意触发。

3）@ STMTYPE：激发触发器的动作，可以是 INSERT、UPDATE 或 DELETE。

在例 8-11 中，先激发的是触发器 PRODUCT_INSERT，后激发的是触发器 PRODUCT_INSERT1。如果把 PRODUCT_INSERT1 设为 FIRST 触发器，把 PRODUCT_INSERT 设为 LAST 触发器，那么结果将会完全不一样：

```
EXEC SP_SETTRIGGERORDER ' PRODUCT_INSERT1 ', ' FIRST ', ' INSERT '
EXEC SP_SETTRIGGERORDER ' PRODUCT_INSERT ', ' LAST ', ' INSERT '
```

重新执行 INSERT 语句：

```
INSERT INTO 产品(产品名称) VALUES('苹果')
```

可以看到激发次序已经发生了变化。

在设置 AFTER 触发器激发次序时，还需要注意以下几点：

1）每个操作最多只能设一个 FIRST 触发器和一个 LAST 触发器。

2）如果要取消已经设好的 FIRST 触发器或 LAST 触发器，只要把它们设为 NONE 触发器即可。

3）如果用 ALTER 命令修改过触发器内容后，该触发器会自动变成 NONE 触发器。所以用 ALTER 命令也可以取消已经设好的 FIRST 触发器或 LAST 触发器。

4）只有 AFTER 触发器可以设置激发次序，INSTEAD OF 触发器不可以设置激发次序。

5）激发触发器的动作必须和触发器的激发动作一致。例如，AFTER INSERT 触发器只能为 INSERT 操作设置激发次序，不能为 DELETE 操作设置激发次序。

2. DDL 触发器的使用

一般来说，以下几种情况下可以使用 DDL 触发器：

1）数据库里的库架构或数据表架构很重要，不允许被修改。

2）防止数据库或数据表被误操作删除。

3）在修改某个数据表结构的同时修改另一个数据表的相应结构。

4）要记录对数据库结构操作的事件。

设计 DDL 触发器的语法格式如下：

```
CREATE TRIGGER TRIGGER _ NAME
ON{ALL SERVER|DATABASE}
[WITH  <DDL _ TRIGGER _ OPTION >[ ,... n]]
{FOR|AFTER}{EVENT _ TYPE|ENENT _ GROUP}[ ,... n]} AS
{SQL _ STATEMENT[ ;][ ... n]|EXTERNAL NAME < METHOD SPECIFIER >[ ;]}
```

其中各结构含义如下：

1）ON 后面的 ALL SERVER 是将 DDL 触发器作用到整个当前的服务器上。如果指定了这个参数，在当前服务器上的任何一个数据库都能激发该触发器。

2）ON 后面的 DATABASE 是将 DDL 触发器作用到当前数据库，只能在这个数据库上激发该触发器。

3）FOR 或 AFTER 是同一个意思，指定的是 AFTER 触发器。DDL 触发器不能指定 IN-STEAD OF 触发器。

激发 DDL 触发器的事件包括两种：当前数据库和当前服务器。

【例 8-12】 建立一个 DDL 触发器，用于保护数据库中的数据表不被修改及删除。

1）启动 SQL Server 管理工具集，登录到指定的服务器上。

2）在"对象资源管理器"中选择"数据库"，定位到"TESTDB1"数据库上。

3）单击"新建查询"按钮，在弹出的"查询编辑器"的编辑区里输入以下代码：

```
CREAT TRIGGER 禁止对数据表操作
ON DATABASE
FOR DROP _ TABLE,ALTER _ TABLE
AS
PRINT '对不起,你不能对数据表进行操作'
ROLLBACK;
```

4）单击"执行"按钮，生成触发器。

【例 8-13】 建立一个 DDL 触发器，用于保护当前 SQL Server 服务器里所有数据库不能被删除。

```
CREATE TRIGGER 不允许删除数据库
ON ALL SERVER
FOR DROP _ DATABASE
AS
PRINT '对不起,你不能对数据表进行操作'
ROLLBAK;
```

【例 8-14】 建立一个 DDL 触发器，用来记录数据库修改状态。

1）建立一个用于记录数据库修改状态的表。

CREATE TABLE 日志记录表(

编号 INT IDENTITY(1,1) NOT NULL PRIMARY KEY,

事件 VARCHAR(5000) NULL,

所有语句 VARCHAR(5000) NULL,

操作者 VARCHAR(50) NULL,

发生时间 DATETIME NULL)

2）建立 DDL 触发器。

CREATE TRIGGER 记录日志

ON DATABASE

FOR DDL_DATABASE_LEVEL_ENENTS AS

DECLARE @LOG XML

SET @LOG = ENEVTDATA()

INSERT 日志记录表

(事件,所用语句,操作者,发生时间)

VALUES

(@LOG.VALUE('(/ENENT_INSTANCE/ENENTYPE)[1]', 'NVARCHAR(100)'),

@LOG.VALUE('(/ENENT_INSTANCE/TSWLCOMMAND)[1]', 'NVARCHAR(2000)'),

CONVERT(NVARCHAR(100), CURRENT_USER),

GETDATE())

其中，ENEVTDATA 是一个数据库函数，其作用是以 XML 格式返回有关服务器或数据库事件的信息@LOG.VALUE 时返回 LOG 这个 XML 节点的值，节点的位置是括号里的第一个参数。

3. 使用触发器的注意事项

1）设计触发器的限制。在触发器中，有一些 SQL 语句是不能使用的，见表 8-1。

2）针对作为触发操作目标的表，不允许在 DML 触发器里在使用特定语句，见表 8-2。

表 8-1　在触发器中不能使用的语句

不能使用的语句	语句功能
ALTER DATABASE	修改数据库
CREATE DATABASE	新建数据库
DROP DATABASE	删除数据库
LOAD DATABASE	导入数据库
LOAD LOG	导入日志
RECONFIGURE	更新配置选项
RESTORE DATABASE	还原数据库
RESTORE LOG	还原数据库日志

表8-2　不允许在 DML 触发器里在使用的语句

不能使用的语句	语句功能
CREATE INDEX	建立索引
ALTER INDEX	修改索引
DROP INDEX	删除索引
DBCC DBREINDEX	重新生成索引
ALTER PARTITION FUNCTION	通过拆分或合并边界值更改分区
DROP TABLE	删除数据表
ALTER TABLE	修改数据表结构

3）AFTER 触发器只能用于数据表中，INSTEAD OF 触发器可以用于数据表和视图上，但两种触发器都不可以建立在临时表上。

4）一个数据表可以有多个触发器，但是一个触发器只能对应一个表

5）在同一个数据表中，对每个操作（如 INSERT、UPDATE、DELETE）而言可以建立许多个 AFTER 触发器，但 INSTEAD OF 触发器针对每个操作只能建立一个。

6）如果针对某个操作既设置了 AFTER 触发器又设置了 INSTEAD OF 触发器，那么 INSTEAD OF 触发器一定会激发，而 AFTER 触发器就不一定会激发了。

7）不同的 SQL 语句，可以激发同一个触发器，如 INSERT 和 UPDATE 语句都可以激发同一个触发器。

8）SQL Server 2008 为每个触发器都定义了两个虚拟表，一个是插入表（INSERTED），另一个是删除表（DELETED），这两个表用于存放数据，见表8-3。

表8-3　存放数据的两个表

激发触发器的动作	INSERTED 表	DELETED 表
INSERT	存放要插入的记录	
UPDATE	存放要更新的记录	存放更新前的旧记录
DELETE		存放要删除的旧记录

本 章 小 结

本章主要介绍了存储过程和触发器的使用方法。首先介绍了存储过程的特点及存储过程的创建、修改、删除操作，其次介绍了触发器的创建、修改与删除操作，最后阐述了 DDL 触发器的存储过程和触发器用于数据库管理方面的操作方法。

实 训 任 务

1. 实训目的

1）熟悉存储过程的概念及存储过程的属性。

2）掌握存储过程的创建和使用方法。

3）了解触发器的概念及触发器的属性。

4）掌握触发器的创建和使用方法。

5）掌握建立 DDL 触发器的操作方法。

2. 实训内容

实训 1：创建存储过程

CREATE PROCEDURE DBO. TEST

AS BEGIN SET NOCOUNT ON；

SELECT TEST1，TEST2 FROM TABLE1

END

GO

实训 2：使用 SELECT 语句的创建存储过程

下面的存储过程从 4 个表的连接中返回所有作者、出版的书籍以及出版社。

IF EXISTS（SELECT NAME FROM SYSOBJECTS WHERE NAME ='MYTEST_PROC')

DROP PROCEDURE MYTEST_PROC

GO

CREATE PROCEDURE MYTEST_PROC

AS SELECT AU_LNAME，AU_FNAME，TITLE，PUB_NAME

FROM AUTHORS A INNER JOIN TITLEAUTHOR TA

ON A. AU_ID = TA. AU_ID INNER JOIN TITLES T

ON T. TITLE_ID = TA. TITLE_ID INNER JOIN PUBLISHERS P

ON T. PUB_ID = P. PUB_ID

实训 3：插入触发器

CREATE TRIGGER F ON TB1

FOR UPDATE

AS IF UPDATE（T1）OR UPDATE（T2）

SQL_STATEMENT   --更新了表 TB1 中 T1 或 T2 列时要执行的语句

实训 4：建立 DDL 触发器

CREATE TRIGGER 记录日志

ON DATABASE

FOR DDL_DATABASE_LEVEL_ENENTS AS

DECLARE @ LOG XML

SET @ LOG = ENEVTDATA（）

INSERT 日志记录表

（事件，所用语句，操作者，发生时间）

VALUES

（@ LOG. VALUE（'（/ENENT_INSTANCE/ENENTYPE）[1]'，'NVARCHAR（100）'），

@ LOG. VALUE（'（/ENENT_INSTANCE/TSWLCOMMAND）[1]'，'NVARCHAR（2000）'），

CONVERT（NVARCHAR（100），CURRENT_USER），

GETDATE（））

练 习 题

一、判断题

1."当用户修改数据时，一种特殊形式的存储过程被自动执行"是对存储过程的正确

描述。（　　）

2. 创建存储过程时必须注意不能在存储过程中使用 CREATE VIEW 命令。（　　）

3. 执行存储过程用 CREATE 命令。（　　）

4. 创建存储过程用 EXECUTE 命令。（　　）

5. DDL 触发器是当数据库服务器中发生数据操作语言事件时执行的存储过程。（　　）

二、单选题

1. 对于下面的存储过程：

CREATE PROCEDURE MYP1 @ P INT

　AS SELECT SNAME，AGE

　FROM STUDENT WHERE AGE = @ P

如果在 STUDENT 表中查找年龄 18 岁的学生，正确调用存储过程的语句是（　　）。

A. EXEC MYP1 @ P = ' 18 '　　　　B. EXEC MYP1 @ P = 18

C. EXEC MYP1 P = ' 18 '　　　　D. EXEC MYP1 P = 18

2. 扩展存储过程以（　　）开头。

A. SP_　　　B. DP_　　　C. XP_　　　D. EP_

3. 下列关于自定义存储过程的描述，错误的是（　　）。

A. 尽量不要使用 SP_开头

B. 存储过程名不能超过 128 个字符

C. 每个存储过程中输入和输出参数合计不得超过 2100 个

D. 语句的分隔使用逗号

4. 下面有关触发器的描述正确的是（　　）。

A. 触发器代码可以包含一条 ROLLBACK 语句以取消出发去自己的数据修改语句所作工作

B. 触发器可以进行批处理，但在它们被递交后触发

C. 可以禁用而不是删除一个触发器以使触发器不起作用

D. 可以通过执行触发器来触发该触发器

5. 下列不是触发器的特性的是（　　）。

A. 强化约束　　B. 可级联运行　　C. 跟踪变化　　D. 查询优化

三、填空题

1. 创建存储过程的关键字是＿＿＿＿＿＿＿。

2. 执行存储过程的语句是＿＿＿＿＿＿＿。

3. 删除存储过程的语句是＿＿＿＿＿＿＿。

4. 存储过程必须先＿＿＿＿＿＿＿后＿＿＿＿＿＿＿。

5. 触发器可以分为 DML 触发器和＿＿＿＿＿＿＿两大类；其中 DML 触发器又可以分为＿＿＿＿＿＿＿和＿＿＿＿＿＿＿。

第9章 游标、事务与锁

☞ **学习目标：**

1）掌握游标、事务和锁的使用方法。
2）掌握事务的模式与处理方法。

在数据库的应用中，往往需要对一个 SELECT 的结果集进行处理，或是不需要全部处理，如处理一条或多条记录，就返回一个对记录集进行处理之后的结果。数据库的游标是类似于 C 语言指针的语言结构，通过使用游标可以在服务器端有效地解决这个问题。事务的作用是在数据库中把多个步骤的指令当做一个整体来运行，这个整体要么全部成功，要么全部失败，从而避免数据操作到一半未完成，而导致数据的完整性出错。锁的作用是保证数据在操作的过程中不会受到任何其他影响。掌握游标、事务与锁的相关概念并灵活使用它们是本章的学习重点。

9.1 游标

9.1.1 游标概述

游标是一种数据结构，可以看做一种特殊的指针。游标主要用在 T–SQL 批处理、存储过程以及触发器中。通过游标，程序可以将一个查询结果集保存在其中，并可通过循环将这个结果集里的数据一条条取出来进行处理。当然，使用 T–SQL 的高级查询语句也可以对查询结果集中的某一行进行处理，但是由于游标中的数据保存在内存中，从其中提取数据的速度要比从数据表中直接提取数据的速度快得多。除此之外，使用游标还可以对由 SELECT 产生的结果集的每一行执行相同或不同的操作；允许从结果集中检索指定的行；允许结果集中的当前行被修改；允许被其他用户修改的数据在结果集中是可见的。与指针和变量的使用方法类似，游标使用之前必须先声明才能够使用。与指针和变量的使用方法不同的是，游标使用完之后必须关闭并释放。游标的典型操作过程主要包括声明游标、打开游标、提取数据、关闭游标和释放游标。

9.1.2 游标的使用

1. 声明游标

游标必须先声明后使用，使用 T-SQL 语言声明游标的语法格式如下：

```
DECLARE cursor _ name [SCROLL] CURSOR
FOR select _ statement
[FOR {READ ONLY|UPDATE[ OF column _ name [,...n]]}]
```

其中各参数含义如下：

1）cursor _ name：所定义的游标名称，必须遵从标识符规则。

2）SCROLL：指定游标为滚动游标，它可以前后滚动，可以使用所有的提取选项（FIRST、LAST、PRIOR、NEXT、RELATIVE 和 ABSOLUTE）选取数据行。如果未指定 SCROLL 关键字，则为只进游标，只能使用 NEXT 选项提取数据行。

3）select _ statement：定义游标结果集的标准 SELECT 语句。在游标声明的 select _ statement 内不允许使用关键字 COMPUTE、COMPUTE BY、FOR BROWSE 和 INTO。

4）FOR READ ONLY：指出游标的结果集是只读的，不能修改。默认为只读操作。

5）FOR UPDATE［OF column _ name［，...n］］：指出游标的结果集是可以被修改的。如果指定 OF column _ name［，...n］参数，则只允许修改所列出的列。如果在 UPDATE 中未指定列的列表，则可以更新所有列。

2. 打开游标

打开游标的语法格式如下：

OPEN cursor _ name

其中，cursor _ name 是已声明过的并且没有打开的游标名称。

打开游标后，可以从全局变量@＠CURSOR _ ROWS 中读取游标结果集合中的行数。

3. 提取数据

从打开的游标中提取数据的语法格式如下：

FETCH［NEXT|PRIOR|FIRST|LAST|ABSOLUTE ｛n|@ nvar｝|RELATIVE ｛n|@ nvar｝］

FROM cursor _ name｛|@ cursor _ variable _ name｝

［INTO @ variable _ name［,...n］］

其中各参数含义如下：

1）NEXT：返回紧跟当前行之后的结果行，并且当前行递增为结果行。如果 FETCH NEXT 为对游标的第一次提取操作，则返回结果集中的第一行。NEXT 为默认的游标提取选项。

2）PRIOR：返回紧临当前行前面的结果行，并且当前行递减为结果行。如果 FETCH PRIOR 为对游标的第一次提取操作，则没有行返回并且游标置于第一行之前。

3）FIRST：返回游标中的第一行并将其作为当前行。

4）LAST：提取游标中的最后一行并将其作为当前行。

5）ABSOLUTE ｛n| @ nvar｝：如果 n 或@ nvar 为正数，返回从游标头开始的第 n 行并将返回的行变成新的当前行。如果 n 或@ nvar 为负数，返回游标尾之前的第 n 行并将返回的行变成新的当前行。如果 n 或@ nvar 为 0，则没有行返回。n 必须为整型常量且@ nvar 必须为 smallint、tinyint 或 int。

6）RELATIVE ｛n| @ nvar｝：如果 n 或@ nvar 为正数，返回当前行之后的第 n 行并将返回的行变成新的当前行。如果 n 或@ nvar 为负数，返回当前行之前的第 n 行并将返回的行变成新的当前行。如果 n 或@ nvar 为 0，返回当前行。如果对游标的第一次提取操作时将 FETCH RELATIVE 的 n 或@ nvar 指定为负数或 0，则没有行返回。n 必须为整型常量且@ nvar 必须为 smallint、tinyint 或 int。

7）cursor _ name：要提取数据的游标名称。

8）@ cursor _ variable _ name：游标变量名，引用要进行提取操作打开的游标。

9）INTO @ variable_name ［,…n］：允许将提取操作的列数据放到局部变量中。列表中的各个变量从左到右与游标结果集中的相应列相关联。各变量的数据类型必须与相应的结果列的数据类型匹配或是结果列数据类型所支持的隐性转换。变量的数目必须与游标选择列表中的列的数目一致。

注意：

1）FETCH 语句每次只能提取一行数据。因为 T-SQL 游标不支持块（多行）提取操作。

2）FETCH 语句的执行状态保存在全局变量@@FETCH_STATUS 中，该变量有以下 3 种取值：

①当取值为 0 时，说明 FETCH 语句执行成功。

②当取值为 –1 时，说明 FETCH 语句失败或此行不在结果集中。

③当取值为 –2 时，说明被提取的行不存在。

3）如果游标定义为可更新的，则当定位在游标中的某一行时，可以使用 UPDATE 或 DELETE 语句中的 WHERE CURRENT OF cursor_name 子句执行定位更新或删除操作。

4. 关闭游标

在处理完游标中的数据之后，必须关闭游标来释放数据结果集和定位于数据上的锁。所以，在关闭游标后，禁止提取游标数据或通过游标进行定位修改和删除操作。但关闭游标后并不释放游标占用的数据结构。关闭游标的语法结构如下：

CLOSE cursor_name

其中，cursor_name 为要关闭的游标的名称。

5. 释放游标

关闭游标并没有删除游标，它仍然占用系统资源。所以，如果一个游标不再使用，应该及时将其删除以释放所占用的系统资源。释放游标的语法格式如下：

DEALLOCATE cursor_name

其中，cursor_name 为要释放的游标的名称。

9.1.3 游标使用示例

【**例 9-1**】 现有一个名为 SCinfo 的数据库，包含一个名为 Students 的数据表，其结构见表 9-1。使用游标完成以下各操作。

表 9-1 Students 表

列名	数据类型	说明
Sno	smallint	学号，主键，不能为空
Sname	varchar（8）	姓名，不能为空
Ssex	char	性别，只能取值 F 或 M
Sdept	varchar（20）	系别，默认值为 Computer
Sage	tinyint	年龄，不能为空

1）定义一个游标 STU1 并利用游标逐行输出学生表（Students）中学生的学号、姓名、性别，使用完游标后立即关闭并释放该游标。

USE SCinfo

GO

```
DECLARE STU1 CURSOR    --定义游标
FOR SELECT Sno, Sname, Ssex FROM Students
OPEN STU1         --打开游标
DECLARE @Sno smallint, @Sname varchar(8), @Ssex char(1)   --定义变量
FETCH NEXT FROM STU1 INTO @Sno, @Sname, @Ssex       --获取一行值
WHILE @@FETCH_STATUS = 0
BEGIN
SELECT '学号' = @Sno, '姓名' = @Sname, '性别:' = @Ssex
FETCH NEXT FROM STU1 INTO @Sno, @Sname, @Ssex   --从游标读取下一行值
END
CLOSE STU1                              --关闭游标
DEALLOCATE STU1                              --释放游标
GO
```

编译、运行以上代码，结果如图 9-1 所示。

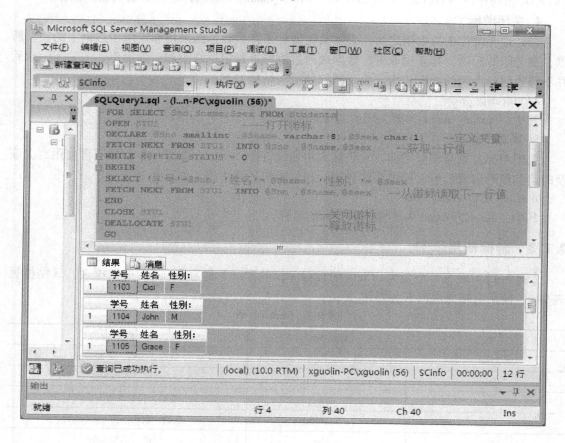

图 9-1　从游标中逐行读取数据

2）定义一个游标 STU2 并利用该游标输出学生表（Students）中第一个学生的所有信息，然后将该学生姓名改为张飞，并再次输入该学生信息，使用完游标后立即关闭并释放该游标。

```
USE SCinfo
GO
DECLARE STU2 SCROLL CURSOR   --定义游标
FOR SELECT * FROM Students
FOR UPDATE OF Sno, Sname, Ssex, Sdept, Sage
OPEN STU2                --打开游标
DECLARE @Sno smallint, @Sname varchar(8), @Ssex char(1), @Sdept varchar(20), @Sage tinyint   --
--定义变量
FETCH NEXT FROM STU2 INTO @Sno, @Sname, @Ssex, @Sdept, @Sage      --获取第一行值
SELECT '学号' = @Sno, '姓名' = @Sname, '性别:' = @Ssex, '系别' = @Sdept , '年龄' = @Sage
UPDATE Students        --将当前行记录修改
SET Sname = '张飞'
WHERE CURRENT OF STU2
CLOSE STU2          --关闭游标
DEALLOCATE STU2   --释放游标
GO
```

3）定义一个游标 STU3 并利用该游标删除学生表（Students）中的最后一条记录，使用完游标后立即关闭并释放该游标。

```
USE SCinfo
GO
DECLARE STU3 SCROLL CURSOR   --定义游标
FOR SELECT * FROM Students
OPEN STU3                --打开游标
FETCH LAST FROM STU3    --获取最后一行记录
DELETE FROM STUDENTS        --删除最后一行记录
WHERE CURRENT OF STU3
CLOSE STU3             --关闭游标
DEALLOCATE STU3             --释放游标
GO
```

9.2 事务

9.2.1 事务的概念

在数据库应用中有时候需要把多个步骤的指令当做一个整体来运行，这个整体要么全部成功，要么全部失败。为此，数据库提供了一种机制，这种机制就称为事务（Transaction）。事务是由 T-SQL 语句组成的能够完成一系列操作的逻辑单元，整个逻辑单元作为一个整体出现，要么逻辑单元中的语句全部成功执行，要么全部不执行。因此，事务是一个不可分割的逻辑单元。在数据库系统上执行并发操作时，事务是作为最小的控制单元来使用的。并且所有的指令作为一个整体提交给数据库系统，执行时，这组指令要么全部执行完成，要么全部取消。

9.2.2　事务的属性

事务具有 4 个属性：原子性（Atomicity）、一致性（Consistency）、隔离性（Isolation）以及持久性（Durability），也称为事务的 ACID 属性。

1）原子性：指事务内的所有工作要么全部完成，要么全部不完成，不存在只有一部分完成的情况，也称为自动性。

2）一致性：指当事务完成时必须使所有的数据具有一致的状态。事务内的操作都不能违反数据库的约束或规则，事务完成时所有内部数据结构都必须是正确的。

3）隔离性：指事务直接是相互隔离的，如果有两个事务对同一个数据库进行操作，比如读取表数据，任何一个事务看到的所有内容要么是其他事务完成之前的状态，要么是其他事务完成之后的状态。一个事务不可能遇到另一个事务的中间状态。隔离性也称为独立性。

4）持久性：指事务完成之后，它对数据库系统的影响是持久的，即使是系统错误，重新启动系统后，该事务的结果依然存在。

事务的这种机制保证了一个事务或者提交后成功执行，或者提交后失败回滚，二者必居其一。因此，事务对数据的修改具有可恢复性，即当事务失败时，它对数据的修改都会恢复到该事务执行前的状态。而使用一般的批处理，则有可能出现有的语句被执行，而另外一些语句没有被执行的情况，从而有可能造成数据不一致。

9.2.3　事务的模式

事务（Transaction）是并发控制的单位，是用户定义的一个操作序列。这些操作要么都做，要么都不做，是一个不可分割的工作单位。通过事务，SQL Server 能将逻辑相关的一组操作绑定在一起，以便服务器保持数据的完整性。

按启动与执行方式的不同，SQL 事务可分为以下几种模式：

1）显式事务。显式事务就是用户使用 T-SQL 语句明确定义事务的开始（BEGIN TRANSANCTION）和提交（COMMIT TRANSACTION）或回滚（ROLLBACK TRANSAC-TION），也称为用户定义或用户指定的事务，即可以显式地定义启动和结束的事务，分布式事务属于显式事务。

2）自动提交事务。自动提交事务是一种能够自动执行并能自动回滚的事务，这种方式是 SQL 的默认事务方式。例如，在删除一个表记录的时候，如果这条记录有主外键关系，删除就会受主外键约束的影响，那么这个删除就会取消。自动提交事务是默认的事务管理模式。

3）隐式事务。隐式事务是指当事务提交或回滚后，SQL Server 自动开始事务。因此，隐式事务不需要使用 BEGIN TRANSACTION 显示开始，只需直接提交事务或回滚事务的 T-SQL 语句即可。使用时，需要设置 SET IMPLICIT_TRANSACTION ON 语句，将隐式事务模式打开，下一个语句会启动一个新的事物，再下一个语句又将启动一个新事务。

9.2.4　事务处理

常用的事务 T-SQL 语句如下：

（1）BEGIN TRANSACTION 语句　该语句声明一个事务的起始点，代表着一组逻辑单元的开始。如果事务中的语句发生任何错误，整个事务将回滚至 BEGIN TRANSACTION 语句声明的起始点。其简单语法格式如下：

BEGIN TRAN［SACTION］［事务名|@事务变量名

［WITH MARK［'描述字符串'］］］

其中各参数含义如下：

1）事务名：指定的事务名称，可选项，必须符合标识符的命名规则，长度不超过 32 个字符。

2）@事务变量名：存储事务名的事务变量名称，可选项，必须符合标识符的命名规则。变量的数据类型可以为 char、varchar、nchar 和 nvarchar。

3）WITH MARK［'描述字符串'］：为事务在日志中执行一个以"描述字符串"为标识的标记，可选项。使用 WITH MARK 子句的事务必须指定事务名。

SQL Server 服务器中有一个全局变量@@TRANCOUNT 对事务进行跟踪，BEGIN TRANSACTION 语句将该变量值增 1。可以用@@error 全局变量记录执行过程中的错误信息，如果没有错误可以直接提交事务，有错误可以回滚。

（2）COMMIT TRANSACTION 语句 该语句结束一个隐性事务或用户定义的事务，并将@@TRANCOUNT 减 1。COMMIT TRANSACTION 将从事务起始点所发生的对数据库数据修改操作成为永远操作，然后释放事务连接所占用的资源。其简单语法格式如下：

COMMIT［TRAN［SACTION］［事务名]@事务变量名]]

与 BEGIN TRANSACTION 语句相反，COMMIT TRANSACTION 语句的执行使全局变量@@TRANCOUNT 的值减 1。

（3）ROLLBACK TRANSACTION 语句 即回滚事务。执行该语句后，数据会回滚到 BEGIN TRANSACTION 的时候的状态。其简单语法格式如下：

ROLLBACK TRAN［SACTION］［事务名|@事务变量名|保存点名称|@保存点变量]]

其中各参数含义如下：

1）保存点名称：保存事务语句 SAVE TRANSACTION 中定义的保存点名称。可选项，必须符合标识符的命名规则。

2）@保存点变量：用户定义的用来保存保存点名称的变量名，数据类型可以为 char、varchar、nchar 或 nvarchar。

如果事务回滚到开始点，则全局变量@@TRANCOUNT 的值减 1，并释放由事务控制的资源；如果只回滚到指定存储点，则@@TRANCOUNT 的值不变。

（4）SAVE TRANSACTION 语句 事务回滚时对系统资源开销较大，如能预见事务执行时极少有错误发生，可以使用保存点机制。该语句提供了回滚部分事务的能力，从而在执行回滚语句时可以不必回滚到事务的开始点。其简单语法规则如下：

SAVE TRANSACTION 保存点名称|@保存点变量

（5）BEGIN DISTRIBUTED TRANSACTION 语句 指定一个由 Microsoft 分布式事务处理协调器（MSDTC）管理的 T-SQL 分布式事务的起始。其简单语法格式如下：

BEGIN DISTRIBUTED TRAN［SACTION］［事务名|@事务变量名]

注意：以下操作不能用于事务处理。

创建数据库：CREATE DATABASE

修改数据库：ALTER DATABASE

删除数据库：DROP DATABASE

恢复数据库：RESTORE DATABASE

加载数据库：LOAD DATABASE

备份日志文件：BACKUP LOG

恢复日志文件：RESTORE LOG

更新统计数据：UPDATE STATISTICS

授权操作：GRANT

复制事务日志：DUMP TRAN

磁盘初始化：DISK INIT

更新使用 SP_CONFIGURE 后的系统配置：RECONFIGURE。

9.2.5 事务处理举例

在 SQL Server 中执行数据处理操作时，操作是在缓冲存储器中发生的，并不是立即被写入实际的表格中。然后，当 SQL Server 运行 CHECKPOINT 进程时，已经发生的变化才被写入磁盘。这也就意味着，在事务发生的过程中，变化并不被写入磁盘，直到它被提交。运行时间较长的事务需要更多的处理存储空间，需要数据库保持更长时间的锁定。所以当工作环境设计运行时间长的事务时，一定要小心。

下面是一个很好的例子，说明了事务的好处。

【例 9-2】 从 ATM 中取钱需要以下几个步骤：输入一个 PIN 号码，选择一个账号类型和输入想要提取的资金的金额。如果试图从 ATM 中提取出 50 美元，然后操作失败，用户肯定不愿意在没有拿到钱的情况下扣除 50 美元，事务就可以保证这种一致性。

1）首先创建一个表。

```
CREATE DATABASE BANK    --创建一个数据库
GO USE BANK CREATE TABLE BB    --创建一个表,包含用户的账号和转账金额
（ID INT NOT NULL PRIMARY KEY,    --账号
MONEYS MONEY -                    --转账金额
INSERT INTO BB VALUES（'1','2000'）    --插入两条数据
INSERT INTO BB VALUES（'2','3000'）
```

2）用该表创建一个存储过程。

```
CREATE PROCEDURE TRANMON        --创建存储过程,定义几个变量
@toID INT,                      --接收转账的账户
@fromID INT,                    --转出自己的账户
@momeys MONEY                   --转账的金额
AS BEGIN TRAN                   --开始执行事务
--执行的第一个操作,转账出钱,减去转出的金额
UPDATE BB SET moneys = moneys - @momeys WHERE ID = @fromID
--执行第二个操作,接受转账的金额,增加
UPDATE BB SET moneys = moneys + @momeys WHERE ID = @toID
IF @@error < > 0                --判断如果两条语句有任何一条出现错误
```

176

```
BEGIN ROLLBACK TRAN        --开始执行事务的回滚,恢复的转账开始之前状态
RETURN 0
END
GO
ELSE                       --如果两条都执行成功
BEGIN COMMIT TRAN          --执行这个事务的操作
RETURN 1
END
GO
```

9.3 锁

9.3.1 锁概述

各种大型数据库所采用的锁的基本理论是一致的,但在具体实现上各有差别。SQL Server更强调由系统来管理锁。在用户有SQL请求时,系统分析请求,自动在满足锁定条件和系统性能之间为数据库加上适当的锁,同时系统在运行期间常常自动进行优化处理,实行动态加锁。对于一般的用户而言,通过系统的自动锁定管理机制基本可以满足使用要求,但如果对数据安全、数据库完整性和一致性有特殊要求,就需要了解SQL Server的锁机制,掌握数据库锁定方法。

锁是防止其他事务访问指定的资源控制、实现并发控制的一种主要手段。并发控制的主要方法是封锁,锁就是在一段时间内禁止用户做某些操作以避免数据不一致,从而确保事务完整性和数据库一致性。锁定可以防止用户读取正在由其他用户更改的数据,并可以防止多个用户同时更改相同的数据。如果不使用锁定,则数据库中的数据可能在逻辑上不正确,并且对数据的查询可能会产生意想不到的结果。

具体来说,锁可以防止丢失更新、脏读、不可重复读和幻觉读。

(1)丢失更新(Lost Update) 指当两个或多个事务选择同一行,然后基于最初选定的值更新该行时,由于每个事务都不知道其他事务的存在,因此最后的更新将重写由其他事务所做的更新,这将导致数据丢失。

例如,两个编辑人员制作了同一文档的电子复本。每个编辑人员独立地更改其复本,然后保存更改后的复本,这样就覆盖了原始文档。最后保存其更改复本的编辑人员覆盖了前一个编辑人员所做的更改。如果在第一个编辑人员完成之后第二个编辑人员才能进行更改,则可以避免该问题。

(2)脏读(Dirty Read) 指一个事务正在访问数据,而其他事务正在更新该数据,但尚未提交,此时就会发生脏读问题,即第一个事务所读取的数据是"脏"(不正确)数据,它可能会引起错误。

例如,一个编辑人员正在更改电子文档。在更改过程中,另一个编辑人员复制了该文档(该复本包含到目前为止所做的全部更改)并将其分发给预期的用户。此后,第一个编辑人员认为目前所做的更改是错误的,于是删除了所做的编辑并保存了文档。分发给用户的文档包含不再存在的编辑内容,并且这些编辑内容应认为从未存在过。如果在第一个编辑人员确

定最终更改前任何人都不能读取更改的文档，则可避免该问题。

（3）不可重复读　指在一个事务内，多次读同一数据，导致读到的数据是不一样的。在这个事务还没有结束时，另外一个事务也访问该同一数据。那么，在第一个事务中的两次读数据之间，由于第二个事务也访问该数据并对其进行修改，那么第一个事务两次读到的数据可能是不一样的，这就是不可重复读。

例如，一个编辑人员两次读取同一文档，但在两次读取之间，作者重写了该文档。当编辑人员第二次读取文档时，文档已更改。原始读取不可重复，如果只有在作者全部完成编写后编辑人员才可以读取文档，则可以避免该问题。

（4）幻觉读　指当事务不是独立执行时发生的一种现象，如第一个事务对一个表中的数据进行了修改，这种修改涉及表中的全部数据行。同时，第二个事务也修改这个表中的数据，这种修改是向表中插入一行新数据。那么，以后就会发生操作第一个事务的用户发现表中还有没有修改的数据行，就好像发生了幻觉一样。

例如，一个编辑人员更改作者提交的文档，但当生产部门将其更改内容合并到该文档的主复本时，发现作者已将未编辑的新材料添加到该文档中。如果在编辑人员和生产部门完成对原始文档的处理之前，任何人都不能将新材料添加到文档中，则可以避免该问题。

所以，处理多用户并发访问的方法是加锁。锁是防止其他事务访问指定的资源控制、实现并发控制的一种主要手段。当一个用户锁住数据库中的某个对象时，其他用户就不能再访问该对象。加锁对并发访问的影响体现在锁的粒度上。

Microsoft SQL Server 数据库引擎具有多粒度锁定，允许一个事务锁定不同类型的资源。为了尽量减少锁定的开销，数据库引擎自动将资源锁定在适合任务的级别。锁定在较小的粒度（如行）可以提高并发度，但开销较高，因为如果锁定了许多行，则需要持有更多的锁。锁定在较大的粒度（如表）会降低了并发度，因为锁定整个表限制了其他事务对表中任意部分的访问，但其开销较低，因为需要维护的锁较少。

数据库引擎通常必须获取多粒度级别上的锁才能完整地保护资源。这组多粒度级别上的锁称为锁层次结构。例如，为了完整地保护对索引的读取，数据库引擎实例可能必须获取行上的共享锁以及页和表上的意向共享锁。

锁的粒度（Granularity）主要包括行级锁、页级锁、簇级锁、表级锁和数据库级锁。为了控制锁定的资源，应该首先了解系统的空间管理。SQL Server 系统的空间管理结构示意图如图9-2所示。

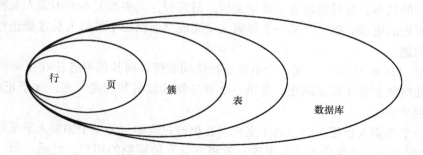

图9-2　SQL Server 系统的空间管理结构

在 SQL Server 2008 系统中，最小的空间管理单位是页，一个页有 8KB。所有的数据、日志、索引都存放在页上。另外，使用页有一个限制，这就是表中的一行数据必须在同一个页上，不能跨页。

页上面的空间管理单位是盘区，一个盘区是 8 个连续的页。表和索引的最小占用单位是盘区。数据库是由一个或者多个表或者索引组成，即是由多个盘区组成。放在一个表上的锁限制对整个表的并发访问；放在盘区上的锁限制了对整个盘区的访问；放在数据页上的锁限制了对整个数据页的访问；放在行上的锁只限制对该行的并发访问。

行是可以锁定的最小空间，行级锁占用的数据资源最少，所以在事务的处理过程中，允许其他事务继续操纵同一个表或者同一个页的其他数据，大大降低了其他事务等待处理的时间，提高了系统的并发性。

页级锁是指在事务的操纵过程中，无论事务处理数据的多少，每一次都锁定一页，在这个页上的数据不能被其他事务操纵。在 SQL Server 7.0 以前的版本中，使用的是页级锁。页级锁锁定的资源比行级锁锁定的数据资源多。在页级锁中，即使是一个事务只操纵页上的一行数据，那么该页上的其他数据行也不能被其他事务使用。

因此，当使用页级锁时，会出现数据的浪费现象，也就是说，在同一个页上会出现数据被占用却没有使用的现象。在这种现象中，数据的浪费最多不超过一个页上的数据行。

表级锁也是一个非常重要的锁。表级锁是指事务在操纵某一个表的数据时，锁定了这个数据所在的整个表，其他事务不能访问该表中的其他数据。当事务处理的数据量比较大时，一般使用表级锁。表级锁的特点是使用比较少的系统资源，但是却占用比较多的数据资源。

与行级锁和页级锁相比，表级锁占用的系统资源如内存比较少，但是占用的数据资源却是最大。在表级锁时，有可能出现数据的大量浪费现象，因为表级锁锁定整个表，那么其他的事务都不能操纵表中的其他数据。

数据库级锁是指锁定整个数据库，防止任何用户或者事务对锁定的数据库进行访问。数据库级锁是一种非常特殊的锁，它只是用于数据库的恢复操作过程中。这种等级的锁是一种最高等级的锁，因为它控制整个数据库的操作。只要对数据库进行恢复操作，那么就需要设置数据库为单用户模式，这样系统就能防止其他用户对该数据库进行各种操作。

行级锁是一种最优锁，因为行级锁不可能出现数据既被占用又没有使用的浪费现象。但是，如果用户事务中频繁对某个表中的多条记录操作，将导致对该表的许多记录行都加上了行级锁，数据库系统中锁的数目会急剧增加，这样就加重了系统负荷，影响系统性能。

因此，在 SQL Server 中，还支持锁升级（Lock Escalation）。所谓锁升级是指调整锁的粒度，将多个低粒度的锁替换成少数的更高粒度的锁，以此来降低系统负荷。在 SQL Server 中当一个事务中的锁较多，达到锁升级门限时，系统自动将行级锁和页面锁升级为表级锁。特别值得注意的是，在 SQL Server 中，锁的升级门限以及锁升级是由系统自动来确定的，不需要用户设置。

9.3.2 锁的模式

在 SQL Server 数据库中加锁时，除了可以对不同的资源加锁，还可以使用不同程度的加锁方式，即锁有多种模式，SQL Server 中锁模式包括以下几种：

1）共享锁。也称为 S 锁，允许并行事务读取同一种资源，这时的事务不能修改访问的数据。SQL Server 中，共享锁用于所有的只读数据操作。默认情况下，数据被读取后，SQL Server 立即释放共享锁。例如，执行查询语句"SELECT ∗ FROM AUTHORS"时，首先锁定第一页，读取之后，释放对第一页的锁定，然后锁定第二页。这样，就允许在读操作过程中，修改未被锁定的第一页。但是，事务隔离级别连接选项设置和 SELECT 语句中的锁定设置都可以改变 SQL Server 的这种默认设置。例如，"SELECT ∗ FROM AUTHORS HOLD-LOCK"就要求在整个查询过程中，保持对表的锁定，直到查询完成才释放锁定。

2）排他锁。也称为 X 锁，就是在同一时间内只允许一个事务访问一种资源，其他事务都不能在有排他锁的资源上访问。

3）更新锁。也称为 U 锁，可以防止常见的死锁。一次只有一个事务可以获得资源的更新锁。如果事务修改资源，则更新锁转换为排他锁。更新锁在修改操作的初始化阶段用来锁定可能要被修改的资源，这样可以避免使用共享锁造成的死锁现象。因为使用共享锁时，修改数据的操作分为两步，首先获得一个共享锁，读取数据，然后将共享锁升级为排它锁，然后再执行修改操作。这样如果同时有两个或多个事务同时对一个事务申请了共享锁，在修改数据的时候，这些事务都要将共享锁升级为排它锁。这时，这些事务都不会释放共享锁而是一直等待对方释放，这样就造成了死锁。如果一个数据在修改前直接申请更新锁，在数据修改的时候再升级为排它锁，就可以避免死锁。

4）意向锁。数据库引擎使用意向锁来保护共享锁或排他锁放置在锁层次结构的底层资源上。之所以称为意向锁，是因为在较低级别锁前可获取它们，因此，会通知意向将锁放置在较低级别上。意向锁说明 SQL Server 有在资源的低层获得共享锁或排它锁的意向。例如，表级的共享意向锁说明事务意图将排它锁释放到表中的页或者行。意向锁又可以分为共享意向锁、独占意向锁和共享式独占意向锁。共享意向锁说明事务意图在共享意向锁所锁定的低层资源上放置共享锁来读取数据。独占意向锁说明事务意图在共享意向锁所锁定的低层资源上放置排它锁来修改数据。共享式排它锁说明事务允许其他事务使用共享锁来读取顶层资源，并意图在该资源低层上放置排它锁。

本 章 小 结

本章介绍了游标的概念以及声明游标、打开游标、提取数据、关闭游标和释放游标等操作；介绍了事务的基本概念、事务的模式、事务的属性和事务的处理方法，并给出了事务处理的具体例子；此外，还介绍了锁的基本概念和锁的模式。

实 训 任 务

一、实验目的
1）掌握事务的概念及事务的属性。
2）掌握锁的常见模式。
3）掌握游标的概念和属性。
4）掌握游标的创建和使用。

二、实验内容

现有图书管理数据库的 3 个关系模式：

图书（总编号，分类号，书名，作者，出版单位，单价）

读者（借书证号，单位，姓名，性别，职称，地址）

借阅（借书证号，总编号，借书日期）。

1）利用 SQL Server 2008 创建图书管理库和图书、读者和借阅 3 个基本表的表结构。

2）利用 SQL Server 2008 在 3 个表中分别插入以下所给元组（见表 9-2 ~ 表 9-4）。

表 9-2　图书表数据

总编号	分类号	书名	作者	出版单位	单价
445501	TP3/12	数据库导论	王强	科学出版社	17.90
445502	TP3/12	数据库导论	王强	科学出版社	17.90
445503	TP3/12	数据库导论	王强	科学出版社	17.90
332211	TP5/10	计算机基础	李伟	高等教育出版社	18.00
112266	TP3/12	FOXBASE	张三	电子工业出版社	23.60
665544	TS7/21	高等数学	刘明	高等教育出版社	20.00
114455	TR9/12	线性代数	孙业	北京大学出版社	20.80
113388	TR7/90	大学英语	胡玲	清华大学出版社	12.50
446601	TP4/13	数据库基础	马凌云	人民邮电出版社	22.50
446602	TP4/13	数据库基础	马凌云	人民邮电出版社	22.50
446603	TP4/13	数据库基础	马凌云	人民邮电出版社	22.50
449901	TP4/14	FOXPRO 大全	周虹	科学出版社	32.70
449902	TP4/14	FOXPRO 大全	周虹	科学出版社	32.70
118801	TP4/15	计算机网络	黄力钧	高等教育出版社	21.80
118802	TP4/15	计算机网络	黄力钧	高等教育出版社	21.80

表 9-3　读者表数据

借书证号	单位	姓名	性别	职称	地址
111	信息系	王维利	女	教授	1 号楼 424
112	财会系	李 立	男	副教授	2 号楼 316
113	经济系	张 三	男	讲师	3 号楼 105
114	信息系	周华发	男	讲师	1 号楼 316
115	信息系	赵正义	男	工程师	1 号楼 224
116	信息系	李 明	男	副教授	1 号楼 318
117	计算机系	李小峰	男	助教	1 号楼 214
118	计算机系	许鹏飞	男	助工	1 号楼 216
119	计算机系	刘大龙	男	教授	1 号楼 318
120	国际贸易	李 雪	男	副教授	4 号楼 506
121	国际贸易	李 爽	女	讲师	4 号楼 510
122	国际贸易	王 纯	女	讲师	4 号楼 512
123	财会系	沈小霞	女	助教	2 号楼 202
124	财会系	朱 海	男	讲师	2 号楼 210
125	财会系	马英明	男	副教授	2 号楼 212

表 9-4　借阅表数据

借书证号	总编号	借书日期
112	445501	1997 – 3 – 19
125	332211	1997 – 2 – 12
111	445503	1997 – 8 – 21
112	112266	1997 – 3 – 14
114	665544	1997 – 10 – 21
120	114455	1997 – 11 – 2
120	118801	1997 – 10 – 18
119	446603	1997 – 12 – 12
112	449901	1997 – 10 – 23
115	449902	1997 – 8 – 21
118	118801	1997 – 9 – 10

3）定义一个名为 Cur _ Books 的只读游标，该游标从图书表中检索作者为马凌云的所有信息。

4）声明一个名为 Cur _ Readers 的更新游标。

5）使用游标查看借阅表中的记录个数。

6）使用游标查阅借阅最多的读者的姓名、学号、借书证号和所借的书名称，并将最早的借阅记录删除。

7）利用事务在读者表中删除李立的记录，同时删除借阅表中李立所借图书的记录。并思考，如果在删除读者表中李立的记录过程中突然断电，借阅表中李立所借图书的记录是否被删除？

练 习 题

一、判断题

1. 隐式事务是指当事务提交或回滚后，SQL Server 自动开始事务。（　　）

2. 关闭游标之后，游标不再占用系统资源。（　　）

3. 打开游标的语法格式为 OPEN cursor _ name。（　　）

4. 共享锁也称为 X 锁，允许并行事务读取同一种资源，这时的事务不能修改访问的数据。（　　）

5. 在处理完游标中的数据之后，必须关闭游标来释放数据结果集和定位于数据上的锁。（　　）

二、单选题

1. 为了防止一个事务在执行时被其他事务干扰，应采取的措施是（　　）。

A. 完整性控制　　　　B. 访问控制　　　　C. 安全性控制　　　　D. 并发控制

2. 如果事务 T 获得了数据项 Q 上的排它锁，则 T 对 Q（　　）。

A. 完只能读不能写　　B. 完只能写不能读　C. 完即可读又可写　　D. 完不能写不能读

3. 在 SQL Server 2008 中，限制最小的隔离级别是（　　　）。

A. 完提交读　　　　　B. 完未提交读　　　C. 完重复读　　　　　D. 完序列化

三、多选题

1. 在 SQL Server 数据库中加锁时，除了可以对不同的资源加锁，还可以使用不同程度的加锁方式，即锁有多种模式。SQL Server 中锁模式包括（　　　）。

A. 共享锁　　　　　　B. 排他锁　　　　　C. 更新锁　　　　　D. 意向锁

2. 按启动与执行方式的不同，SQL 事务可分为（　　　）。

A. 显式事务　　　　　B. 自动提交事务　C. 隐式事务　　　　D. 被动提交事务

3. 事务具有的属性有（　　　）。

A. 原子性　　　　　　B. 一致性　　　　　C. 隔离性组　　　　D. 持久性

四、填空题

1. 游标主要用在_____、_____以及_____中。

2. 游标的典型操作过程主要包括声明游标、_____、提取数据、_____和_____。

3. _____是防止其他事务访问指定的资源控制、实现并发控制的一种主要手段。

4. 具体来说，锁可以防止丢失更新、_____、_____和幻觉读。

第 10 章　SQL Server 2008 安全性管理

☞ 学习目标：

1）了解数据库安全性的概念。

2）理解两种身份验证模式的概念和区别。

3）掌握服务器登录账号的创建和管理方法。

4）掌握管理角色及权限的方法。

5）了解保证数据库服务器安全的方法。

10.1　SQL Server 2008 安全性简介

10.1.1　SQL Server 2008 安全性管理概述

数据库的安全性是指保护数据库以防止不合法的使用所造成的数据泄漏、更改或破坏，这包括两个方面的含义，既要保证那些具有数据访问权限的用户能够登录到数据库服务器，并且能够访问数据以及对数据库对象实施各种权限范围内的操作；同时，还要防止所有的非授权用户的非法操作。SQL Server 2008 提供了既有效又容易的安全管理模式，这种安全管理模式是建立在安全身份验证和访问权限机制上的。

系统安全保护措施是否有效是数据库系统的主要指标之一。数据库的安全性和计算机系统的安全性（包括操作系统、网络系统的安全性）是紧密联系、相互支持的。

数据库是电子商务、金融以及 ERP 系统的基础，通常都保存着重要的商业数据和客户信息，如交易记录、工程数据、个人资料等。数据完整性和合法存取会受到很多方面的安全威胁，包括密码策略、系统后门、数据库操作以及本身的安全方案。另外，数据库系统中存在的安全漏洞和不当的配置通常会造成严重的后果，而且都难以发现。随着越来越多的网络相互连接，安全性也变得日益重要。公司的资产必须受到保护，尤其是数据库，它们存储着公司的宝贵信息。安全是数据引擎的关键特性之一，保护企业免受各种威胁。SQL Server 2008 安全特性的宗旨是使其更加安全，且使数据保护人员能够更方便地使用和理解安全。它实现了重要的"最少特权"原则，因此不必授予用户超出工作所需的权限，也提供了深层次的防御工具，可以采取措施防御最危险黑客的攻击。

SQL Server 2008 可以对整个数据库、数据文件和日志文件进行加密，且不需要改动应用程序。进行加密使公司可以满足遵守规范和及其关注数据隐私的要求，它为加密和密钥管理提供了一个全面的解决方案。为了满足不断发展的对数据中心的信息的更强安全性的需求，公司投资给供应商来管理公司内的安全密钥。SQL Server 2008 使用户可以审查数据的操作，从而提高了遵从性和安全性。审查不只包括对数据修改的所有信息，还包括关于什么时候对数据进行读取的信息。

SQL Server 2008 提供了丰富的安全特性，用于保护数据和网络资源。它提供了丰富的服器配置工具，特别值得关注的就是 SQL Server Surface Area Configuration Tool，它的身份验证特性得到了增强，更加紧密地与 Windows 身份验证相集成，并保护弱口令或陈旧的口令。有了细粒度授权、SQL Server Agent 代理和执行上下文，在经过验证之后，授权和控制用户可以采取的操作将更加灵活。元数据也更加安全，因为系统元数据视图仅返回关于用户有权以某种形式使用的对象的信息。在数据库级别，加密提供了最后一道安全防线，而用户与架构的分离使得用户的管理更加轻松。

所以说，SQL Server 2008 提供了从操作系统、SQL Server 服务器、数据库到对象的多级别安全保护，增强了内置安全性，更好地保证数据的安全性。

10.1.2　SQL Server 2008 安全管理的层次性

对于数据库系统的安全管理来说，保护数据不受内部和外部侵害是一项重要的工作。SQL Server 的身份验证、授权和验证机制可以保护数据免受未经授权的泄漏和篡改。

SQL Server 2008 数据库系统的安全管理具有层次性，安全级别可以分为以下 3 层：

第 1 层，SQL Server 服务器级别的安全性。

这一级别的安全性建立在控制服务器登录账号和密码的基础上，即必须具有正确的服务器登录账号和密码才能连接到 SQL Server 服务器。也就是说，要想访问一个数据库服务器，必须拥有一个登录账户。登录账户可以是 Windows 账户或组，也可以是 SQL Server 的登录账户。无论使用那种登录方式，用户在登录时提供的登录账号和密码决定了用户能否获得 SQL Server 2008 的访问权限以及在获得访问权限以后，用户在访问 SQL Server 2008 进程时可以拥有的权利。

登录账户可以属于相应的服务器角色。至于角色，可以理解为权限的组合，是用户分配权限的单位。SQL Server 2008 事先设计了许多固定服务器角色用来为具有服务器管理员资格的用户分配使用权利。拥有固定服务器角色的用户可以拥有服务器级别的管理权限。

第 2 层，数据库级别的安全性。

这一级别的安全性在于，用户提供正确的服务器登录账号和密码通过第一层的 SQL Server 服务器的安全性检查之后，将接受第二层的安全性检查，即是否具有访问某个数据库的权利。其主要通过用户账户进行控制，要想访问一个数据库，必须拥有该数据库的一个用户账户身份。用户账户是通过登录账户进行映射的，可以属于固定的数据库角色或自定义数据库角色。

在建立用户的登录账户信息时，SQL Server 2008 会提示用户选择默认的数据库，以后用户每次连上服务器后都会自动转到默认的数据库上。对任何用户来说，如果在设置登录账户时没有指定默认的数据库，则用户的权限将局限在 master 数据库以内。默认情况下，数据库的拥有者可以访问改数据库的对象，可以分配访问权限给别的用户，使别的用户也拥有针对该数据库的访问权利。当然，并不是所有的权利都可以自由转让和分配的。

第 3 层，数据库对象级别的安全性。

这一级别的安全性在于，用户通过了前两层的安全性验证之后，在对具体的数据库安全对象（表、视图、存储过程等）进行操作时，将接受权限检查，即用户要想访问数据库里的对象时，必须事先被赋予相应的访问权限，否则系统将拒绝访问。其主要通过设置数据对象的访问权限进行控制。如果是使用图形界面管理工具，可以在表上右击，选择"属性"→"权限"命令，然后勾选相应的权限复选框即可。

在创建数据库对象的时候，SQL Server 2008 将自动把该数据库对象的拥有权赋予该对象的所有者，对象的所有者就可以实现该对象的安全控制。数据对象的访问权限定义了用户对数据库中数据对象的引用、数据操作语句的许可权限。这部分工作通过定义对象和语句的许可权限来实现。

上述 3 个层次的安全级别对于用户权限的划分不存在包含关系，但它们之间却并不是孤立存在的。相邻的层次通过映射账号建立关联，更好地做到了从操作系统、SQL Server 服务器、数据库到对象的多级别安全保护。每个等级就好像一道门，如果门没有上锁，或者用户拥有开门的钥匙，则用户可以通过这道门达到下一个安全等级。如果通过了所有的门，则用户就可以实现对数据的访问。这种关系如图 10-1 所示。

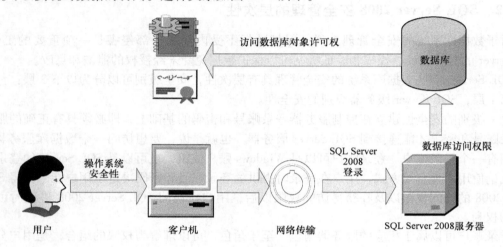

图 10-1　SQL Server 2008 安全管理的层次性

注意：一般情况下，用户的操作系统安全管理是操作系统管理员的任务。SQL Server 不允许用户建立服务器级的角色。另外，为了减少管理的开销，在对象级安全管理上应该在大多数场合赋予数据库用户以广泛的权限，然后再针对实际情况在某些敏感的数据上实施具体的访问权限限制。

10.2　SQL Server 2008 验证模式

要想保证数据库数据的安全，必须搭建一个相对安全的运行环境。因此，对服务器安全性管理至关重要。在 SQL Server 2008 中，对服务器安全性管理主要通过更加健壮的验证模式、安全的登录服务器的账户管理以及对服务器角色的控制，从而更加有效地保证了服务器的安全、便捷。

10.2.1　SQL Server 2008 的身份验证模式

SQL Server 2008 提供了两种身份验证模式：Windows 身份验证模式（Windows Authentication Mode）和混合身份验证模式（Mixed Mode），每一种身份验证都有一个不同类型的登录账户。无论哪种模式，SQL Server 2008 都需要对用户的访问进行如下两个阶段的检验：

1）验证阶段。用户在 SQL Server 2008 获得对任何数据库的访问权限之前，必须登录到

SQL Server 上，并且被认为是合法的。SQL Server 或者 Windows 要求对用户进行验证。如果验证通过，用户就可以连接到 SQL Server 2008 上；否则，服务器将拒绝用户登录

2）许可确认阶段。用户验证通过后会登录到 SQL Server 2008 上，此时系统将检查用户是否有访问服务器上数据的权限。

注意： 如果在服务器级别配置安全模式，它们会应用到服务器上的所有数据库。但是，由于每个数据服务器实例都有独立的安全体系结构，这就意味着不同的数据库服务器实例，可以使用不同的安全模式。

1. Windows 身份验证模式

要登录到 Windows，必须先验证用户名和密码。当完成这一步时，Windows 事实上是在域控制器中根据用户名凭据验证用户；或者，如果 Windows/SQL Server 是在本地的独立机器上运行，则进行本地验证。凭据检查用户所属的访问组（用户权限），用户可以上至管理员，具有改变计算机中任何事物的能力，也可以下至基本用户，只拥有极其有限的权限。于是这就给出了一种信任连接，换句话说，在登录 Windows 之后启动的应用程序可以相信，经Windows 验证，账户已经通过了必要的安全检查。

当应用 Windows 身份验证模式时，一旦登录到 Windows，SQL Server 就将使用信任连接。如前面所述，这意味着 SQL Server 相信用户名和密码已被验证过了。可是，如果用户名不存在，那么仅基于用户 ID，将无法登录到那台机器上。如果登录无效，那么将检查用户所属的 Windows 组，并检查其安全性，以确定该组是否可以访问 SQL Server。如果该用户具有管理员权限，则至少连接到 SQL Server 上是完全不成问题的。

使用 Windows 身份验证模式是默认的身份验证模式，它比混合模式要安全得多。当数据库仅在内部访问时，使用 Windows 身份验证模式可以获得最佳工作效率。在使用 Windows 身份验证模式时，可以使用 Windows 域中有效的用户和组账户来进行身份验证。这种模式下，域用户不需要独立的 SQL Server 用户账户和密码就可以访问数据库。这对于普通用户来说是非常有益的，因为这意味着域用户不需记住多个密码。如果用户更新了自己的域密码，也不必更改 SQL Server 2008 的密码。但是，在该模式下用户仍然要遵从 Windows 安全模式的所有规则，并可以用这种模式去锁定账户、审核登录和迫使用户周期性地更改登录密码。

当用户通过 Windows 用户账户连接时，SQL Server 使用操作系统中的 Windows 主体标记验证账户名和密码。也就是说，用户身份由 Windows 进行确认。SQL Server 不要求提供密码，也不执行身份验证。

本地账户启用 SQL Server Management Studio 窗口时，使用操作系统中的 Windows 主体标记进行的连接，如图 10-2 所示。

其中，服务器名称中代表当前计算机名称，Administrator 是指登录该计算机时使用的 Windows 账户名称，这也是 SQL Server 默认的身份验证模式，并且比 SQL Server 身份验证更为安全。Windows 身份验证使用 Kerberos 安全协议，提供有关强

图 10-2　Windows 身份验证模式

密码复杂性验证的密码策略强制，还提供账户锁定支持，并且支持密码过期。通过 Windows 身份验证完成的连接有时也称为可信连接，这是因为 SQL Server 信任由 Windows 提供的凭据。

Windows 身份验证模式主要有以下优点：

1）数据库管理员的工作可以集中在管理数据库上面，而不是管理用户账户。对用户账户的管理可以交给 Windows 去完成。

2）Windows 有更强的用户账户管理工具。可以设置账户锁定、密码期限等。如果不通过定制来扩展 SQL Server，SQL Server 则不具备这些功能。

3）Windows 的组策略支持多个用户同时被授权访问 SQL Server。

2. 混合身份验证模式

使用混合身份验证模式，意味着可以同时使用 Windows 身份验证和 SQL Server 身份验证来登录。SQL Server 身份验证登录主要用于外部的用户，例如那些可能从 Internet 访问数据库的用户。可以配置从 Internet 访问 SQL Server 2008 的应用程序以自动地使用指定的账户或提示用户输入有效的 SQL Server 用户账户和密码。

使用混合安全模式，SQL Server 2008 首先确定用户的连接是否使用有效的 SQL Server 用户账户登录。如果用户有有效的登录和使用正确的密码，则接受用户的连接；如果用户有有效的登录，但是使用不正确的密码，则用户的连接被拒绝。仅当用户没有有效的登录时，SQL Server 2008 才检查 Windows 账户的信息。在这种情况下，SQL Server 2008 将会确定 Windows 账户是否有连接到服务器的权限。如果账户有权限，连接被接受；否则，连接被拒绝。

当使用混合模式身份验证时，在 SQL Server 中创建的登录名并不基于 Windows 用户账户。用户名和密码均通过使用 SQL Server 创建并存储在 SQL Server 中。通过混合模式身份验证进行连接的用户每次连接时必须提供其凭据（登录名和密码）。当使用混合模式身份验证时，必须为所有 SQL Server 账户设置强密码。选择混合模式身份验证的登录界面如图 10-3 所示。

图 10-3　使用 SQL Server 身份验证

如果用户是具有 Windows 登录名和密码的 Windows 域用户，则还必须提供另一个用于连接的（SQL Server）登录名和密码。记住多个登录名和密码对于许多用户而言都较为困难。每次连接到数据库时都必须提供 SQL Server 凭据也十分烦琐。

混合模式身份验证主要有以下优点：

1）允许 SQL Server 支持那些需要进行 SQL Server 身份验证的旧版应用程序和由第三方提供的应用程序。

2）允许 SQL Server 支持具有混合操作系统的环境，在这种环境中并不是所有用户均由 Windows 域进行验证。

3）允许用户从未知的或不可信的域进行连接。例如，既定客户使用指定的 SQL Server 登录名进行连接以接收其订单状态的应用程序。

4）允许 SQL Server 支持基于 Web 的应用程序，在这些应用程序中用户可创建自己的标识。

5）允许软件开发人员通过使用基于已知预设 SQL Server 登录名的复杂权限层次结构来分发应用程序。

混合模式身份验证的缺点如下：

1）SQL Server 身份验证无法使用 Kerberos 安全协议。

2）SQL Server 登录名不能使用 Windows 提供的其他密码策略。

注意：使用 SQL Server 身份验证不会限制安装 SQL Server 的计算机上的本地管理员权限。

3. 混合模式与 Windows 身份验证模式的区别

混合模式与 Windows 身份验证模式有何不同？首先，需要提供用户 ID 和密码进行连接，而不是由 SQL Server 取用登入账户的 Windows ID 或登入账户用户所属的组；其次，并不认定提供的 ID 都是有效的。当工作中用到 ISP 时，混合模式在许多情况下都是适宜的。为阐明这一观点，假设用户要在本地客户端机器上使用远程数据进行工作，那么远程的机器需要知道登录凭据，因而使用 SQL Server 身份验证将是最简单的方法。如果想要在 ISP 上处理数据，ISP 可能提供了某种工具，或者可以使用 SSMS 连接到数据上。

10.2.2　设置和修改身份验证模式

前面介绍了 SQL Server 2008 的两种身份验证模式，下面介绍在安装 SQL Server 2008 之后，设置和修改服务器身份验证模式的操作方法。

在第一次安装 SQL Server 2008 时，安装程序会提示用户选择服务器身份验证模式，然后根据用户的选择将服务器设置为 Windows 身份验证模式或 SQL Server 和 Windows 身份验证模式；或者，在使用 SQL Server 2008 连接其他服务器的时候，也需要指定验证模式。对于已指定验证模式的 SQL Server 2008 服务器还可以进行修改，具体操作步骤如下：

1）打开 SQL Server Management Studio 窗口，选择一种身份验证模式建立与服务器的连接。

2）在"对象资源管理器"窗口中右击当前服务器名称，选择"属性"命令，打开"服务器属性"对话框，如图 10-4 所示。

在默认打开的"常规"选项卡中，显示了 SQL Server 2008 服务器的常规信息，包括

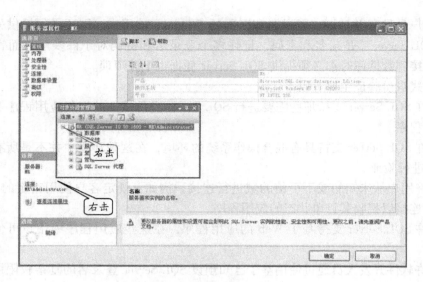

图 10-4 "服务器属性"对话框

SQL Server 2008 的版本、操作系统版本、运行平台、默认语言以及内存和 CPU 等。

3）在左侧的选项卡列表框中，选择"安全性"选项卡，展开安全性选项内容，如图 10-5 所示。在此选项卡中即可设置身份验证模式。

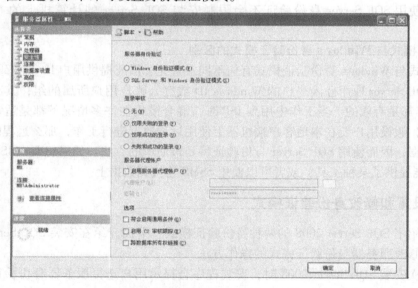

图 10-5 "安全性"选项卡

4）通过在"服务器身份验证"选项区域中选择相应的单选按钮，可以确定 SQL Server 2008 的服务器身份验证模式。无论使用哪种模式，都可以通过审核来跟踪访问 SQL Server 2008 的用户，默认时仅审核失败的登录。

当启用审核后，用户的登录被记录于 Windows 应用程序日志、SQL Server 2008 错误日志或两种之中，这取决于如何配置 SQL Server 2008 的日志。可选择的审核方式有以下几种。

① 无：禁止跟踪审核。

② 仅限失败的登录：默认设置，选择后仅审核失败的登录尝试。

③ 仅限成功的登录：仅审核成功的登录尝试。

④ 失败和成功的登录：审核所有成功和失败的登录尝试。

5）重新启动 SQL Server 2008，使设置生效。

10.3 管理 SQL Server 2008 登录

在 SQL Server 中，有两种账户：一种是使用数据库的用户账户，另外一种则是登录服务器的登录账户。在数据库中，用户账户和登录账户是两个不同的概念。一个合法的登录账户只表明该账户通过了 Windows 认证或者 SQL Server 认证，但不能表明其可以对数据库数据和数据对象进行某些操作，所以一个登录账户总是与一个或多个数据库用户账户（这些账户必须分别存在相异的数据库中）相对应，这样才可以访问数据库。例如，登录账户 sa 自动与每一个数据库用户 dbo 相关联。

10.3.1 管理登录账户

1. 创建登录账户

与两种验证模式一样，服务器登录也有两种情况：可以使用域账号登录，域账号可以是域或本地用户账号、本地组账户或通用的和全局的域组账户；另外，也可以通过指定唯一的登录 ID 和密码来创建 SQL Server 2008 登录，默认登录包括以下几种：

1）系统管理员组。SQL Server 2008 中管理员组在数据库服务器上属于本地组。这个组的成员通常包括本地管理员用户账户和任何设置为管理员本地系统的其他用户。在 SQL Server 2008 中，此组默认授予 sysadmin 服务器角色。

2）管理员用户账户。管理员在 SQL Server 2008 服务器上的本地用户账户。该账户提供对本地系统的管理权限，主要在安装系统时使用它。如果计算机是 Windows 域的一部分，管理员账户通常也有域范围的权限。在 SQL Server 2008 中，这个账户默认授予 sysadmin 服务器角色。

3）sa 登录。sa 是 SQL Server 系统管理员的账户，而在 SQL Server 2008 中采用了新的集成和扩展的安全模式，sa 不再是必需的，提供此登录账户主要是为了针对以前 SQL Server 版本的向后兼容性。与其他管理员登录一样，sa 默认授予 sysadmin 服务器角色。在默认安装 SQL Server 2008 的时候，sa 账户没有被指派密码。

4）Network Service 和 SYSTEM 登录。它是 SQL Server 2008 服务器上内置的本地账户，而是否创建这些账户的服务器登录，依赖于服务器的配置。例如，如果已经将服务器配置为报表服务器，此时将有一个 Network Service 的登录账户，这个登录将是 mester、msdb、ReportServer 和 ReportServerTempDB 数据库的特殊角色 RSExceRole 的成员。

在服务器实例设置期间，Network Service 和 SYSTEM 账户可以是为 SQL Server、SQL Server 代理、分析服务和报表服务器所选择的服务账户。在这种情况下，SYSTEM 账户通常具有 sysadmin 服务器和角色，允许其完全访问以管理服务器实例。

只有获得 Windows 账户的客户才能建立与 SQL Server 2008 的信任连接（即 SQL Server 2008 委托 Windows 验证用户的密码）。如果正在为其创建登录的用户无法建立信任连接，则必须为他们创建 SQL Server 账户登录，具体操作步骤如下：

1）打开 Microsoft SQL Server Management Studio 界面，展开"服务器"项，然后展开"安全性"项。

2）右击"登录名"项，在弹出的快捷菜单中选择"新建登录名"命令，将打开"登录名-新建"窗口。在"登录名"文本框中输入相应的登录名，然后选择"SQL Server 身份验证"单选按钮并设置密码，如图 10-6 所示。

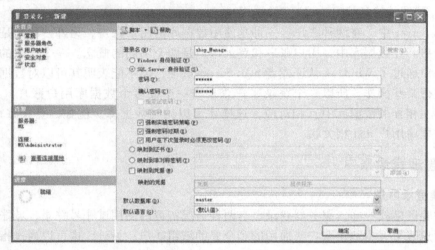

图 10-6　创建 SQL Server 登录账户

3）单击"确定"按钮，完成 SQL Server 登录账户的创建。

为了测试创建的登录名是否成功，下面用刚刚新建的登录名来进行测试，具体步骤如下：

1）在 SQL Server Management Studio 界面中，选择"连接"→"数据库引擎"命令，将打开"连接到服务器"窗口。

2）从"身份验证"下拉列表中选择"SQL Server 身份验证"项，在"登录名"文本框中输入刚才新建的用户名，在"密码"文本框输入相应的密码，如图 10-7 所示。

图 10-7　连接服务器

3）单击"连接"按钮，登录服务器，如图10-8所示。由于默认的数据库是master数据库，所有其他的数据库没有权限访问。这里访问的数据库，就会提示错误信息，如图10-9所示。

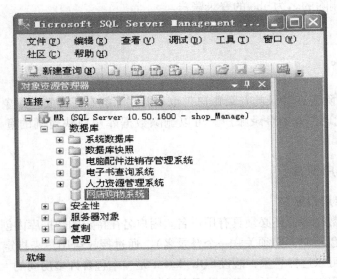

图10-8　使用shop_Manage登录成功

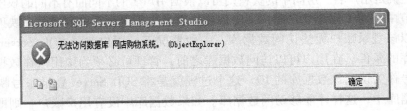

图10-9　无法访问数据库

2. 删除登录账户

从数据库安全性角度考虑，数据库管理员应及时删除已经停用的登录账户。在SQL Server 2008中，可以使用两种方式删除登录账户：使用图形化界面删除登录账户和通过T-SQL命令删除登录账户。

（1）使用图形化界面删除登录账户　在对象资源管理器中，数据库管理员可以查看当前服务器上所有登录账户，对于那些已经没有使用价值的登录账户，就可以在对象资源管理器中进行删除。具体步骤如下：

1）打开SQL Server Management Studio界面，展开"服务器"→"安全性"→"登录名"项。

2）右键单击想删除的登录账户名，在弹出的快捷菜单中选择"删除"命令，打开"删除对象"对话框，单击"确定"按钮。

3）此时会弹出消息提示框，提示"删除服务器登录名并不会删除与该登录名关联的数据库用户"，单击"确定"按钮，完成对登录账户的删除操作。

（2）通过T-SQL命令删除登录账户　可以使用DROP LOGIN语句来删除当点服务器

存在的登录账户，具体的语法格式如下：

DROP LOGIN login_name

其中，参数 login_name 指定要删除的登录账户。

【例 10-1】 删除的名为 abc 的登录账户。

USE master

GO

DROP LOGIN abc

GO

注意：不能删除正在登录的登录账户，也不能删除拥有任何安全对象、服务器级别对象或者 SQL Server 代理作业的登录账户。可以删除数据库用户映射到的登录账户，但是这会产生孤立用户。

10.3.2 管理用户账户

1. 创建数据库用户账户

要访问特定的数据库，还必须具有用户名。用户名在特定的数据库内创建，并关联一个登录名（当一个用户创建时，必须关联一个登录名），通过授权给用户来指定用户可以访问的数据库对象的权限。可以这样想象，假设 SQL Server 是一个包含许多房间的大楼，每一个房间代表一个数据库，房间里的资料可以表示数据库对象，则登录名就相当于进入大楼的钥匙，而每个房间的钥匙就是用户名。房间中的资料则可以根据用户名的不同而有不同的权限。

在上一节中介绍了创建登录账户，而创建的登录账户将不为该登录账户映射相应的数据库用户，所以该登录账户无法访问数据库。一般情况下，用户登录 SQL Server 后，还不具备访问数据库的条件。在用户可以访问数据库之前，管理员必须为该用户在数据库中建立一个数据库账号作为访问该数据库的 ID。这个过程就是将 SQL Server 登录账号映射到需要访问的每个数据库中，这样才能够访问数据库。如果数据库中没有用户账户，则即使用户能够连接到 SQL Server 实例也无法访问到该数据库。

下面通过两种方法演示如何创建数据库用户账户，一种是通过使用 SQL Server Management Studio 管理工具来创建，另一种则是通过 T-SQL 命令来实现。

（1）使用 SQL Server Management Studio 管理工具创建数据库用户账户 具体步骤如下：

1）打开 SQL Server Management Studio 界面，依次展开"服务器"→"数据库"→"网店购物系统"→"安全性"项，右击"用户"项，在弹出的快捷菜单中选择"新建用户"命令，打开"数据库用户-新建"窗口。

2）单击"登录名"文本框旁边的"选项"按钮，打开"选择登录名"窗口，然后单击"浏览"按钮，打开"查找对象"窗口，选择刚刚创建的 SQL Server 登录账户，如图 10-10 所示。

3）单击"确定"按钮返回，在"选择登录名"对话框中就可以看到选择的登录名对象，如图 10-11 所示。

4）单击"确定"按钮返回。设置用户名为 WD，选择架构为 dbo，并设置用户的角色为 db_owner，具体设置如图 10-12 所示。

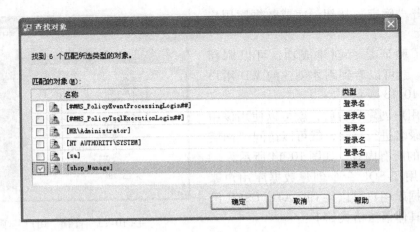

图 10-10　选择登录账户

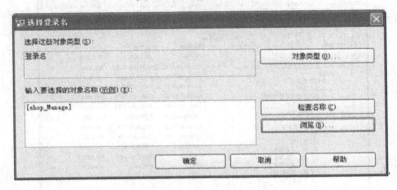

图 10-11　"选择登录名"对话框

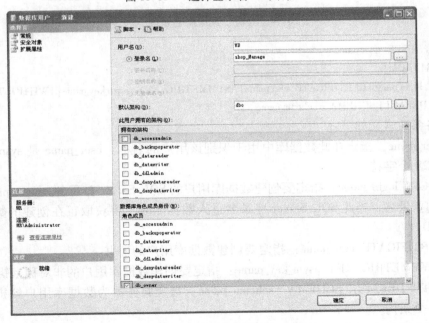

图 10-12　新建数据库用户

5）单击"确定"按钮，完成数据库用户的创建。

6）为了验证是否创建成功，可以刷新"用户"项，就可以看到刚才创建的 WD 用户账户，如图 10-13 所示。

数据库用户创建成功后，就可以使用该用户关联的登录名进行登录，就可以访问"网店购物系统"的所有内容，如图 10-14 所示。

（2）使用 T-SQL 命令创建数据库用户账户 添加数据库用户可以用 CREATE USER 语句来实现，具体语法格式如下：

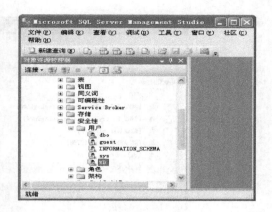

图 10-13　查看"用户"项

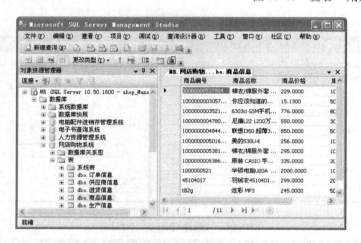

图 10-14　查看"网店购物系统"内容

```
CREATE USER user_name
[{{FOR|FROM}
{LOGIN login_name|CERTIFICATE cert_name|ASYMMETRIC KEY asym_key_name}|WITHOUT LOGIN]
[WITH DEFAULT_SCHEMA = schema_name]
```

其中各参数含义如下：

1）user_name：指定在此数据库中用于识别该用户的名称。user_name 是 sysname，其长度最多是 128 个字符。

2）LOGIN login_name：指定要创建数据库用户的 SQL Server 登录名。login_name 是服务器中有效的登录名，当此 SQL Server 登录名进入数据库时，将获取正在创建的数据库用户的名称和 ID。

3）CERTIFICATE cert_name：指定要创建数据库用户的证书。

4）ASYMMETRIC KEY asym_key_name：指定要创建数据库用户的非对称密钥。

5）WITH DEFAULT_SCHEMA = schema_name：指定服务器为数据库用户解析对象名时将搜索第一个架构。

6）WITHOUT LOGIN：指定不应将用户映射到现有登录名。

【**例 10-2**】　建立了一个 SQL Server 登录账户，然后将该账户添加为"网店购物系统"数据库的用户。

```
USE  master
GO
CREATE  LOGIN  admin
WITH  PASSWORD = 'admini_strator';
USE 网店购物系统
CREATE  USER  admin  FOR  LOGIN  admin;
GO
```

执行上述语句，就为"网店购物系统"数据库创建了一个名字为 admin 的用户，如图 10-15 所示。

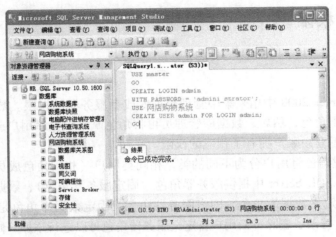

图 10-15　查看数据库用户

注意：使用系统存储过程创建 SQL Server 用户账户的时候，密码要符合 SQL Server 2008 的密码策略，如果密码过于简单，将无法创建账户。

2. 删除数据库用户账户

同样，从数据库安全性角度考虑，数据库管理员必须及时删除那些已经停用的数据库用户账户。在 SQL Server 2008 中，可以使用以下两种方式删除数据库用户账户。

（1）使用图形化界面删除数据库用户账户　在对象资源管理器中，数据库管理员可以查看当前服务器上所有数据库用户账户，对于那些已经没有使用价值的账户，就可以在对象资源管理器中进行删除。具体步骤如下：

1）打开 SQL Server Management Studio 界面，依次展开"数据库"→希望删除的用户所在的数据库→"安全性"→"用户"项。

2）在"用户"项中右键单击想删除的数据库用户名，在弹出的快捷菜单中选择"删除"命令，打开"删除对象"对话框。

3）单击"确定"按钮，完成对数据库用户账户的删除操作。

（2）通过 T- SQL 命令删除数据库用户账户　可以使用 DROP USER 语句来删除数据库用户，更确切地说，是断开 SQL Server 的登录账户与数据库用户之间的对应关系，具体的语法格式如下：

```
DROP USER user_name
```

其中，参数 user_name 指定在此数据库中用于识别该用户的名称。

注意： 删除数据库用户首先需要当前服务器登录账户对数据库具有 ALTER ANY USER 权限。

【例 10-3】 删除名为 shop 的数据库中的数据库用户账户 abc。

```
USE shop
GO
DROP USER abc
GO
```

10.4 角色与权限

10.4.1 角色

角色是 SQL Server 2008 中用来集中管理数据库或者服务器的权限。数据库管理员将操作数据库的权限赋予角色，然后，数据库管理员再将角色赋给数据库用户或者登录账户，从而使数据库用户或者登录账户拥有了相应的权限。

SQL Server 通过角色将用户分为不同的类，相同类用户（相同角色成员）统一管理，赋予相同的操作权限。SQL Server 中提供服务器角色（固定服务器角色）、数据库角色（固定数据库角色）、用户自定义数据库角色。固定服务器角色、固定数据库角色是 SQL Server 内置的，不能进行添加、修改、删除，而用户自定义服务器角色可以进行添加、修改、删除。

另外，值得注意的是，服务器角色独立于各个数据库，在 SQL Server 中创建一个登录账号后，要赋予该登录者具有管理服务器的权限，可设置该登录账号为服务器角色的成员。而且，只能将用户添加为某个固定服务器角色成员，不能自定义服务器成员；而数据库角色则定义在数据库级别上，有权进行特定数据库的管理及操作。

1. 固定服务器角色

为便于管理服务器上的权限，SQL Server 提供了若干"角色"，这些角色是用于分组其他主体的安全主体。"角色"类似于 Microsoft Windows 操作系统中的"组"。

服务器级角色也称为"固定服务器角色"，因为不能创建新的服务器级角色。服务器级角色的权限作用域为服务器范围。可以向服务器级角色中添加 SQL Server 登录名、Windows 账户和 Windows 组。固定服务器角色的每个成员都可以向其所属角色添加其他登录名。

用户可以指派以下 8 个服务器角色之中的任意一个角色：

1）sysadmin。这个服务器角色的成员有权在 SQL Server 2008 中执行任何任务。不熟悉 SQL Server 2008 的用户可能会意外地造成严重问题，所以给这个角色批派用户时应该特别小心。通常情况下，这个角色仅适合数据库管理员（DBA）。

2）securityadmin。这个服务器角色的成员将管理登录名及其属性，可以 GRANT、DENY 和 REVOKE 服务器级权限，也可以 GRANT、DENY 和 REVOKE 数据库级权限。另外，可以重置 SQL Server 2008 登录名的密码。

3）serveradmin。这个服务器角色的成员可以更改服务器范围的配置选项和关闭服务器，比如 SQL Server 2008 可以使用多大内存或者关闭服务器，这个角色可以减轻管理员的一些管理负担。

4）setupadmin。这个服务器角色的成员可以添加和删除链接服务器，并且也可以执行某些系统存储过程。

5）processadmin。SQL Server 2008 能够多任务化，也就是说，可以通过执行多个进程做多件事件。例如，SQL Server 2008 可以生成一个进程用于向高速缓存写数据，同时生成另一个进程用于从高速缓存中读取数据。这个角色的成员可以结束（在 SQL Server 2008 中称为删除）进程。

6）diskadmin。此服务器角色用于管理磁盘文件，为镜像数据库和添加备份设备，适合于助理 DBA。

7）dbcreator。这个服务器角色的成员可以创建、更改、删除和还原任何数据库，这不仅是适合助理 DBA 的角色，也可能是个适合开发人员的角色。

8）bulkadmin。这个服务器角色的成员可以运行 BULK INSERT 语句，这条语句允许他们从文本文件中将数据导入到 SQL Server 2008 数据库中。

在 SQL Server 2008 中可以使用系统存储过程对固定服务器角色进行相应的操作，表 10-1列出了可以对服务器角色进行操作的各个存储过程。

表 10-1　使用服务器角色的操作

功　能	类型	说　　明
sp_helpsrvrole	元数据	返回服务器级角色的列表
sp_helpsrvrolemember	元数据	返回有关服务器级角色成员的信息
sp_srvrolepermission	元数据	显示服务器级角色的权限
IS_SRVROLEMEMBER	元数据	指示 SQL Server 登录名是否为指定服务器级角色的成员
sys. server_role_members	元数据	为每个服务器级角色的每个成员返回一行
sp_addsrvrolemember	命令	将登录名添加为某个服务器级角色的成员
sp_dropsrvrolemember	命令	从服务器级角色中删除 SQL Server 登录名或者 Windows 用户或者组

例如，想要查看所有的固定服务器角色，就可以使用系统存储过程 sp_helpsrvrole，具体的执行过程及结果如图 10-16 所示。

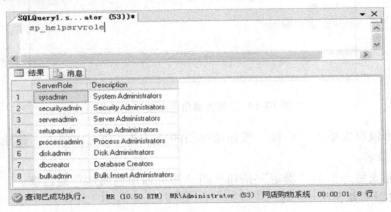

图 10-16　查看固定服务器角色

下面将运用上面介绍的知识，将一些用户指派给固定服务器角色，进而分配给他们相应的管理权限。具体步骤如下：

1）打开 SQL Server Management Studio，在"对象资源管理器"窗口中依次展开"安全性"→"服务器角色"项。

2）双击"sysadmin"项，打开"服务器角色属性"项，然后单击"添加"按钮，打开"选择登录名"对话框。

3）单击"浏览"按钮，打开"查找对象"对话框，勾选所希望添加的成员（这里是shop_Manage）选项旁边的复选框，如图 10-17 所示。

4）单击"确定"按钮返回到"选择登录名"对话框，就可以看到刚刚添加的登录名shop_Manage，如图 10-18 所示。

图 10-17　添加登录名

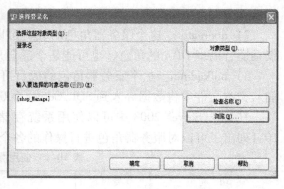

图 10-18　"选择登录名"对话框

5）单击"确定"按钮返回"服务器角色属性"对话框，在角色成员列表中，就可以看到服务器角色 sysadmin 的所有成员，其中包括刚刚添加的 shop_ Manage，如图 10-19 所示。

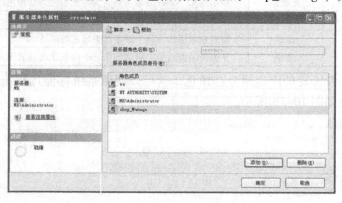

图 10-19　"服务器角色属性"对话框

6）用户可以再次单击"添加"按钮添加新的登录名，也可以单击"删除"按钮删除某些不需要的登录名。

7）添加完成后，单击"确定"按钮关闭"服务器角色属性"对话框。

2. 固定数据库角色

固定数据库角色存在于每个数据库中，在数据库级别提供管理特权分组。管理员可将任何有效的数据库用户添加为固定数据库角色成员。每个成员都获得应用于固定数据库角色的权限。用户不能增加、修改和删除固定数据库角色。

SQL Server 2008 在数据库级设置了固定数据库角色来提供最基本的数据库权限的综合管理。在数据库创建时，系统默认创建了以下 10 个固定数据库角色。

1）db_owner：进行所有数据库角色的活动，以及数据库中的其他维护和配置活动。该角色的权限跨越所有其他的固定数据库角色。

2）db_accessadmin：这些用户有权通过添加或者删除用户来指定谁可以访问数据库。

3）db_securityadmin：该数据库角色的成员可以修改角色成员身份和管理权限。

4）db_ddladmin：该数据库角色的成员可以在数据库中运行任何数据定义语言（DDL）命令。这个角色允许他们创建、修改或者删除数据库对象，而不必浏览里面的数据。

5）db_backupoperator：该数据库角色的成员可以备份该数据库。

6）db_datareader：该数据库角色的成员可以读取所有用户表中的所有数据。

7）db_datawriter：该数据库角色的成员可以在所有用户表中添加、删除或者更改数据。

8）db_denydatareader：该服务器角色的成员不能读取数据库内用户表中的任何数据，但可以执行架构修改（比如在表中添加列）。

9）db_denydatawriter：该服务器角色的成员不能添加、修改或删除数据库内用户表中的任何数据。

10）public：在 SQL Server 2008 中每个数据库用户都属于 public 数据库角色。当尚未对某个用户授予或者拒绝对安全对象的特定权限时，则该用户将继承授予该安全对象的 public 角色的权限。该数据库角色不能补删除。

在 SQL Server 2008 中可以使用 T – SQL 语句对固定数据库角色进行相应的操作，表10-2 列出了可以对服务器角色进行操作的系统存储过程和命令。

表 10-2 数据库角色的操作

功能	类型	说　　明
sp_helpdbfixedrole	元数据	返回固定数据库角色的列表
sp_dbfixedrolepermission	元数据	显示固定数据库角色的权限
sp_helprole	元数据	返回当前数据库中有关角色的信息
sp_helprolemember	元数据	返回有关当前数据库中某个角色的成员的信息
sys. database_role_members	元数据	为每个数据库角色的每个成员返回一行
IS_MEMBER	元数据	指示当前用户是否为指定 Microsoft Windows 组或者 Microsoft SQL Server 数据库角色的成员
CREATE ROLE	命令	在当前数据库中创建新的数据库角色
ALTER ROLE	命令	更改数据库角色的名称
DROP ROLE	命令	从数据库中删除角色
sp_addrole	命令	在当前数据库中创建新的数据库角色
sp_droprole	命令	从当前数据库中删除数据库角色
sp_addrolemember	命令	为当前数据库中的数据库角色添加数据库用户、数据库角色、Windows 登录名或者 Windows 组
sp_droprolemember	命令	从当前数据库的 SQL Server 角色中删除安全账户

例如，使用系统存储过程 sp_helpdbfixedrole 就可以返回固定数据库角色的列表，如图 10-20 所示。

注意： 由于所有数据库用户都自动成为 public 数据库角色成员，因此给这个数据库角色指派权限时需要谨慎。

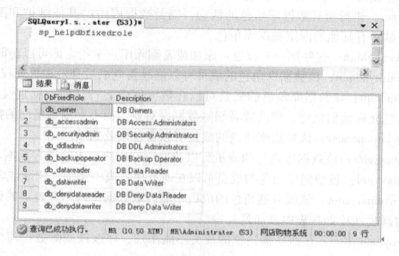

图 10-20　查看固定数据库角色

下面通过将用户添加到固定数据库角色中来配置他们对数据库拥有的权限，具体步骤如下：

1）打开 SQL Server Management Studio，在"对象资源管理器"窗口中依次展开"数据库"→"网店购物系统"→"安全性"→"角色"→"数据库角色"项。

2）双击"db_owner"项，打开"数据库角色属性"对话框。

3）单击"添加"按钮，打开"选择数据库用户或角色"对话框，再单击"浏览"按钮，打开"查找对象"对话框，选择数据库用户 admin，如图 10-21 所示。

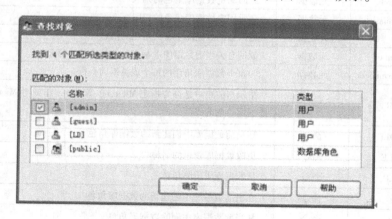

图 10-21　添加数据库用户

4）单击"确定"按钮返回"选择数据库用户或角色"对话框。如图 10-22 所示。

5）单击"确定"按钮，返回"数据库角色属性"窗口，在这里可以看到当前角色拥有

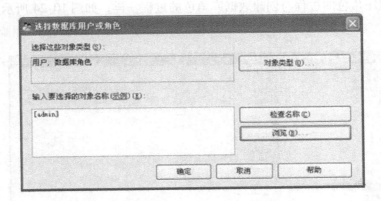

图 10-22 "选择数据库用户或角色"对话框

的架构以及该角色所有的成员，其中包括刚添加的数据库用户 admin，如图 10-23 所示。

图 10-23 "数据库角色属性"对话框

6）添加完成后，单击"确定"按钮关闭"数据库角色属性"窗口。

3. 应用程序角色

应用程序角色是一个数据库主体，使应用程序能够用其自身的、类似用户的特权来运行。使用应用程序角色，可以只允许通过特定应用程序连接的用户访问特定数据。与数据库角色不同的是，应用程序角色默认情况下不包含任何成员，而且不活动。应用程序角色使用两种身份验证模式，可以使用系统存储过程 sp_setapprole 来激活，并且需要密码。因为应用程序角色是数据库级别的主体，所以只能通过其他数据库中授予 guest 用户账户的权限来访问这些数据库。因此，任何已禁用 guest 用户账户的数据库对其他数据库中的应用程序角色都不可访问。

创建应用程序角色的过程与创建数据库角色的过程一样，如图 10-24 所示为应用程序角色的创建窗口。

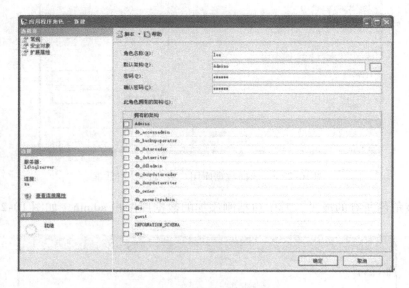

图 10-24　创建应用程序角色

应用程序角色和固定数据库角色的区别有如下 4 点：

1）应用程序角色不包含任何成员，不能将 Windows 组、用户和角色添加到应用程序角色。

2）当应用程序角色被激活以后，这次服务器连接将暂时失去所有应用于登录账户、数据库用户等的权限，而只拥有与应用程序相关的权限。在断开本次连接以后，应用程序失去作用。

3）默认情况下，应用程序角色非活动，需要密码激活。

4）应用程序角色不使用标准权限。

4. 用户自定义角色

有时，固定数据库角色可能不满足需要。例如，有些用户可能只需数据库的选择、修改和执行权限。由于固定数据库角色之中没有一个角色能提供这组权限，所以需要创建一个自定义的数据库角色。

在创建数据库角色时，先给该角色指派权限，然后将用户指派给该角色；这样，用户将继承给这个角色指派的任何权限。这不同于固定数据库角色，因为在固定角色中不需要指派权限，只需要添加用户。创建自定义数据库角色的步骤如下：

1）打开 SQL Server Management Studio，在"对象资源管理器"窗口中依次展开"数据库"→"网店购物系统"→"安全性"→"角色"项，右击"数据库角色"项，从弹出的快捷菜单中选择"新建数据库角色"命令，打开"数据库角色－新建"对话框。

2）设置角色名称为 TestRole，所有者选择 dbo，单击"添加"按钮，选择数据库用户 admin，如图 10-25 所示。

3）选择"安全对象"选项卡，通过单击"搜索"按钮，添加"商品信息"表为"安

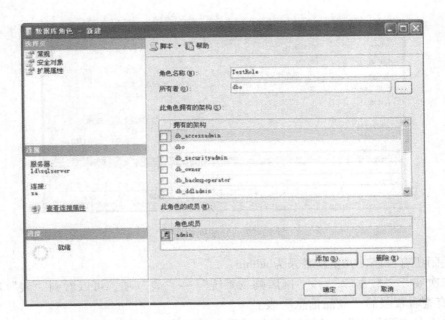

图 10-25 "数据库角色 – 新建"对话框

全对象",勾选"选择"项后面"授予"列的复选框,如图 10-26 所示。

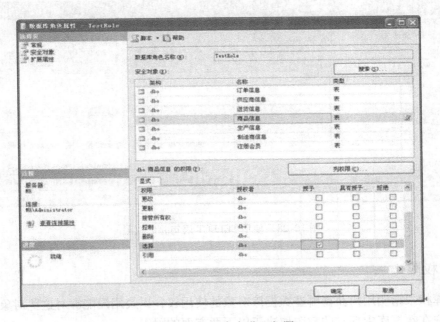

图 10-26 为角色分配权限

4)单击"列权限"按钮,还可以为该数据角色配置表中每一列的具体权限,如图 10-27 所示。

5)具体的权限分配完成后,单击"确定"按钮创建这个角色,并返回到 SQL Server Management Studio。

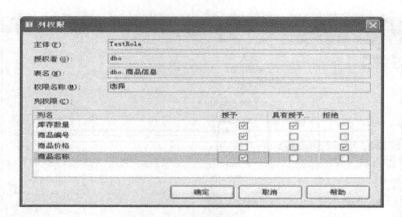

图 10-27　分配列权限图

6）关闭所有程序，并重新登录为 admin。

7）依次展开"数据库"→"网店购物系统"→"表"项，可以看到"表"项下面只显示了拥有查看权限的"商品信息"表。

8）由于在"列权限"对话框中设置该角色的权限为不允许查看"商品信息"表中的"商品价格"列，那么在查询视图中输入下列语句将出现错误，如图 10-28 所示。

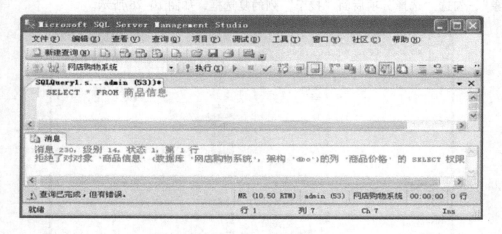

图 10-28　使用 SELECT 语句验证权限

10.4.2　权限

数据库权限指明用户获得哪些数据库对象的使用权，以及用户能够对这些对象执行何种操作。用户在数据库中拥有的权限取决于以下两方面的因素：

1）用户账户的数据库权限。

2）用户所在角色的类型。

权限提供了一种方法来对特权进行分组，并控制实例、数据库和数据库对象的维护和实用程序的操作。用户可以具有授予一组数据库对象的全部特权的管理权限，也可以具有授予管理系统的全部特权但不允许存取数据的系统权限。

1. 对象权限

在 SQL Server 2008 中，所有对象权限都可以授予。可以为特定的对象、特定类型的所有对象和所有属于特定架构的对象管理器。

在服务器级别，可以为服务器、端点、登录和服务器角色授予对象权限，也可以为当前的服务器实例管理权限；在数据库级别，可以为应用程序角色、程序集、非对称密钥、凭据、数据库角色、数据库、全文目录、函数、架构等管理权限。

一旦有了保存数据的结构，就需要给用户授予开始使用数据库中数据的权限，可以通过给用户授予对象权限来实现。利用对象权限，可以控制谁能够读取、写入或者以其他方式操作数据。下面简要介绍 12 个对象权限。

1）control：该权限提供对象及其下层所有对象上的类似于主所有权的能力。例如，如果给用户授予了数据库上的"控制"权限，那么他们在该数据库内的所有对象（如表和视图）上都拥有"控制"权限。

2）alter：该权限允许用户创建（CREATE）、修改（ALTER）或者删除（DROP）受保护对象及其下层所有对象，它能够修改的唯一属性是所有权。

3）take ownership：该权限允许用户取得对象的所有权。

4）impersonate：该权限允许一个用户或者登录模仿另一个用户或者登录。

5）create：该权限允许用户创建对象。

6）view definition：该权限允许用户查看用来创建受保护对象的 T–SQL 语法。

7）select：当用户获得了选择权限时，该权限允许用户从表或者视图中读取数据。当用户在列级上获得了选择权时，该权限允许用户从列中读取数据。

8）insert：该权限允许用户在表中插入新的行。

9）update：该权限允许用户修改表中的现有数据，但不允许添加或者删除表中的行。当用户在某一列上获得了这个权限时，用户只能修改该列中的数据。

10）delete：该权限允许用户从表中删除行。

11）references：表可以借助于外部关键字关系在一个共有列上相互链接起来；外部关键字关系设计用来保护表间的数据。当两个表借助于外部关键字链接起来时，该权限允许用户从主表中选择数据，即使他们在外部表上没有"选择"权限。

12）execute：该权限允许用户执行被应用了该权限的存储过程。

2. 语句权限

语句权限是用于控制创建数据库或者数据库中的对象所涉及的权限。例如，如果用户需要在数据库中创建表，则应该向该用户授予 CREATE TABLE 语句权限。某些语句权限（如 CREATE DATABASE）适用于语句自身，而适用于数据库中定义的特定对象。只有 sysadmin、db_owner 和 db_securityadmin 角色的成员才能够授予用户语句权限。在 SQL Server 2008 中的语句权限主要以下几种。

1）CREATE DATABASE：创建数据库

2）CREATE TABLE：创建表。

3）CREATE VIEW：创建视图。

4）CREATE PROCEDURE：创建过程。

5）CREATE INDEX：创建索引。

6）CREATE ROLE：创建规则。

7）CREATE DEFAULT：创建默认值。

可以使用 SQL Server Management Studio 授予语句权限，例如为角色 TestRole 授予 CRE-ATE TABLE 权限，而不授予 SELECT 权限，然后执行相应的语句，查看执行结果，从而理解语句权限的设置。具体步骤如下：

1）打开 SQL Server Management Studio，在"对象资源管理器"中依次展开"服务器"→"数据库"项。

2）右击"体育场管理系统"数据库，从弹出的快捷菜单中选择"属性"命令，打开"数据库属性"对话框。

3）选择"权限"选项卡，在"用户或角色"列表中选择"TestRole"项。

4）在"TestRole 的显示权限"列表中，勾选 CREATE TABLE 后面"授予"列的复选框，而 SELECT 后面的"授予"列的复选框一定不能启用，如图 10-29 所示。

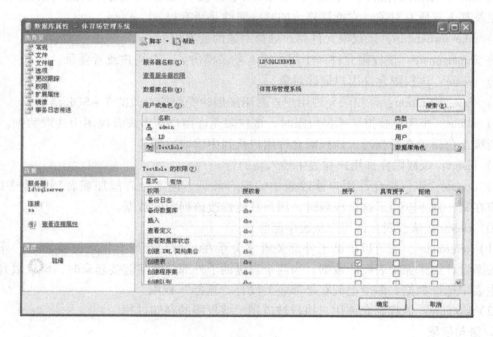

图 10-29　配置权限

5）设置完成后，单击"确定"按钮返回 SQL Sever Management Studio。

6）断开当前 SQL Server 服务器的连接，重新打开 SQL Sever Management Studio，设置验证模式为 SQL Server 身份验证模式，使用 admin 登录。由于该登录账户于数据库用户 admin 相关联，而数据库用户 admin 是 TestRole 的成员，所以该登录账户拥有该角色的所有权限。

7）选择"新建查询"命令，打开查询视图。查看"体育场管理系统"数据库中的客户信息，结果将会失败，如图 10-30 所示。

8）消除当前查询窗口的语句，并输入 REATE TABLE 语句创建表，具体代码如下：

图 10-30   SELECT 语句执行结果

USE 体育场管理系统

GO

CREATE TABLE 赛事安排

（比赛编号 int NOT NULL,

赛事名称 nvarchar（50） NOT NULL,

比赛时间 datetime NOT NULL,

场馆编号 int NOT NULL)

9）执行语句，显示成功。因为用户 admin 拥有创建表的权限，所以登录名 admin 继承了该权限。其实上面的授予语句权限工作完全可以用 GRANT 语句来完成，具体语句如下：

GRANT｛ALL｜statement［,…n］｝ TO security_account［,…n］

其中各参数含义如下：

1）ALL：该参数表示授予所有可以应用的权限。在授予语句权限时，只有固定服务器角色 sysadmin 成员可以使用 ALL 参数。

2）statement：表示可以授予权限的命令，如 CREATE TABLE 等。

3）security_account：定义被授予权限的用户单位。security_account 可以是 SQL Server 2008 的数据库用户或者角色，也可以是 Windows 用户或者用户组。

【例 10-4】   使用 GRANT 语句完成前面使用 SQL Server Management Studio 完成的为角色 TestRole 授予 CREATE TABLE 权限。

USE 体育场管理系统

GO

GRANT CREATE TABLE

TO TestRole

3. 删除权限

通过删除某种权限可以停止以前授予或者拒绝的权限。可以使用 REVOKE 语句删除以前的授予或者拒绝的权限。删除权限是删除已授予的权限，并不是妨碍用户、组或者角色从更高级别集成已授予的权限。

删除对象权限的基本语法如下：

REVOKE［GRANT OPTION FOR］

｛ALL［PRIVILEGES］｜permission［,…n］｝

```
{[(column[,...n])] ON{table|view} |ON{table|view}
[(column[,...n])] | {stored_procedure}
}
{TO|FROM}
security_account[,...n]
[CASCADE]
```

撤销语句权限的语法如下:

```
REVOKE{ALL|statement[,...n]}
FROM security_account[,...n]
```

其中各参数含义如下:

1) ALL: 表示授予所有可以应用的权限。其中在授予命令权限时,只有固定的服务器角色 sysadmin 成员可以使用 ALL 关键字;而在授予对象权限时,固定服务器角色成员 sysadmin、固定数据库角色 db_owner 成员和数据库对象拥有者都可以使用关键字 ALL。

2) statement: 表示可以授予权限的命令,如 CREATE DATABASE。

3) permission: 表示在对象上执行某些操作的权限。

4) column: 在表或者视图上允许用户将权限局限到某些列上,column 表示列的名字。

5) WITH GRANT OPTION: 指示被授权者在获得指定权限的同时还可以将指定权限授予其他主体。

6) security_account: 定义被授予权限的用户单位。security_account 可以是 SQL Server 的数据库用户、SQL Server 的角色、Windows 的用户或者工作组。

7) CASCADE: 指示要撤销的权限也会从此主体授予或者拒绝该权限的其他主体中撤销。

注意: 如果对授予了 WITH GRANT OPTION 权限的权限执行级联撤销,将同时撤销该权限的 GRANT 和 DENY 权限。

【例 10-5】 删除角色 TestRole 对客户信息表的 SELECT 权限。

```
USE 体育场管理系统
GO
REVOKE SELECT ON 客户信息
FROM TestRole
GO
```

本 章 小 结

本章首先介绍了 SQL Server 2008 数据库的安全性。之后,介绍了两种身份验证模式(Windows 身份验证和混合验证模式)的概念和区别,这些内容有助于做好安全性配置的准备工作。最后,介绍了服务器登录账号的创建和管理方法,以及管理角色及权限的方法。

实 训 任 务

实训 1: 更改 SQL Server 端口号。

在数据库安全管理中,可以通过添加证书,然后再对数据库进行加密,以确保数据库的安全性。证书是一个数字签名的安全对象，其中包含 SQL Server 的公钥（还可以选择包含私钥）。用户可以使用外部生成的证书，也可以由 SQL Server 生成证书。

例如，在编辑器中输入添加证书代码，并生成 Shipping04 证书，如图 10-31 所示。

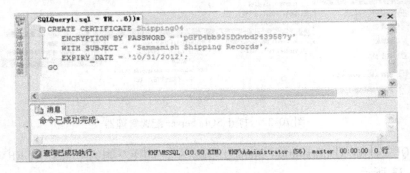

图 10-31　创建证书

在编辑器中输入如下代码：

```
CREATE CERTIFICATE Shipping04
ENCRYPTION BY PASSWORD = 'pGFD4bb925DGvbd2439587y'
WITH SUBJECT = 'Sammamish Shipping Records',
EXPIRY_DATE = '10/31/2012';
GO
```

其中各语句含意如下：

1）CREATE CERTIFICATE：创建证书。

2）ENCRYPTION BY PASSWORD：指定对从文件中检索的私钥进行解密所需的密码。

3）SUBJECT：根据 X. 509 标准中的定义，术语"主题"是指证书的元数据中的字段。主题的长度最多是 128 个字符。

4）EXPIRY_DATE：证书过期的日期。如果未指定，则将 EXPIRY_DATE 设置为 START_DATE 一年之后的日期。

实训 2：更改 SQL Server 端口号。

SQL Server 的默认实例在 TCP 端口 1433 上侦听客户端请求，而 SQL Server 的命名实例在随机分配的端口号上进行侦听。

SQL Server 的默认端口通信行为会引起以下两点安全问题：

1）SQL Server 的端口是众所周知的，而且 SQL Server 解析服务已成为缓冲区溢出攻击和拒绝服务攻击（包括"Slammer"蠕虫病毒）的目标。

2）如果数据库安装在 SQL Server 的命名实例上，则会随机分配相应的通信端口，而且此端口可能会改变。

因此，在强化的环境中，此行为可能会阻止服务器之间的通信。为保护服务器的环境，对开放、阻止、修改 TCP 端口是必不可少的。

实训操作步骤如下：

1）选择"开始"→"程序"→"Microsoft SQL Server 2008"→"配置工具"→"SQL Server 配置管理器"命令，如图 10-32 所示。

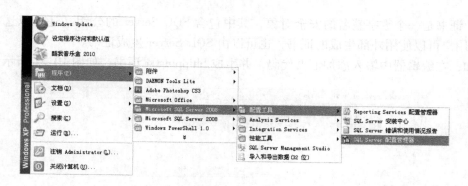

图 10-32　打开 SQL Server 配置管理器

2）在 SQL Server Configuration Manager 窗口中，选择左侧的 "MSSQLSERVER 的协议"项，如图 10-33 所示。

3）右击右侧的 "TCP/IP" 项，从弹出的快捷菜单中选择 "属性" 命令，如图 10-34 所示。

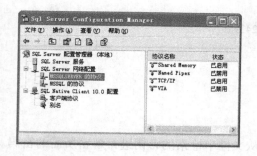

图 10-33　选择 "MSSQLSERVER 的协议" 项

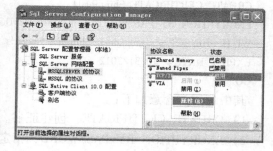

图 10-34　选择 "属性" 命令

4）在弹出的 "TCP/IP 属性" 对话框中，选择 "IP 地址" 选项卡。在 "TCP 端口" 项中，将后面 1433 修改为 1043，并单击 "应用" 按钮，如图 10-35 所示。

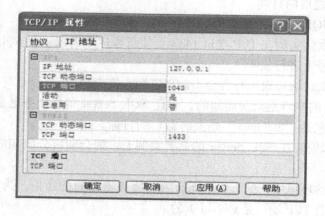

图 10-35　修改端口号

5）在窗口的左侧，展开 "SQL Native Client 10.0 配置" 项，选择 "客户端协议" 项，如图 10-36 所示。

6）右击右侧的"TCP/IP"项，并选择"属性"命令。在弹出的"TCP/IP 属性"对话框中，修改"默认端口"为 1043 并单击"确定"按钮，如图 10-37 所示。

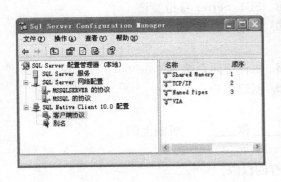

图 10-36　选择"客户端协议"项

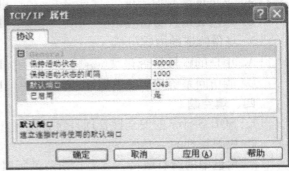

图 10-37　修改端口号

练　习　题

一、判断题

1. 数据库的安全性（Security）是指保护数据库避免不合法的使用，以免数据的泄漏、更改或破坏。　　　　　　　　　　　　　　　　　　　　　　　　（　　）

2. 在 Windows 身份验证模式下，SQL Server 依靠 Windows 身份验证来验证用户的身份。这种模式下用户可以指定 SQL Server 2008 登录用户名。　　　　　　　（　　）

3. 混合模式下，用户既可以使用 Windows 身份验证，也可以使用 SQL Server 身份验证。　　　　　　　　　　　　　　　　　　　　　　　　　　　（　　）

4. SQL Server 中有两种角色类型：固定角色和用户定义数据库角色。　（　　）

5. SQL Server 中的权限包括 3 种类型：对象权限、语句权限和删除权限。（　　）

二、单选题

1. 当采用 Windows 验证方式登录时，只要用户通过 Windows 用户账户验证，就可（　　）到 SQL Server 数据库服务器。

A. 连接　　　　　　B. 集成　　　　　　C. 控制　　　　　　D. 转换

2. SQL Server 中的视图提高了数据库系统的（　　）。

A. 完整性　　　　　B. 并发控制　　　　C. 隔离性　　　　　D. 安全性

3. 在数据库的安全性控制中，授权的数据对象的（　　），授权子系统就越灵活。

A. 范围越小　　　　B. 约束越细致　　　C. 范围越大　　　　D. 约束范围大

三、多选题

1. 使用系统管理员登录账户 sa 时，以下操作正确的是（　　）。

A. 虽然 sa 是内置的系统管理员登录账户，但在日常管理中最好不要使用 sa 进行登录

B. 当其他系统管理员不可用或忘记了密码，无法登录到 SQL Server 时，可使用 sa 这个特殊的登录账户

C. 最好总是使用 sa 账户登录

D. 使系统管理员成为 sysadmin 固定服务器角色的成员，并使用各自的登录账户来登录

2. 在"连接"组中有两种连接认证方式，其中在（　　）方式下，不需要客户端应用程序连接时提供登录时需要的用户标识和密码。

A. Windows 身份验证   B. SQL Server 身份验证

C. 以超级用户身份登录时   D. 其他方式登录时

3. 身份验证的内容包括（　　）。

A. 用户的账号是否有效   B. 能否访问系统

C. 能访问系统的哪些数据库   D. 创建用户

四、填空题

1. SQL Server 的安全性管理是建立在_____和_____机制上的。

2. 权限管理的主要任务是_____。

3. 角色中的所有成员_____该角色所拥有的权限。

第11章　SQL Server 2008 服务

☞ 学习目标：

1）熟练使用集成服务。

2）熟练使用报表服务。

3）熟练使用分析服务。

11.1　集成服务

11.1.1　集成服务概述

SQL Server 集成服务（SQL Server Integration Services，SSIS）用于生成企业级数据集成和数据转换解决方案的平台，可以生成高性能数据集成解决方案（包括为数据仓库提取、转换和加载（ETL）包）。Integration Services 包括用于生成和调试包的图形工具和向导；用于执行工作流函数（如 FTP 操作）、执行 SQL 语句以及发送电子邮件的任务；用于提取和加载数据的数据源和目标；用于清除、聚合、合并和复制数据的转换；用于管理包执行和存储的管理服务，即 Integration Services；用于 Integration Services 对象模型编程的应用程序编程接口（API）。

新版本中引入了安装、组件、数据管理以及性能和故障排除等增强功能。这些新增功能能够提高开发人员、管理人员和数据转换人员的工作效率。

（1）安装功能

1）新示例位置：联机丛书不再包括 SQL Server 示例数据库和示例应用程序。示例数据库和示例应用程序现在位于 SQL Server Samples（SQL Server 示例）网站上。可以通过网站查找这些示例，还可以查找与 Microsoft SQL Server 和商业智能相关的其他示例。示例数据库的安装见第 4 章。

2）支持 SQL Server 2008 Data Transformation Services（DTS，数据转换服务）。

（2）组件增强功能

1）查找转换和缓存的性能增强。

2）新增 ADO. NET 组件，包括 ADO. NET 源组件和目标组件。

3）新增数据事件探查任务和数据配置文件查看器，有助于识别各个列内数据质量问题和列关系问题。

4）新增 Integration Services 连接项目向导，可指导完成选择数据访问接口、配置连接管理器以及向源和目标分配连接管理器的步骤。

5）新的脚本环境。

6）包升级和包配置功能。

（3）数据管理增强功能

1）SQL Server 导入和导出向导中的增强数据类型处理。

2）新的日期和时间数据类型，如 DT_DBTIME2、DT_DBTIMESTAMP2、DT_DBTIMES-TAMPOFFSET。

3）增强的 SQL 语句，如执行多数据操作语言（DML）操作、检索数据源更改的相关数据、提高聚集索引对数据进行排序时的加载操作性能。

（4）性能和故障排除增强功能

1）变更数据捕获，可捕获应用于 SQL Server 表的插入、更新和删除活动。

2）新调试转储文件，可创建调试转储文件（.mdmp 和 .tmp），有助于解决运行包时所发生的问题。

11.1.2　使用集成服务

1. 集成服务包的概念

包是一个有组织的集合，其中可包括连接、控制流元素、数据流元素、事件处理程序、变量和配置，使用 SSIS 提供的图形设计工具或以编程生成方式将这些对象组合到包中，然后保存到 SSIS 包存储区或文件系统中。包是可被检索、执行和保存的工作单元。

首次创建包后，包是一个空对象，不能实现任何功能。若要向包添加功能，可向包添加一个控制流，还可选择添加一个或多个数据流。

一个简单包包含一个带有数据流任务的控制流，而数据流任务中又包含数据流，如图 11-1 所示。

2. 创建基本包的方法

SQL Server 为 Integration Services 包的开发提供了 Business Intelligence Development Studio 环境。

（1）使用 DTS（数据导入和导出服务）生成包　如果在 SQL Server Management Studio 中启动 SQL Server 导入和导出向导，则可以通过勾选"立即执行"复选框来立即运行该包。默认情况下，此复选框处于选中状态，包会立即运行。

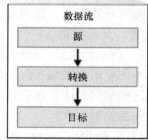

图 11-1　简单包示意图

SQL Server 导入和导出向导创建包并复制数据之后，可以使用 SSIS 设计器打开和更改保存的包。

使用 SQL Server 导入和导出向导生成包的步骤如下：

1）启动 SQL Server 导入和导出向导。选择以下任意一种方法启动 SQL Server 导入和导出向导：

① 选择"开始"→"所有程序"→"Microsoft SQL Server 2008"→"导入和导出数据"命令。

② 在 Business Intelligence Development Studio 中，右键单击"SSIS 包"文件夹，在弹出的快捷菜单中选择"SSIS 导入和导出向导"命令。

③ 在 Business Intelligence Development Studio 中的"项目"菜单中选择"SSIS 导入和

导出向导"命令。

④ 在 SQL Server Management Studio 中，连接到数据库引擎服务器类型，展开数据库，右键单击一个数据库，选择"任务"→"导入数据"或"导出数据"命令。

⑤ 在命令提示符窗口中运行"DTSWizard. exe"（位于 C：\Program Files\Microsoft SQL Server\100\DTS\Binn）。

2）选择数据源。设置数据源、对应的服务器名称、身份验证方式、数据库。此例中，在数据库下拉列表中选择"员工管理"数据库，设置如图 11-2 所示。

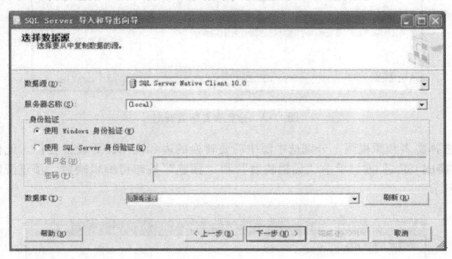

图 11-2　DTS 向导

3）选择目标。设置目标、目标服务器名称、身份验证方式、数据库。此例中，新建一个 ISPackage 数据库，设置如图 11-3 所示。

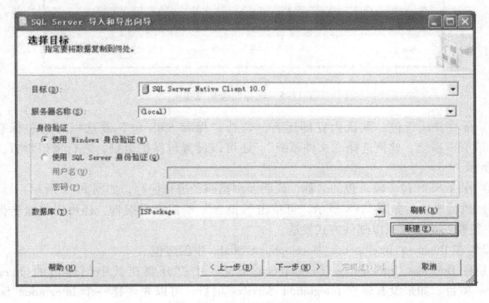

图 11-3　选择目标

4）指定表复制或查询。此例中选择第一项，如图11-4所示。

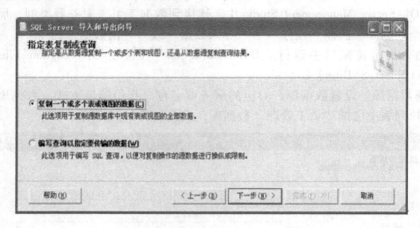

图11-4　指定表复制或查询

5）选择源表和源视图。分别选中源中需要转换的表和视图，并设置目标。此例将目标中 dbo 替换成 ISPackage。单击"编辑映射"和"预览"按钮可编辑映射、预览源数据，如图11-5所示。

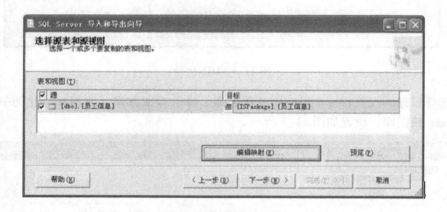

图11-5　选择源表和源视图

6）保存并运行包。默认为立即运行，勾选"保存 SSIS 包"复选框可将包保存 SQL Server 或文件系统，此例选择"文件系统"。还可以设置包保护级别，进行密码设置，如图11-6所示。

7）保存 SSIS 包。输入包的名称、说明及浏览路径进行保存，如图11-7所示。

8）执行成功后如图11-8所示，可单击"报告"按钮查看报告，还可以将报告保存到文件、复制到剪贴板或以邮件方式发送。

（2）在 Business Intelligence Development Studio 中创建包

1）在 Business Intelligence Development Studio 中打开要在其中创建包的 Integration Services 项目。如果没有建立 Integration Services 项目，可以先创建一个 Integration Services 项目。首先，在"开始"菜单中打开 Business Intelligence Development Studio。在"文件"

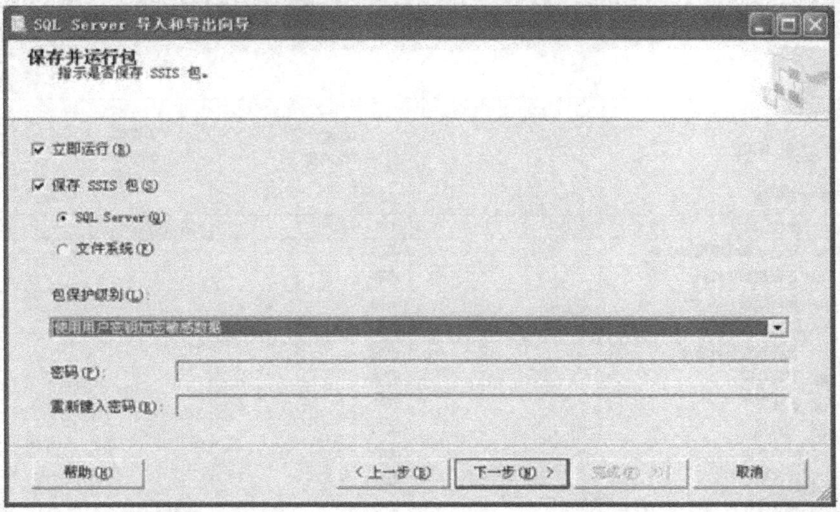

图11-6　保存并运行包

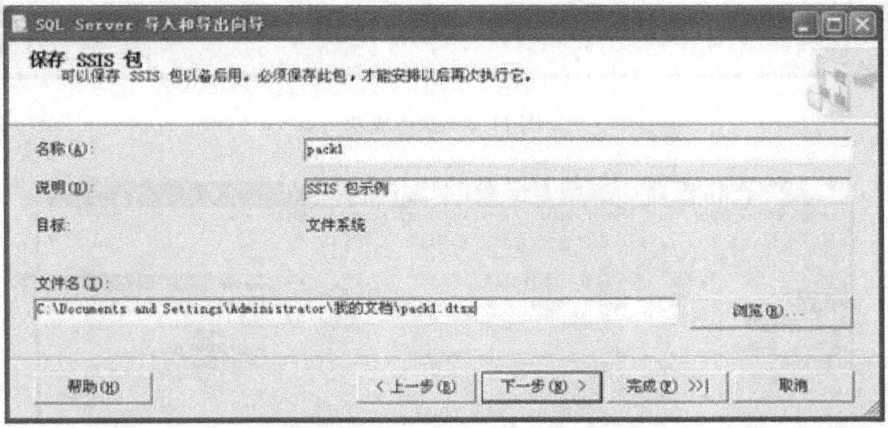

图11-7　保存包

菜单中选择"新建"→"项目"命令，创建一个新的 Integration Services 项目。在"新建项目"对话框的"模板"窗格中，选择"Integration Services 项目"。在"名称"框中，将默认名称更改为 IS1。单击"浏览"按钮，找到要使用的文件夹。在"项目位置"对话框中，单击文件夹，再单击"打开"按钮。最后，单击"确定"按钮即可。

默认情况下，将创建名为 Package.dtsx 的空包，它会添加到每个新项目。可以删除 Package.dtsx，或者将它用作其他包的基础。若要删除它，单击右键，在弹出的快捷菜单中选择"删除"命令即可。创建后的面板如图11-9 所示。

2）在解决方案资源管理器中，右键单击"SSIS 包"文件夹，可以用多种方式来创建包，在此选择"新建 SSIS 包"命令，如图11-10 所示。可单击包名对包进行重命名，在此将新包命名为 pack1.dtsx。此时创建的包是一个空包。

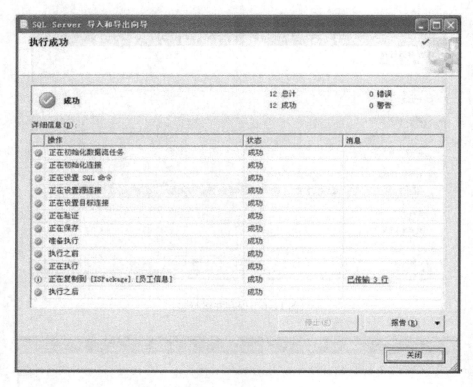

图 11-8　执行成功

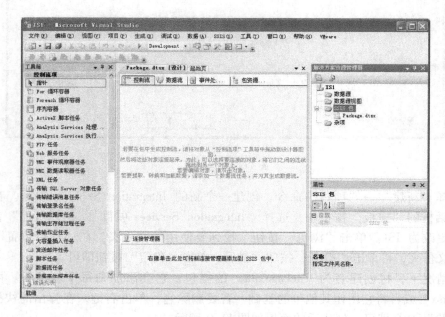

图 11-9　创建 IS1 项目

3）向 pack1 包中添加控制流、数据流任务和事件处理程序。分别选中"控制流"、"数据流"、"事件处理程序"和"包资源管理器"选项卡，根据提示进行相关设置。

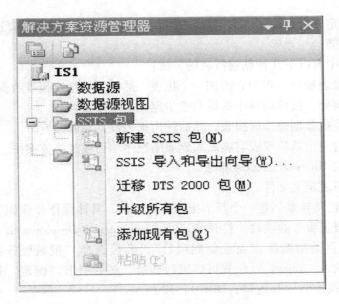

图 11-10　新建 SSIS 包

4）在"文件"菜单中选择"保存选定项"命令，以保存新建的包。

建完基本的包后，可以继续向包中添加其他高级功能。

运行包的方法：可在命令窗口中输入"DTEXEC"命令运行包，也可在 Business Intelligence Development Studio 中右键单击包，选择"运行包"命令。

11.2　报表服务

SQL Server 报表服务（SQL Server Reporting Services，SSRS）是一个基于服务器的报表平台，它提供各种即时可用的工具和服务，能使用户方便、快捷地创建、部署、管理和使用报表。

11.2.1　报表服务概述

SSRS 提供了两个报表设计工具：Business Intelligence Development Studio 中的报表设计器以及报表生成器。

报表设计器是用于创建功能齐全的 Reporting Services 报表的图形界面，可以访问多种类型的数据源并创建高度自定义的报表。完成报表后，可以访问所有 Reporting Services 报表管理功能。

若要使用报表设计器，必须使用 Business Intelligence Development Studio 中的报表模型项目为数据源设计并发布报表模型。然后，可在报表生成器中连接到作为数据源的报表模型。可以使用简化的界面，将数据字段拖到报表模板，然后对数据进行分组、排序、格式设置和小计。可以单击浏览报表模型中的数据，以查看自动生成的报表。

11.2.2　使用报表服务

使用报表设计器可以创建功能齐全的 Reporting Services 报表。报表设计器提供一个图形界面，可以在其中定义数据源和查询信息，在报表中放置数据区域和字段，完善报表布局，以及定义交互式功能。

在报表设计器中有以下几种创建报表的方法：

1）创建一个报表项目，再向它添加一个报表，然后手动指定报表数据和布局。

2）使用报表向导，按照向导中的说明逐步定义基本报表。

3）使用报表生成器创建即席报表，然后使用报表设计器修改它。

4）将报表作为一个新项或现有项添加到应用程序项目或解决方案中。

5）导入现有的 Microsoft Access 报表。

6）直接处理报表定义文件。

下面，采用报表向导来创建一个基本报表作为示例，具体操作步骤如下：

1）创建一个报表服务器项目。打开 Business Intelligence Development Studio，启动商业智能开发环境。项目类型选择"商业智能项目"，模板选择"报表服务器项目向导"，在"名称"文本框中输入"report"，位置可以进行选择，然后单击"确定"按钮，如图 11-11 所示。系统弹出"报表向导"窗口，如图 11-12 所示。

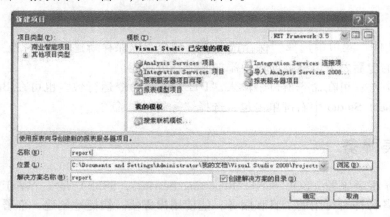

图 11-11　新建报表服务器项目

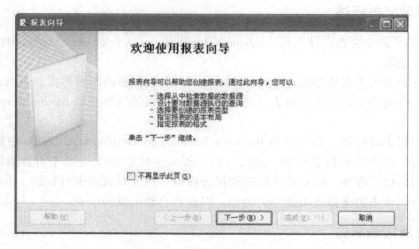

图 11-12　"报表向导"窗口

2）单击"下一步"按钮，进入"选择数据源"界面，单击"新建数据源"单选按钮，在"名称"文本框中输入数据源名称，这里默认名字为 DataSource1，类型默认为 Microsoft SQL Server，此时无连接字符串，如图 11-13 所示。

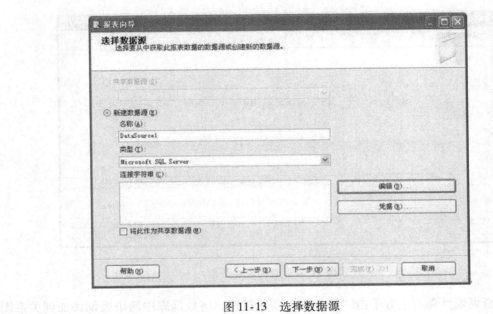

图 11-13　选择数据源

3）单击"编辑"按钮，打开"连接属性"对话框。本例选用员工管理数据库，如图 11-14 所示。可以单击测试连接进行测试。单击"确定"按钮后，"数据源"文本框中将产生一串连接字符串。

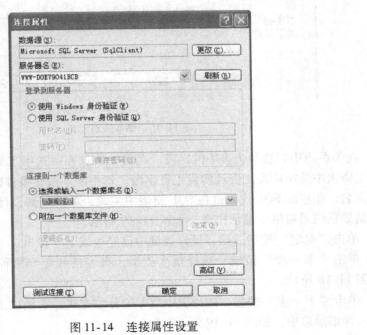

图 11-14　连接属性设置

4）单击"下一步"按钮，进入"设计查询"界面。单击"查询生成器"按钮，打开查询设计器，如图 11-15 所示，该窗口从上到下有 4 个窗格，分别是关系图、条件、SQL 和结果。

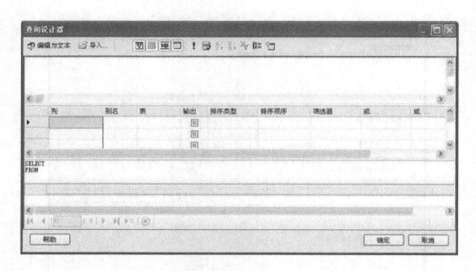

图 11-15　查询设计器

5）在查询设计器右上方单击"添加表"图标按钮，将数据库中两个表都添加到关系图中，如图 11-16 所示。

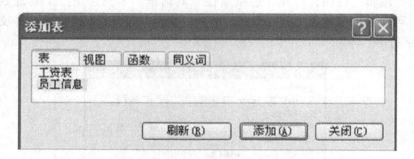

图 11-16　添加表对话框

6）在关系图中勾选两个表中的字段。在员工信息表中选中工号、姓名、部门、职称字段，在工资表中选中应发工资和实发工资字段。选中的字段在条件窗格中显示出来，可修改字段的别名，相应的 SQL 代码也在 SQL 窗格中生成，单击查询设计器上方的"运行"图标按钮，结果在结果窗格中显示出来，如图 11-17 所示。

7）单击"确定"按钮返回，设计查询中已经生成了字符串。

8）单击"下一步"按钮，选择报表类型，有表格和矩阵两种类型，在此选择表格类型，如图 11-18 所示。

9）单击"下一步"按钮，选择表中数据的分组方式。本例以工号作为分组属性，其他属性列入详细信息中，如图 11-19 所示。

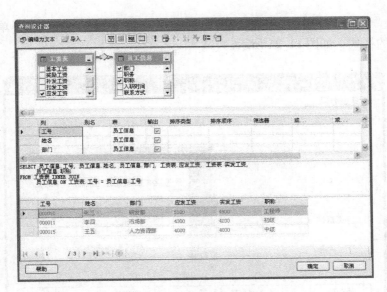

图 11-17 查询结果

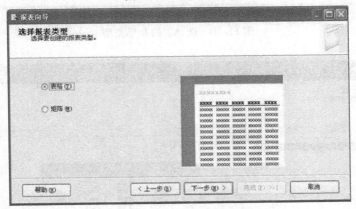

图 11-18 选择报表类型

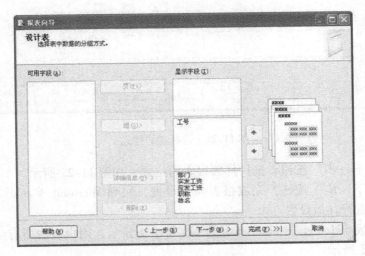

图 11-19 选择表中数据的分组方式

10）单击"下一步"按钮，选择表的布局类型，如图 11-20 所示。再单击"下一步"按钮，选择表的样式，如图 11-21 所示。

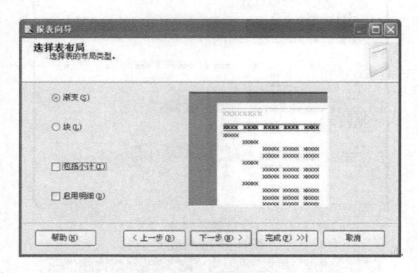

图 11-20　选择表的布局类型

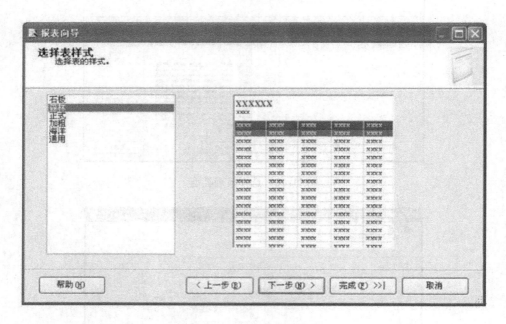

图 11-21　选择表的样式

11）单击"下一步"按钮，选择部署报表的位置，如图 11-22 所示。

12）单击"下一步"按钮，完成报表向导设置，回到 Microsoft Visual Studio 报表设计界面，可对报表进行其他设置。

注意：英文版 SQL Server 2008 有可能不支持中文显示，则报表中所有中文以方框形式显示，如图 11-23 所示。

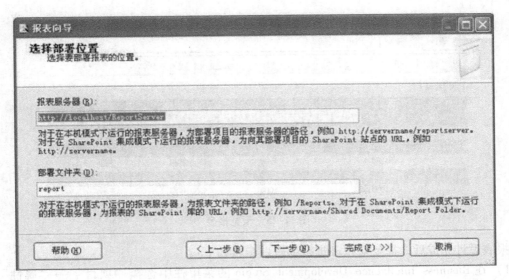

图 11-22　选择部署位置

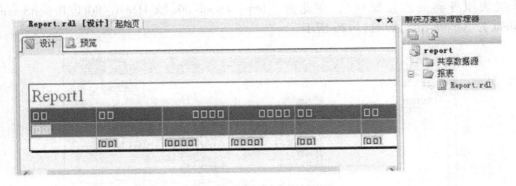

图 11-23　无法显示中文的报表

选中报表中无法显示中文的单元格，修改字体属性（FontFamily）即可，如图 11-24 所示。修改完成后，单击"预览"选项卡预览报表，如图 11-25 所示。

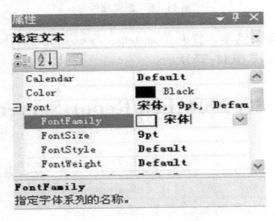

图 11-24　修改字体属性

227

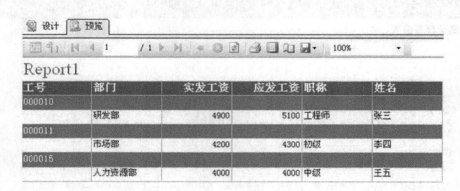

图 11-25　预览报表

报表设计完成后，需要对报表进行部署，步骤如下：

1）在 Business Intellgence Development Studio 的菜单栏中选择"项目"→"属性"命令，打开报表的"属性页"对话框，输入报表服务器的 URL（可以启动 Management Studio 查看报表服务器的连接属性），在此为"http://www-d0e79041bcb：8080/ReportServer"，StarItem 为 Report. rdl，如图 11-26 所示。

图 11-26　配置属性

2）部署完成，启动浏览器，打开地址 http://www-d0e79041bcb：8080/ReportServer，单击"report"查看报表，如图 11-27 所示。

www-d0e79041bcb/ReportServer - /

2012年1月11日 23:16	<dir>	report
2012年1月11日 23:16	<dir>	数据源

Microsoft SQL Server Reporting Services 版本 10.0.1600.22

图 11-27　浏览器查看报表

11.3 分析服务

SQL Server分析服务（SQL Server Analysis Services，SSAS）主要用于设计、创建和管理来自数据仓库的多维数据集和数据挖掘模型。

11.3.1 分析服务概述

SSAS主要有以下两方面功能：

1）设计、创建和管理包含来自多个数据源（如关系数据库）的详细信息和聚合数据的多维结构。

2）创建复杂数据挖掘解决方案。

Analysis Services—多维数据，可提供对此统一数据模型上生成的大量数据的快速、直观、由上而下分析，这些数据可以用多种语言发送给用户。Analysis Services—多维数据，可使用数据仓库、数据集市、生产数据库和操作数据存储区，从而可支持历史数据分析和实时数据分析。

Analysis Services包含创建复杂数据挖掘解决方案所需的如下功能和工具：

1）一组行业标准数据挖掘算法。

2）数据挖掘设计器，可用于创建、管理和浏览数据挖掘模型，并在随后使用这些模型创建预测。

3）数据挖掘扩展插件（DMX）语言，可用于管理挖掘模型和创建复杂的预测查询。

可以组合使用这些功能和工具，以发现数据中存在的趋势和模式，然后使用这些趋势和模式对业务难题作出明智决策。

11.3.2 使用分析服务

可用SQL Server 2008提供的向导来使用分析服务。在使用分析服务时，大致经过以下几个步骤：

1）创建分析服务项目。打开Business Intelligence Development Studio开发环境。新建Analysis Service项目，解决方案中生成的项目结构如图11-28所示，对各个项目可逐一进行设置。

图11-28　创建分析服务项目

2）定义数据源。在解决方资源管理器中右击数据源文件夹，在弹出的快捷菜单中选择"创建数据源"命令，打开"数据源向导"窗口，如图11-29所示，根据向导进行数据源设置。

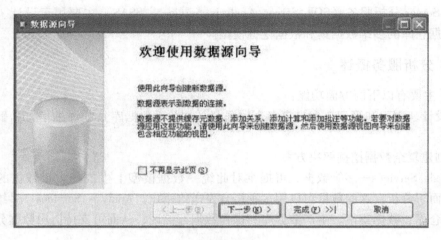

图11-29 "数据源向导"窗口

3）定义数据源视图。同步骤2，建立数据源视图，如图11-30所示。

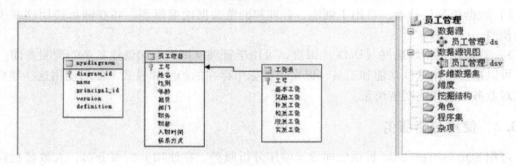

图11-30 创建数据源视图

4）定义多维数据集。根据向导定义多维数据集，得到多维数据集结果，如图11-31所示。

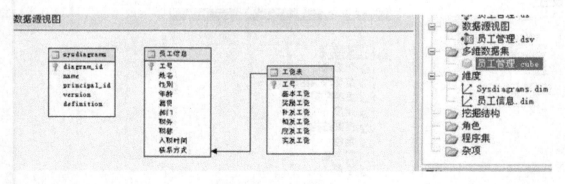

图11-31 定义多维数据集

5）部署 Analysis Services 项目。在"项目"菜单中选择项目属性，并进行相关设置。然后在"生成"菜单中部署项目，结果如图 11-32 所示。

图 11-32 部署项目结果

6）查看多维数据集。先打开 SQL Server Management Studio，看是否已经保存了多维数据集。连接服务器类型选择 Analysis Services，如图 11-33 所示。

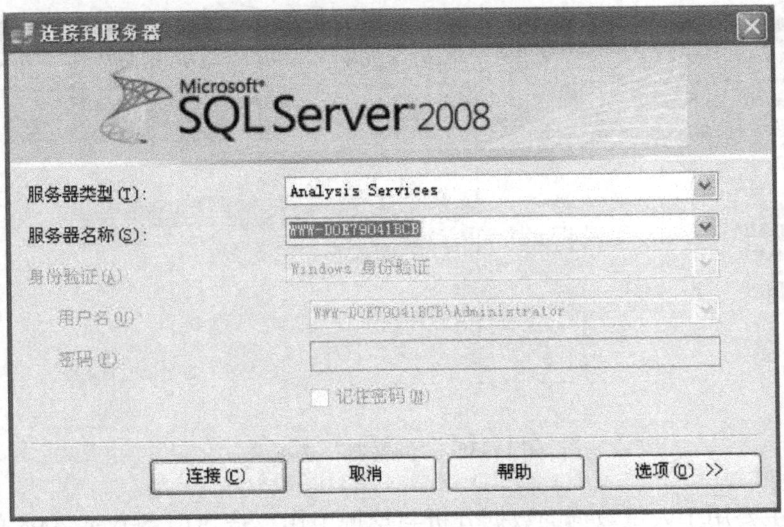

图 11-33 连接服务器图

在对象资源管理器中展开数据库下所建项目的分支，可以看到相关项目都有了对象，表明前面结果都已保存在了数据库中，如图11-34所示。接下来可以进行多维数据集的查看工作。

在 Business Intelligence Development Studio 开发环境中，双击多维数据集的 cube 文件，单击设计器中的"浏览器"选项卡，将会出现多维数据集的查看界面，如图 11-35 所示。可将左侧对应项拖入右侧查看区域进行查看。

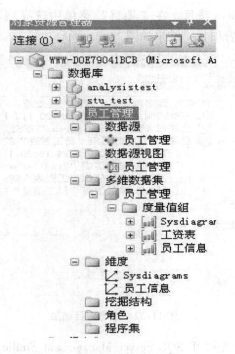

图 11-34　对象资源管理器面板

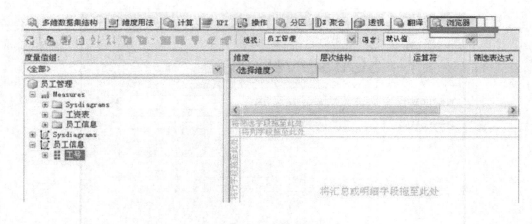

图 11-35　"浏览器"选项卡

　　分析服务主要用于大量数据的数据分析与挖掘工作,是 SQL Server 2008 的一个高级应用,对于数据仓库中的大批数据进行多维度查看与分析,可以解决一些预测和总结的需要。本文只以简单例子进行了介绍,有兴趣的读者可以查阅相关书籍了解更多知识。

本 章 小 结

　　本章介绍了 SQL Server 2008 商业智能体现的 3 个方面的服务:SQL Server 集成服务(SQL Server Integration Services,SSIS)、SQL Server 报表服务(SQL Server Reporting Services，SSRS）和 SQL Server 分析服务（SQL Server Analysis Services，SSAS），通过本章的学习，读者应该掌握这3种服务并会熟练运用

实 训 任 务

1）使用 SQL Server 集成服务。
2）使用 SQL Server 报表服务。
3）使用 SQL Server 分析服务。

练 习 题

一、判断题

1. Microsoft SQL Server 2008 Integration Services（SSIS）用于生成企业级数据集成和数据转换解决方案的平台，可以生成高性能数据集成解决方案。 （ ）
2. 首次创建包后，包不是一个空对象，能实现某种功能。 （ ）
3. 使用 DTS（数据导入和导出服务）可以生成包。 （ ）
4. 报表设计器中可以通过导入现有的 Microsoft Access 报表创建报表。 （ ）

二、单选题

1. 英文版的 SQL Server 2008 有可能不支持中文显示，报表中所有中文以方框形式显示，解决方法是可以选中报表中无法显示中文的单元格，修改（ ）属性。
　A. FontSize　　　　　B. FontFamily　　　　C. FontStyle　　　　D. FontWeight

2. 报表设计完成后，要使用浏览器浏览报表，需要先对报表进行（ ）。
　A. 部署　　　　　　B. 修改　　　　　　C. 共享　　　　　　D. 发布

3. SQL Server Analysis Services（SQL Server 分析服务）主要对来自数据仓库的多维数据集和数据挖掘模型进行（ ）。
　A. 设计　　　　　　B. 创建　　　　　　C. 管理　　　　　　D. 设计、创建和管理

三、多选题

1. 包是一个有组织的集合，其中可包括连接以及（ ）。
　A. 控制流元素　　　B. 数据流元素　　　C. 事件处理程序　　　D. 变量和配置

2. 报表设计器提供一个图形界面，可以在其中（ ）。
　A. 定义数据源和查询信息　　　　　　B. 在报表中放置数据区域和字段
　C. 完善报表布局　　　　　　　　　　D. 定义交互式功能

3. 使用向导创建报表，可选择报表类型有（ ）。
　A. 文本　　　　　　B. 表格　　　　　　C. 矩阵　　　　　　D. 列表

四、填空题

1. SQL Server 2008 的商业智能体现在3个方面的服务：_____、_____ 和_____。

2. Reporting Services 提供了两个报表设计工具：Business Intelligence Development Studio 中的_____以及_____。

第 12 章　SQL Server 2008 综合应用实例

☞ **学习目标：**

1) 熟练掌握 Web 环境的数据库应用程序。

2) 熟练掌握第三方控件的使用方法。

3) 熟练掌握发布系统的测试方法。

Web 技术是一项很新的技术，它不仅为 Internet 的广泛普及起到关键性的作用，而且还在其他相关计算机网络应用技术发展中起到关键作用，如 Intranet、电子商务等。目前，Web 已成为计算机网络应用的一个主要技术，尤其重要的是其中的 Web 动态技术，以及与后台数据库的交互式动态查询技术。

本节将详细介绍一个基于 Web 的数据库应用程序实例——新闻发布系统，阐述其系统功能、系统环境和组成、系统分析与设计、数据库设计、实现的关键技术、源程序等。该系统是采用 ASP. NET 2.0 开发的基于 SQL Server 2008 的 Web 应用程序。通过本实例的学习，读者应熟悉并掌握基于 Web 环境的数据库应用程序开发流程。

12.1　学校新闻发布系统需求分析

软件开发分为 5 个工作过程，即需求分析、软件设计、编码、测试、部署与维护，合起来称为软件开发的生命周期。

需求分析是软件开发的起始阶段，也是软件开发的最重要的阶段，因为它将直接决定整个软件开发的成败。软件开发的目的是为了满足用户的开发需求，为了达到这个目的，软件开发人员必须充分理解用户对目标系统的需求。无论是开发大型的商业软件，还是简单的应用软件，首先要做的是确定系统的需求，即系统的功能。

用户期望做什么，在需求阶段就应该将用户的功能需求描述清楚。在面向对象的分析方法中，这一过程可以使用用例图来描述系统的功能。

学校新闻发布系统需求信息描述如下：根据学校用户的要求，要对考试新闻消息或考试结果的新闻消息按照系部进行分类显示；同时新闻发布的后台管理员应具有对新闻类别及相应类别的新闻维护和管理的功能，其中包括对新闻类别或相应类别的新闻添加、编辑修改、删除等功能。

根据学校用户的要求，学校新闻发布系统完成的主要任务如下：

1) 新闻类别及相应新闻的显示。当进入主页时，应该能够根据数据库中存放的信息分类显示。首先显示新闻类别（按系别进行分类），并且在新闻显示区显示新闻标题列表，当用户单击新闻类别时，在新闻显示区显示相应新闻类别的新闻，每个新闻标题都应该提供超链接。

2) 新闻详细内容显示。当单击新闻显示区相应的新闻标题后，就可以跳转到相应的新闻详细内容的页面，让用户对这个新闻有更详细的了解。

3）在主页面左部显示管理员登录窗口。在主页面的左部显示管理员登录后台的窗口，在该窗口中有 3 个文本框，分别用来输入管理员的姓名、密码及验证码，输入完成后单击"确定"按钮，如果验证通过，进入新闻发布系统的后台管理页面。

4）新闻类别后台管理。新闻发布系统的管理员根据学校的需求随时向数据库中新闻类别表中添加学校的系别名称及编号。管理员还可以随时编辑修改、删除系别名称及编号。

5）新闻后台管理。新闻发布系统的管理员根据学校每个系考试的最新公告随时向数据库中新闻表中添加学校相应系别的考试公告及发布日期。管理员还可以随时编辑修改、删除相应系别的新闻公告及发布日期。

图 12-1 能更好地说明新闻发布系统的功能。如图 12-1 所示，将新闻发布系统分为两大模块，一是前台管理模块，二是后台管理模块。前台管理模块包括新闻查询列表、相关新闻详细信息显示。后台管理模块分为新闻类别管理模块和新闻管理模块，其中，新闻类别管理模块包括新闻类别的增、删、改功能；新闻后台管理模块包括新闻的增、删、改功能。

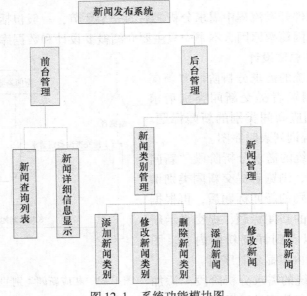

图 12-1 系统功能模块图

用例图作为参与者的外部用户所能观察到的系统功能的模型图，在需求分析阶段起着重要作用，整个开发过程都是围绕需求阶段的用例进行的。

通过对新闻发布系统的需求分析及功能模块的划分，开发者已经明确了每个模块的大致功能。根据每个模块的功能，采用用例驱动的分析方法，识别新闻发布系统的参与者和用例，并建立用例模型，即用可视化的模型将该系统用直观的图形显示出来。

创建用例图之前首先需要确定参与者。对于新闻发布系统，有两类参与者，一类是浏览者，在新闻发布系统中，只需要上网浏览就可以了，所以需要上网客户参与，这类上网客户就称为浏览者；另一类是后台管理员，简称管理员，网站需要一个专门的管理者对网站进行日常维护与管理，所以该系统需要有一个系统管理员的参与来完成对新闻发布系统的维护和管理。

根据需求分析，可以创建如图 12-2 所示的浏览者用例图和图 12-3 所示的管理员用例图。

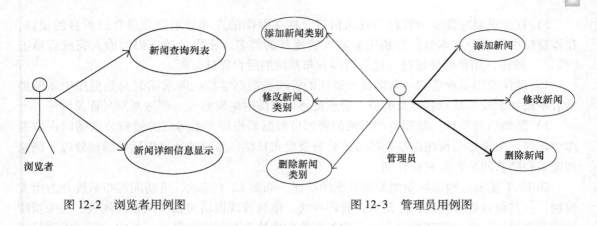

图 12-2　浏览者用例图　　　　　　　　　图 12-3　管理员用例图

12.2　新闻发布系统设计

系统设计作为软件开发流程中需求分析之后的一个环节，一般包括系统概要设计、详细设计和数据库设计，因篇幅原因，本书中只主要介绍概要设计和数据库设计。

1. 新闻发布系统总体设计

根据新闻发布系统的需求分析阶段"新闻查询列表"用例，浏览者提交新闻类别请求后，就可以浏览到相应新闻类别的新闻标题。图 12-4 所示为新闻查询列表时序图。

根据新闻发布系统的需求分析阶段"新闻详细信息显示"用例，浏览者提交新闻类别请求，显示相应新闻类别的新闻标题后，再根据浏览到相应新闻类别的新闻标题，提交显示新闻标题请求，则可以看到详细新闻内容。图 12-5 所示为详细新闻内容显示时序图。

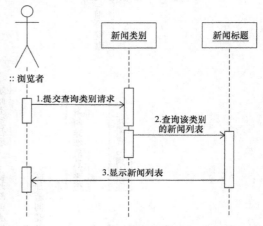

根据新闻发布系统的需求分析阶段"添加　　图 12-4　相应新闻类别的新闻标题显示时序图
新闻类别"用例，后台管理员登录进入系统后台后，根据需要添加相应的新闻类别，从而完成添加新闻类别工作。图 12-6 所示为添加新闻类别时序图。

根据新闻发布系统的需求分析阶段"修改新闻类别"用例，后台管理员登录进入系统后台后，根据需要修改相应的新闻类别，从而完成修改新闻类别工作。图 12-7 所示为修改新闻类别时序图。

根据新闻发布系统的需求分析阶段"删除新闻类别"用例，后台管理员登录进入系统后台后，根据需要删除相应的新闻类别，从而完成删除新闻类别工作。图 12-8 所示为删除新闻类别时序图。

添加新闻、修改新闻和删除新闻的时序图请参见图 12-6 至图 12-8 进行设计。

2. 新闻发布系统数据库设计

设计合理的数据库表的结构不仅有利于新闻发布系统的开发，而且有利于提高新闻发布系统的性能。

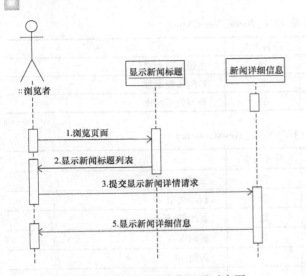

图 12-5　详细新闻内容显示时序图

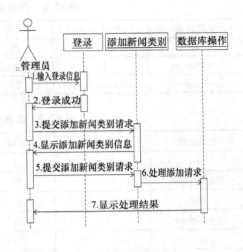

图 12-6　添加新闻类别时序图

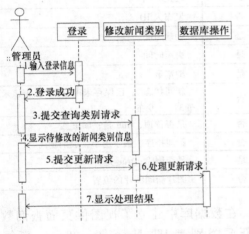

图 12-7　修改新闻类别时序图

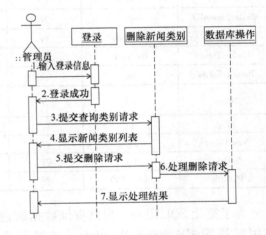

图 12-8　删除新闻类别时序图

根据新闻发布系统的需求分析及总体设计，新闻发布系统数据库中涉及的数据表有新闻类别表 UT_News_NewsType、新闻表 UT_News_NewsContent、管理员表 UT_Sys_Admin。

管理员表 UT_Sys_Admin 主要保存管理员的信息，其结构见表 12-1。

表 12-1　管理员表（UT_Sys_Admin）

字段名称	数据类型	主键	是否为空	描　　述
ID	bigint	是	否	主键，自动增长
AdminName	nvarchar（20）	否	否	管理员名称
PWD	varchar（50）	否	否	登录系统密码
JoinTime	datetime	否	否	使用开始时间

新闻类别表 UT_News_NewsType 主要保存新闻的类别，其结构见表 12-2。

新闻表 UT_News_NewsContent 主要保存新闻的内容，其结构见表 12-3。

表 12-2　新闻类别表 (UT_News_NewsType)

字段名称	数据类型	主键	是否为空	描　　述
ID	bigint	是	否	主键, 自动增长
NewsTypeNo	int	否	否	新闻类型编号
NewsTypeName	nvarchar (50)	否	否	新闻类型名称

表 12-3　新闻表 (UT_News_NewsContent)

字段名称	数据类型	主键	是否为空	描　　述
ID	bigint	是	否	主键, 自动增长
NewsTypeID	bigint	否	否	新闻类型 ID
Title	nvarchar (100)	否	是	新闻标题
NewsContent	text	否	是	新闻内容
NavigateUrl	varchar (200)	否	否	新闻 url
PublishTime	datetime	否	是	发布时间
EndTime	datetime	否	否	终止时间
RealsePersonID	bigint	否	否	发布人 ID
CreateTime	datetime	否	是	创建时间
UpdateTime	datetime	否	是	更新时间
BrowserCount	int	否	是	浏览量
Status	int	否	否	新闻状态1: 已保存未审核2: 已审核未发布3: 已发布
IsTop	bit	否	是	是否置顶, true_是; false_否
NewsOrder	int	否	是	新闻排序, 数字越小, 级别越高
IsDel	bit	否	是	是否删除; true_是; false_否
PicPath	nchar (100)	否	否	图片新闻图片的位置

　　为了简化 SQL 语句, 提高查询数据的速度, 在数据库中建立了视图供页面查询数据使用的视图 UV_News_NewsInfo, 该视图是由新闻类别表 UT_News_NewsType、新闻表 UT_News_NewsContent、管理员表 UT_Sys_Admin 新建而成的, 该视图涉及 3 张表的字段如图 12-9 所示, 为用户提供所需的数据信息。

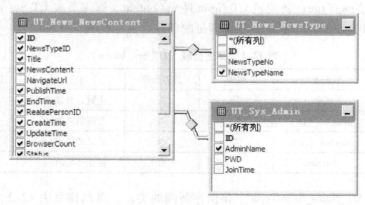

图 12-9　UV_News_NewsInfo 视图

12.3 新闻发布系统后台程序实现

1. 新闻发布系统后台系统登录页面设计

新闻发布系统后台系统登录页面及运行效果图如图12-10至图12-15所示。

图12-10 新闻发布系统后台系统登录页面    图12-11 单击"取消"按钮后的显示页面

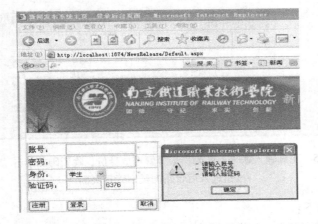

图12-12 文本框中未输入内容时单击"登录"按钮所出现的提示页面

图12-13 下拉列表框中未选择管理员身份时单击"登录"按钮所出现的提示页面

图 12-14　下拉列表框中选择管理员身份但账号和密码输入错误时单击"登录"
按钮所出现的提示页面

图 12-15　正确输入账号、密码、选择管理员身份、验证码并单击"登录"
按钮进入后台新闻类别管理页面

具体操作步骤如下：

1）启动 VS. NET 2005，在菜单栏中选择"文件"→"新建"→"网站"命令，如图 12-6 所示。

2）在"新建网站"对话框中选择"ASP. NET 网站"模板，并在"位置"下拉列表框中选择"文件系统"，如图 12-17 所示。

3）单击"浏览"按钮，选择项目所在的文件夹"D：\asp. net 教材\情境 1"，将网站命名为"NewsRelease"；在"语言"下拉列表框中选择"Visual C#"，如图 12-18 所示。

4）单击"确定"按钮，新网站 NewsRelease 创建成功，其目录结构如图 12-19 所示。

5）双击 Default. aspx 文件，进入其页面设计窗口。选择菜单栏中的"布局"→"插入表"命令，打开"插入表"对话框，输入行、列分别为 10、6，并设置属性值，如图 12-20 所示。

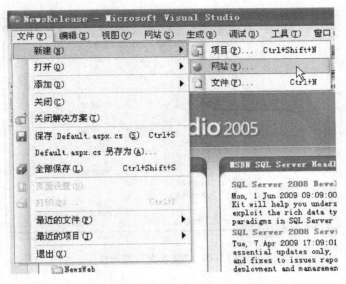

图 12-16　新建网站

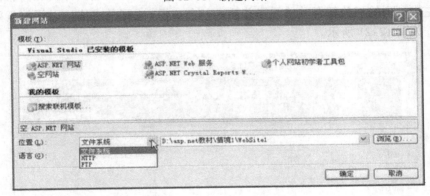

图 12-17　选择模板

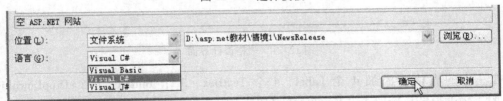

图 12-18　命令网站

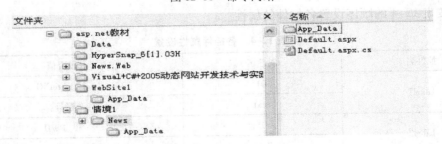

图 12-19　NewsRelease 目录结构

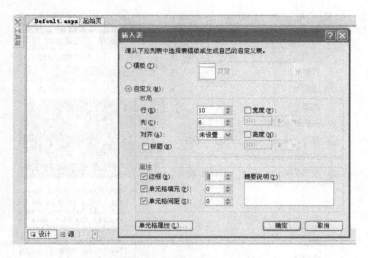

图 12-20 "插入表"对话框

6）对插入的 10 行、6 列的表格进行处理，将最上面的一行合并单元格并插入 Logo 图，将表格最左边一列的相关行合并单元格并插入一个 6 行、4 列的表格，以便放入登录页面所需的控件，如图 12-21 所示。

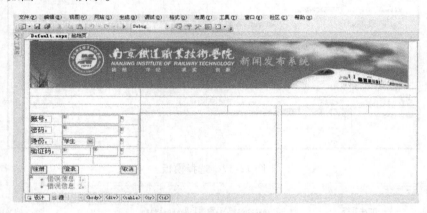

图 12-21 表格设计界面

在左边的表格中添加 4 个 Label、4 个 TextBox、3 个 Button、1 个 DropDownList 等 ASP. NET 标准控件；添加 3 个 RequiredFieldValidator、1 个 CompareValidator、1 个 Validation-Summary 等 ASP. NET 验证控件。

7）按表 12-4 的顺序设置各控件的属性。

表 12-4 各控件属性设置

控件名	属性名	设置值
Label1	ID	lb_LoginNO
	Text	账号：
Label2	ID	lb_PWD
	Text	密码：

（续）

控件名	属性名	设置值
Label3	ID	lb _ PersonType
	Text	身份：
Label4	ID	lb _ RegisteCode
	Text	验证码：
TextBox1	ID	txtNum
TextBox2	ID	txtPwd
	TextMode	Password
TextBox3	ID	txtCode
TextBox4	ID	txt _ CreateCode
DropDownList1	ID	ddlstatus
	选择该控件并单击小右箭头按如图12-22添加3个编辑项（学生、教师、管理员）	
Button1	ID	btn _ Regester
	Text	注册
Button2	ID	btnlogin
	Text	登录
Button3	ID	btncancel
	Text	取消
RequiredFieldValidator1	ControlToValidate	txtNum
	Display	Dynamic
	ErrorMessage	请输入账号
	Text	*
RequiredFieldValidator2	ControlToValidate	txtPwd
	Display	Dynamic
	ErrorMessage	密码不为空
	Text	*
RequiredFieldValidator3	ControlToValidate	txtCode
	Display	Dynamic
	ErrorMessage	请输入验证码
	Text	*
CompareValidator1	ControlToCompare	txt _ CreateCode
	ControlToValidate	txtCode
	Display	Dynamic
	ErrorMessage	验证码有误
	Text	*
ValidationSummary1	ShowMessageBox	True
	ShowSummary	False

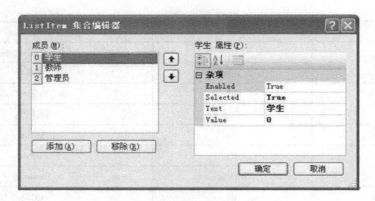

图 12-22　下拉列表框 3 个添加编辑项

8）完成了界面及各控件的属性设计后，还需要编写代码，才能完成后台登录页面运行效果图的功能。由于登录页面要用到数据库连接，所以在程序开始处输入"using System. Data. SqlClient;"以添加 System. Data. SqlClient 这个命名空间，然后编写页面加载代码（. cs 文件代码 12-1），在该事件中调用随机产生 VcodeNum 位验证码方法（. cs 文件代码 12-2）。

【代码 12-1】

```
//定义 SqlConnection 对象 con 并初始化数据库连接
SqlConnection con = new SqlConnection("Data Source = (local); DataBase = OnlineExamDB; User ID = sa;
PWD = 1234");
string tmp;        //定义全局字符型变量
protected void Page _ Load(object sender, EventArgs e)
{if (! Page. IsPostBack)     //页面首次加载时
{tmp = RndNum(Convert. ToInt16(4));     //随机产生 4 位验证码
txt _ CreateCode. ReadOnly = false;  //将 txt _ CreateCode 文本框只读属性改为 false
txt _ CreateCode. Text = tmp;  //将验证码在 txt _ CreateCode 文本框控件上显示
txt _ CreateCode. ReadOnly = true;  //将 txt _ CreateCode 文本框只读属性改为 true}}
```

【代码 12-2】

```
//随机产生 VcodeNum 位验证码方法
private string RndNum(int VcodeNum)
{string MaxNum = "";
string MinNum = "";
for (int i = 0; i < VcodeNum; i + +)   //这里的 VcodeNum 是验证码的位数
{ MaxNum = MaxNum + "9";}   //循环结束 MaxNum 是 VcodeNum 位 9
MinNum = MaxNum. Remove(0, 1);   //将 MaxNum 是 VcodeNum 位 9 去掉最高位的 9 并赋给 MinNum
Random rd = new Random();   //随机产生 999 到 9999 之间的数
string VNum = Convert. ToString(rd. Next(Convert. ToInt32(MinNum), Convert. ToInt32(MaxNum)));
return VNum; }
```

9）编写 3 个 Button 按钮的 Click 事件代码。

①"注册" Button 按钮的 Click 事件代码（. cs 文件代码 12-3），要求读者在本章实训中

实现。

【代码12-3】

```
protected void btn_Regester_Click(object sender, EventArgs e)
{ //注册代码为空,在实训中实现!
Page.Response.Write("注册代码为空,在第2个情境中实现!" <br>");}
```

②"登录"Button按钮的Click事件代码(.cs文件代码12-4),在该事件中调用检查是否是管理员登录方法CheckAdmin()(.cs文件代码12-5),该方法要求如下:

当下拉列表框中未选择管理员身份时,单击"登录"按钮出现如图12-13提示页面;

当下拉列表框中选择管理员身份但账号和密码输入错误时,单击"登录"按钮出现如图12-14所示的提示页面;

当正确输入账号、密码、选择管理员身份、验证码时,单击"登录"按钮进入如图12-15所示的后台新闻类别管理页面。

【代码12-4】

```
protected void btnlogin_Click(object sender, EventArgs e)
{ if (txtCode.Text == txt_CreateCode.Text)   //输入的代码与随机产生的校验码一致
{ if (this.ddlstatus.SelectedItem.Text == "管理员")   //如果下拉列表框选择的是"管理员"
{ if (CheckAdmin(txtNum.Text.Trim(), txtPwd.Text.Trim()))
//调用检查是否是管理员登录方法,检查输入的账号和密码是否与管理员表匹配
{Response.Redirect("Admin/News/NewsTypeManage.aspx");}
//如果是管理员,转向后台新闻类别管理页面}
else
{Response.Write("<script>alert('用户名或密码错误');location='Default.aspx'</script>");}
//如果不是管理员,提示出错,然后转向本页}}
else
{Response.Write("<script>alert('您不是管理员');location='Default.aspx'</script>");}
//如果下拉列表选择的不是管理员,提示出错,然后转向本页}}}
```

【代码12-5】

```
//检查是否是管理员登录方法
public bool CheckAdmin(string adminNum, string adminPwd)
{if (con.State == 0){con.Open();}
//初始化SqlCommand对象,检查输入的账号和密码是否与管理员表匹配
SqlCommand cmd = new SqlCommand("select count(*) from UT_Sys_Admin where ID='" + adminNum + "' and PWD='" + adminPwd + "'", con);
int i = Convert.ToInt32(cmd.ExecuteScalar());
if (i > 0)
{return true;}
else
{return false;}}
```

③"取消"Button按钮的Click事件代码(.cs文件代码12-6),单击"取消"按钮后显示如图12-11所示页面。

【代码12-6】

protected void btncancel _ Click(object sender, EventArgs e)

{RegisterStartupScript("提示", " < script > window. close( ); </script >");} //产生是否关闭本窗口的提示对话框

10）页面代码的保存与运行。代码输入完成，先将页面代码保存，然后按 < F5 > 键或单击工具栏上的"运行"图标按钮运行该程序，程序运行后，显示效果如图 12-10 所示。

2. 新闻发布系统后台新闻类别管理页面设计

新闻发布系统后台新闻类别管理页面及运行效果如图 12-15 所示，在"分类名称"后的文本框中输入要增加的新闻类别名称，单击"增加新闻类别"按钮，显示"新闻类别名称插入成功"消息框后，在 Repreater 控件中显示刚增加的内容。在 Repreater 控件中单击"删除"按钮，显示"是否真的删除新闻类别名称＊＊＊"消息框，如果单击"是"按钮，则对应的"新闻类别"被删除。在 Repreater 控件中单击"修改"按钮，则导航到如图 12-23所示的新闻发布系统后台新闻类别修改页面。

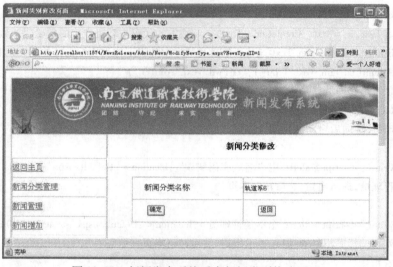

图 12-23　新闻发布系统后台新闻类别修改页面

具体操作步骤如下：

1）右击 NewsRelease 网站名，在弹出的快捷菜单中选择"新建文件夹"命令，如图 12-24 所示。输入文件夹名"Admin"。按此方法，再右击刚建好的 Admin 文件夹，新建文件夹 News。

2）右击刚建好的 News 文件夹，在快捷菜单中选择"添加新项"命令，打开"添加新项"对话框，如图 12-25 所示。选择"Web 窗体"模板，在"名称"文本框中输入"NewsTypeManage. aspx"，单击"添加"按钮，添加新的页面。

3）双击 NewsTypeManage. aspx 文件，进入其页面设计窗口，选择菜单栏中的"布局"→"插入表"命

图 12-24　新建文件夹

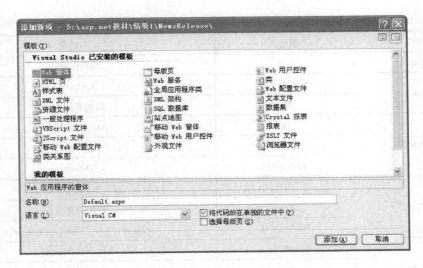

图 12-25 添加新页面

令，插入一个 8 行、3 列的表格。

4) 对插入的 8 行、3 列的表格进行处理。在最上面的一行合并单元格并插入 Logo 图，在表格的中间相关的列合并单元格并添加数据类控件 Repreater，并在左边放入 4 个 Hyper-Link 控件，再添加 2 个 Label、1 个 TextBox、1 个 Button 等 ASP. NET 标准控件，如图 12-26 所示。

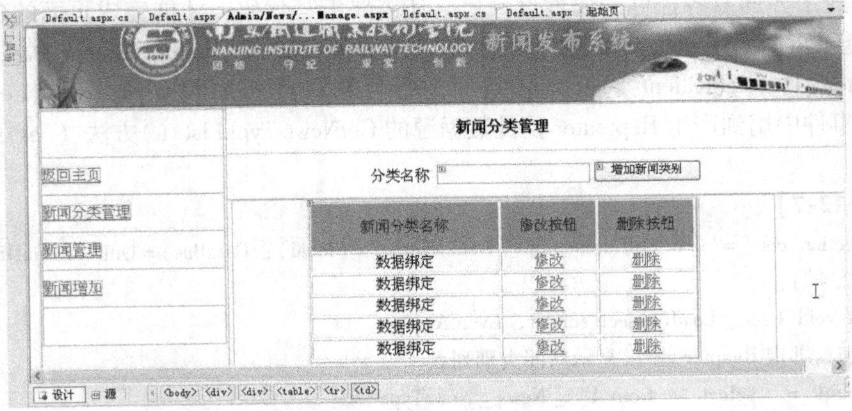

图 12-26 对插入的表格进行处理后的设计界面

5) 设置各控件属性值。按表 12-5 的顺序设置各控件的属性。

表 12-5 各控件属性设置

控件名	属性名	设置值
Label1	ID	lb _ NewsType
	Text	新闻分类管理
Label2	ID	lb _ NewsTypeName
	Text	分类名称

(续)

控件名	属性名	设置值
TextBox1	ID	txtTypeName
Button1	ID	btnSumbit
	Text	增加新闻类别
HyperLink1	ID	hl _ HomePage
	Text	返回主页
	NavigateUrl	~/Default. aspx
HyperLink2	ID	hl _ NewsTypeManage
	Text	新闻分类管理
	NavigateUrl	~/Admin/News/NewsTypeManage. aspx
HyperLink3	ID	hl _ NewsManage
	Text	新闻管理
	NavigateUrl	~/Admin/News/NewsManage. aspx
HyperLink4	ID	hl _ NewsAdd
	Text	新闻增加
	NavigateUrl	~/Admin/News/NewsAdd. aspx
repeater	ID	rp _ News _ Type

6）完成了界面及各控件的属性设计后，还需要编写代码，才能完成页面的各种功能。

由于登录页面要用到数据库连接，所以在程序开始处输入"using System. Data. SqlClient;"以添加 System. Data. SqlClient 这个命名空间，然后编写页面加载事件代码（.cs 文件代码12-7）。该事件中用到产生 Repreater 控件数据源的 GetNews TypeList ()方法（.cs 文件代码12-9）。

【代码12-7】

```
SqlConnection con = new SqlConnection("Data Source = (local); DataBase = OnlineExamDB; User ID = sa; PWD = 1234 ");
protected void Page _ Load(object sender, EventArgs e)
{//加载时,绑定 Reapter 控件,显示新闻类别列表
string strSql = "select * from UT _ News _ NewsType ";
this. rp _ News _ Type. DataSource = this. GetNewsTypeList(strSql);
this. rp _ News _ Type. DataBind();}
```

7）编写 Button 按钮（btnSumbit）的 Click 事件代码（.cs 文件代码12-8），实现新闻分类名称插入功能。该事件中调用两个方法，第1个是产生 Repreater 控件数据源的 GetNewsTypeList ()方法（.cs 文件代码12-9），第2个是执行 SQL 命令的 OperateData ()方法（.cs 文件代码12-10）。

【代码12-8】

```
protected void btnSubmit _ Click(object sender, EventArgs e)
{string strsql = "insert into UT _ News _ NewsType(NewsTypeName)values('" + txtTypeName. Text. Trim() +"')";
OperateData(strsql);
```

```
string strSql = "select * from UT_News_NewsType";
this. rp_News_Type. DataSource = this. GetNewsTypeList(strSql);
this. rp_News_Type. DataBind();
string sMessage = "新闻分类名称 "+ txtTypeName. Text. Trim() +" 插入成功! ";
string sURL = "NewsTypeManage. aspx";
Response. Write("< script > alert('" + sMessage +"');location. href = '" + sURL + "'</ script >");}
```

GetNewsTypeList()方法返回一个 DataTable 表,以便于与数据控件绑定(GridView 控件、DataList 控件、Repreater 控件、XmlDataSource 控件、SiteMapDataSource 控件等)。

【代码12-9】

```
public DataTable GetNewsTypeList(string sqlCommand)
{//打开数据库连接
if (con. State == 0)
{con. Open();}  //定义并初使化数据适配器
string strSql = sqlCommand;
SqlDataAdapter mydataadapter = new SqlDataAdapter(strSql, con);  //创建一个数据集 mydataset
DataSet mydataset = new DataSet();  //将数据适配器中的数据填充到数据集中
mydataadapter. Fill(mydataset);return mydataset. Tables[0];}
```

【代码12-10】

```
//执行 SQL 命令的 OperateData()方法
public void OperateData(string strsql)
{if (con. State == 0)
{con. Open();}
SqlCommand cmd = new SqlCommand(strsql, con);
cmd. ExecuteNonQuery();con. Close();}
```

8) 编写页面对应的. aspx 文件代码。

① Reapter 控件 < HeaderTemplate > 模板代码 (. aspx 文件代码 12-11)。

【代码12-11】

```
< asp:Repeater ID = "rp_News_Type" runat = "server" >
< HeaderTemplate >
< table border = "2" style = "vertical – align: middle; text – align: center;" >
< tr style = "background – color:#009AFF; vertical – align: middle; text – align: center;" >
< td style = "vertical – align: middle; width: 200px; height: 50px; text – align: center;" >
新闻分类名称 </ td >
< td style = "vertical – align: middle; width: 100px; height: 50px; text – align: center;" >
修改按钮 </ td >
< td style = "vertical – align: middle; width: 100px; height: 50px; text – align: center;" >
删除按钮 </ td >
</ tr >
</ HeaderTemplate >
```

② Reapter 控件 < ItemTemplate > 模板代码 (. aspx 文件代码 12-12)。

【代码 12-12】

```
< ItemTemplate >
< tr >
< td >   < %# Eval("NewsTypeName")% >   </a > </td >
< td >   < ahref = '../../Admin/News/ModifyNewsType.aspx? NewsTypeID = < %# Eval("ID")% >
'target ="_blank">修改 </a > </td >
< td >
< asp:LinkButtonID = "btnDelete" CommandName = '< %#Eval("NewsTypeName")% >' CommandArgument
='< %# Eval("ID") % >'OnCommand = "btnDelete_Click" OnClientClick = "return confirm( '你确定要删除
这条记录？')";runat = "server">删除  </asp:LinkButton >
</td >
</tr >
</ItemTemplate >
```

3. 新闻发布系统后台新闻类别修改页面设计

新闻发布系统后台新闻类别修改页面及运行效果如图 12-23 所示，在"分类名称"后的文本框中显示要修改的新闻类别名称。修改显示的新闻类别名称，单击"确定"按钮，显示"新闻分类名称修改成功！"消息框后返回并刷新 NewsTypeManage.aspx 页面。如果单击"返回"按钮，显示"返回新闻分类管理页面！"消息框后返回并刷新 NewsTypeMan-age.aspx 页面。

具体操作步骤如下：

1）右击 Admin 文件夹下的子文件夹 News，在弹出的快捷菜单中选择"添加新项"命令。选择"Web 窗体"模板，在"名称"文本框中输入"ModifyNewsType.aspx"，单击"添加"按钮，添加新的页面。

2）将"新闻分类管理页面"的 NewsTypeManage.aspx 文件里的代码从" < html"部分开始到结束位置复制后粘贴到 ModifyNewsType.aspx 文件代码中覆盖该文件中从" < html"开始到结束位置。

3）双击 ModifyNewsType.aspx 文件，进入其页面设计窗口，删除 Repreater 控件及所在的表格，然后选择菜单栏中的"布局"→"插入表"命令，插入一个 2 行、2 列的表格。

4）在插入的 2 行、2 列的表格中添加 1 个 Label、1 个 TextBox、2 个 Button 等 ASP.NET 标准控件，如图 12-23 所示。

5）设置各控件属性值。按表 12-6 的顺序设置各控件的属性。

表 12-6　各控件属性设置

控件名	属性名	设置值
Label1	ID	lb_NewsTypeName
	Text	新闻分类名称
TextBox1	ID	txtTypeName
Button1	ID	btnSumbit
	Text	确定
Button2	ID	btnReturn
	Text	返回

6）完成了界面及各控件的属性设计后，还需要编写代码，才能完成页面的各种功能。

由于新闻类别修改页面要用到数据库连接，所以在程序开始处输入"using System. Data. SqlClient;"以添加 System. Data. SqlClient 这个命名空间，然后编写页面加载事件的代码（.cs 文件代码 12-13），该事件中用到了 GetNewsTypeList（）方法（.cs 文件代码 12-9）。

【代码12-13】

```
SqlConnection con = new SqlConnection("Data Source = (local); DataBase = OnlineExamDB; User ID = sa; PWD = 1234");
int classid;
protected void Page _ Load(object sender, EventArgs e)
{if (Request. QueryString["NewsTypeID"] ! = null)
{ classid = Convert. ToInt32(Request. QueryString["NewsTypeID"]. ToString());
if (! Page. IsPostBack)
{string strSql = "select * from UT _ News _ NewsType where(ID =" + classid + ")";
DataTable dt = this. GetNewsTypeList(strSql);
txtTypeName. Text = dt. Rows[0]. ItemArray[2]. ToString();}}}
```

7）编写"确定"Button 按钮（btnSumbit）的 Click 事件代码（.cs 文件代码 12-14），实现新闻分类名称修改并返回刷新前一页的功能。该事件中用到执行 SQL 命令的 OperateData（）方法（.cs 文件代码 12-10）。

【代码12-14】

```
protected void btnSubmit _ Click(object sender, EventArgs e)
{string strsql = "update UT _ News _ NewsType set NewsTypeName ='" + txtTypeName. Text. Trim() + "' where ID =" + classid;
OperateData(strsql);
string sMessage = "新闻分类名称修改成功！";
Response. Write ("< scriptlanguage = javascript > alert ('" + sMessage + "'); history. go ( - 1);
window. opener. location. reload(); window. opener = null; window. close() </script>");}
```

8）编写"返回"Button 按钮（btnReturn）的 Click 事件代码（.cs 文件代码 12-15），实现放弃新闻分类名称的修改并返回刷新前一页的功能。

【代码12-15】

```
protected void btnReturn _ Click(object sender, EventArgs e)
{string sMessage = "返回新闻分类管理页面！";
Response. Write("<script language = javascript > alert('" + sMessage + "');
history. go( -1); window. opener. location. reload(); window. opener = null; window. close() </script>");}
```

4. 新闻发布系统后台新闻管理页面设计

新闻发布系统后台新闻管理页面及运行效果如图 12-27 所示，在左侧单击"新闻增加" HyperLink 链接按钮，显示新闻增加页面，如图 12-28 所示。按提示输入新闻相应的信息后，单击"确定"按钮，如果新闻有未输入项，验证控件会提示出错信息，如图 12-29 所示。如果新闻的所有项均输入，则显示"添加新闻成功"消息框后返回并刷新新闻管理页面，即在该页面的 Repreater 控件中可以显示刚增加的新闻内容。

图 12-27　新闻发布系统后台新闻管理页面

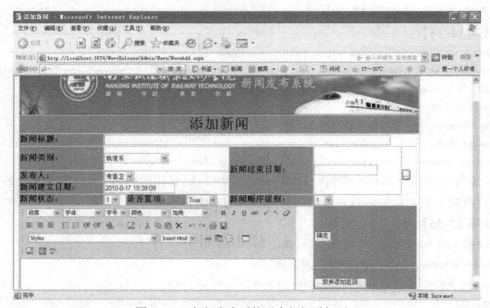

图 12-28　新闻发布系统后台新闻增加页面

在图 12-27 所示新闻发布系统后台新闻管理
页面的 Repreater 控件中单击"修改"按钮，则导
航到新闻发布系统后台新闻修改页面，效果如图
12-30 所示。该页面与图 12-28 所示页面基本相
同，所不同的是下部文本框中显示的是选定要修
改新闻的内容信息。

图 12-29　验证控件会提示出错信息

在图12-27所示新闻发布系统后台新闻管理页面的Repreater控件中单击"删除"按钮，显示"是否真的删除新闻名称 ＊ ＊ ＊"消息框，如果单击"是"按钮，则对应的"新闻"被删除。

图12-30　新闻发布系统后台新闻修改页面

具体操作步骤如下：

1）右击Admin文件夹下的子文件夹News，在弹出的快捷菜单中选择"添加新项"命令。选择"Web窗体"模板，在"名称"文本框中输入"NewsManage.aspx"，单击"添加"按钮，添加新的页面。

2）将新闻分类管理页面的NewsTypeManage.aspx文件里的代码从"＜html"部分开始到结束位置复制后粘贴到NewsManage.aspx文件代码中覆盖该文件中从"＜html"开始到结束位置。

3）双击NewsManage.aspx文件，进入其页面设计窗口。将原来的文本框删除，添加DropDownList下拉列表框控件。修改Repreater控件，原来Repreater控件显示3列信息，现在的Repreater控件显示5列信息，只是在原来的基础上增加"新闻标题"和"发布日期"两列，如图12-27所示。

4）设置各控件属性值。按表12-7的顺序设置各控件的属性，由于大部分的控件与表12-6相同，故只列出不同的控件属性。

表12-7　各控件属性设置

控件名	属性名	设置值
DropDownList1	ID	ddl _ NewsTypeName
Repeater1	ID	rp _ News _ Type

5）完成了界面及各控件的属性设计后，还需要编写代码，才能完成页面的各种功能。

由于新闻管理页面要用到数据库连接，所以在程序开始处输入"using System. Data. SqlClient;"以添加 System. Data. SqlClient 这个命名空间，然后编写页面加载事件代码（. cs 文件代码 12-16），该事件中用到两个方法，第 1 个方法是产生 DropDownList 下拉列表框控件数据源的 ECDropDownList（）方法（. cs 文件代码 12-17）；第 2 个方法是产生 Repreater 控件数据源的 GetNewsTypeList（）方法（. cs 文件代码 12-9）。

【代码 12-16】

```
SqlConnection con = new SqlConnection("Data Source = (local); DataBase = OnlineExamDB; User ID = sa; PWD = 1234");
int classid;
protected void Page _ Load(object sender, EventArgs e)
{if (! Page. IsPostBack)
{//加载时,绑定 Reapter 控件,显示新闻列表
string strSql = "select * from UV _ News _ NewsInfo where isDel = 0";
this. rp _ News _ Type. DataSource = this. GetNewsTypeList(strSql);
this. rp _ News _ Type. DataBind();
ECDropDownList(ddl _ NewsTypeName,"select * from UT _ News _ NewsType","NewsTypeName", "ID");}}
```

【代码 12-17】

```
//产生 DropDownList 下拉列表框控件(ddl _ NewsTypeName)数据源的 ECDropDownList 方法
public bool ECDropDownList(DropDownList DDL, string sqlstr3, string DTF, string DVF)
{//打开数据库连接
if (con. State = = 0)
{con. Open();}   //定义并初始化数据适配器
SqlDataAdapter mydataadapter = new SqlDataAdapter(sqlstr3, con);
//创建一个数据集 mydataset
//将数据适配器中的数据填充到数据集中
mydataadapter. Fill(mydataset);
DDL. DataSource = mydataset;
DDL. DataTextField = DTF;
DDL. DataValueField = DVF;
try
{DDL. DataBind();
return true;} catch{ return false; } finally
{ //关闭数据库连接
con. Close();}}
```

6）编写 Button 按钮（btnSumbit）的 Click 事件代码（. cs 文件代码 12-18），实现按新闻分类名称显示新闻的功能。该事件中使用执行 SQL 命令的 OperateData（）方法（. cs 文件代码 12-10）。

【代码 12-18】

```
protected void btnSubmit _ Click(object sender, EventArgs e)
{classid = Convert. ToInt32(this. ddl _ NewsTypeName. SelectedValue);
```

//取出下拉列表框中选项的值(新闻类别ID)

string strSql = "select * from UV_News_NewsInfo where NewsTypeID =" + classid + " and IsDel =0";

//从视图中 UV_News_NewsInfo 筛选

this. rp_News_Type. DataSource = this. GetNewsTypeList(strSql);

//Repeater 控件的数据源来自执行 SQL 命令的结果

this. rp_News_Type. DataBind();//Repeater 控件绑定数据源

7)编写页面对应的 HTML 代码。

① Reapter 控件 <HeaderTemplate> 模板代码（.aspx 文件代码 12-19）。

【代码 12-19】

< asp:Repeater ID =" rp_News_Type" runat =" server" >

< HeaderTemplate >

< table border =" 2" >

< tr style =" background-color:#009AFF;" >

< td style =" vertical-align:middle;width:100px;height:50px;text-align:center;" >新闻类别

</td >

< td style =" vertical-align:middle;width:320px;height:50px;text-align:center;" >新闻标题

</td >

< td style =" vertical-align:middle;width:100px;height:50px;text-align: center;" >创建时间

</td >

< td style =" vertical-align: middle;width:80px;height:50px;text-align:center;" >修改按钮

</td >

< td style =" vertical-align: middle;width:80px;height:50px;text-align:center;" >删除按钮

</td >

</tr >

</HeaderTemplate >

② Reapter 控件 <ItemTemplate> 模板代码（.aspx 文件代码 12-20）。

【代码 12-20】

< ItemTemplate >

< tr >

< td > < %# Eval(" NewsTypeName ")% > </td >

< td > < %# Eval(" Title ") % > </td >

< td > < %# Eval(" CreateTime ") % > </td >

< td > < a href ='../../Admin/News/ModifyNews. aspx? NewsID = < %# Eval(" ID ") % >' target =" _blank" >修改 </a > </td >

< td > < asp:LinkButton ID =" btnDelete" CommandName ='< %# Eval(" Title ")% >' CommandArgument ='< %# Eval(" ID") % >' OnCommand =" btnDelete_Click" OnClientClick =" return confirm('你确定要删除这条新闻记录？');" runat =" server" > 删除 </asp:LinkButton > </td >

</tr >

</ItemTemplate >

5. 新闻发布系统后台新闻添加页面设计

新闻发布系统后台新闻增加页面及运行效果如图 12-28 所示。

具体操作步骤如下：

1）右击 Admin 文件夹下的子文件夹 News，在弹出的快捷菜单中选择"添加新项"命令。选择"Web 窗体"模板，在"名称"文本框中输入"NewsAdd. aspx"，单击"添加"按钮，添加新的页面。

2）将新闻分类管理页面的 NewsManage. aspx 文件里的代码从"＜html"部分开始到结束位置复制后粘贴到 NewsAdd. aspx 文件代码中覆盖该文件中从"＜html"开始到结束位置。

3）双击 NewsAdd. aspx 文件，进入其页面设计窗口。将原来的 Repreater 控件删除，在此位置添加一个 13 行、4 列的表格，在该表格中添加 12 个 Label、2 个 TextBox、2 个 Button、5 个 DropDownList、1 个 Calendar 等 ASP. NET 标准控件；添加 3 个 RequiredFieldValidator、1 个 ValidationSummary 等 ASP. NET 验证控件，另外，还添加第三方控件 FreeTextBox，目的是为了完成图片新闻及文字的编辑工作。

4）设置各控件属性值。按表 12-8 的顺序设置各控件的属性，由于 Label 标签未涉及编程，只是起显示信息用，另外，3 个 RequiredFieldValidator、1 个 ValidationSummary 控件与表 12-4 相似，故在表 12-8 中未体现，请参考图 12-28 的页面进行设置。

表 12-8　各控件属性设置

控件名	属性名	设置值
DropDownList1	ID	ddl _ NewsTypeName
DropDownList2	ID	ddl _ RealsePerson
DropDownList3	ID	ddl _ Status
DropDownList4	ID	ddl _ IsTop
DropDownList5	ID	ddl _ NewsOrder
TextBox1	ID	txt _ Title
TextBox2	ID	txt _ CreateTime
TextBox3	ID	txt _ EndTime
Button1	ID	btnSubmit
	Text	确定
Button2	ID	btnCancel
	Text	放弃修改返回
Calendar1	ID	Calendar1
	DayNameFormat	Shortest 属性用于设置日历中星期名称的格式
第三方 FreeTextBox 控件	ID	FreeTextBox1

5）完成了界面及各控件的属性设计后，还需要编写代码，才能完成页面的各种功能。

由于新闻发布系统后台新闻增加页面要用到数据库连接，所以在 C#程序开始处输入"using System. Data. SqlClient；"以添加 System. Data. SqlClient 这个命名空间，然后编写页面加载代码（. cs 文件代码 12-21），该事件中用到 1 个方法，产生 DropDownList 下拉列表框控件数据源的 ECDropDownList（）方法（. cs 文件代码 12-17）。

【代码 12-21】

SqlConnection con ＝ new SqlConnection("Data Source ＝ (local)；DataBase ＝ OnlineExamDB；User ID ＝

sa；PWD = 1234"）；

　　protected void Page _ Load(object sender, EventArgs e)

　　{//在此处放置用户代码以初始化页面

　　FreeTextBox1. ImageGalleryPath ＝ "uploadpic"；　//上传新闻图片存放的文件夹

　　//第三方控件可以编辑所采用的字体

　　FreeTextBox1. FontFacesMenuList ＝ new string[ ] { "宋体", "隶书", "华文行楷", "Arial", "Courier New", "Tahoma", "Georgia", "Times", "Verdana" }；

　　if (Page. IsPostBack ＝＝ false)

　　{ txt _ CreateTime. Text ＝ System. DateTime. Now. ToString( )；//开始日期默认为当天

　　Calendar1. SelectedDate ＝ DateTime. Today；//日期控件显示当天日期

　　//绑定新闻类别到 ddl _ NewsTypeName 控件

　　ECDropDownList(ddl _ NewsTypeName, "select ∗ from UT _ News _ NewsType", "NewsTypeName", "ID")；//绑定管理员姓名到 ddl _ RealsePerson 控件

　　ECDropDownList(ddl _ RealsePerson, "select ∗ from UT _ Sys _ Admin", "AdminName", "ID")；}

　　}

　　6）编写两个 Button 按钮的 Click 事件及 Calendar 控件的 SelectionChanged 事件代码。

　　① "确定" Button 按钮的 Click 事件代码（. cs 文件代码 12-22），该事件中用到执行 SQL 命令的 OperateData（ ）方法（. cs 文件代码 12-10）。

【代码12-22】

　　protected void btnSubmit _ Click(object sender, EventArgs e)

　　{ int var _ istop；

　　if (Convert. ToBoolean(ddl _ IsTop. SelectedValue))

　　{ var _ istop ＝ 1；}

　　else

　　{ var _ istop ＝ 0；}

　　stringstrsql ＝ "insertintoUT _ News _ NewsContent(NewsTypeID, Title, NewsContent, PublishTime, EndTime, RealsePersonID, CreateTime, UpdateTime, Status, IsTop, NewsOrder, IsDel, BrowserCount) values (" + Convert. ToInt32 (ddl _ NewsTypeName. SelectedValue) + ",'" + txt _ Title. Text. Trim( ) + "'," + "'" + FreeTextBox1. Text. Trim( ) + "'," + "'" + (txt _ CreateTime. Text. Trim( )) + "'," + "'" + (txt _ EndTime. Text. Trim( )) + "'," + Convert. ToInt32(ddl _ RealsePerson. SelectedValue) + "," + "'" + (txt _ CreateTime. Text. Trim ( )) + "'," + "'" + (txt _ CreateTime. Text. Trim( )) + "'," + Convert. ToInt32(ddl _ Status. SelectedValue) + ",";

　　stringstrsqlok = strsql + var _ istop + "," + Convert. ToInt32(ddl _ NewsOrder. SelectedValue) + "," + 0 + "," + 0 + ")";

　　OperateData(strsqlok)；

　　string sMessage ＝ "新闻插入成功！";

　　Response. Write ("< scriptlanguage ＝ javascript > alert ('" + sMessage + "'); history. go (- 1); window. opener. location. reload( )；window. opener = null；window. close( ) </script >")；

　　}

　　② "取消" Button 按钮的 Click 事件代码（. cs 文件代码 12-23）。

【代码12-23】

　　protected void btnCancel _ Click(object sender, EventArgs e)

　　{ string sMessage ＝ "放弃修改返回！";

```
Response. Write("<script language = javascript > alert('" + sMessage + "');
history. go(-1);window. opener. location. reload();window. opener = null;window. close()</script>");}
```

③ Calendar 控件的 SelectionChanged 事件代码（. cs 文件代码 12-24）。

【代码 12-24】

```
protected void Calendar1 _ SelectionChanged(object sender, EventArgs e)
{txt _ EndTime. Text = Calendar1. SelectedDate. ToString();}
```

7）页面代码的保存与运行。代码输入完成，先将页面代码保存，然后按 < F5 > 键或单击工具栏上的"运行"图标按钮运行该程序，程序运行后，显示效果如图 12-28 所示。

6. 新闻发布系统后台新闻修改页面设计

在新闻管理页面单击欲修改的新闻链接按钮时，导航到新闻发布系统后台新闻修改页面，新闻发布系统后台新闻修改页面及运行效果如图 12-30 所示。

具体操作步骤如下：

1）右击 Admin 文件夹下的子文件夹 News，在弹出的快捷菜单中选择"添加新项"命令。选择"Web 窗体"模板，在"名称"文本框中输入"ModifyNews. aspx"，单击"添加"按钮，添加新的页面。

2）将新闻增加页面的 NewsAdd. aspx 文件里的代码从"< html"部分开始到结束位置复制后粘贴到 ModifyNews. aspx 文件代码中覆盖该文件中从"< html"开始到结束位置。

3）双击 ModifyNews. aspx 文件，进入其页面设计窗口，将原来的 3 个 RequiredFieldValidator、1 个 ValidationSummary 等 ASP. NET 验证控件删除。

4）设置各控件属性值。各控件属性值与表 12-8 相同，此处不再赘述。

5）完成了界面及各控件的属性设计后，还需要编写代码，才能完成页面的全部功能。

由于新闻发布系统后台新闻增加页面要用到数据库连接，所以在 C#程序开始处输入"using System. Data. SqlClient;"以添加 System. Data. SqlClient 这个命名空间，然后编写页面加载代码（. cs 文件代码 12-25），该事件中用到两个方法，第 1 个方法是产生 DropDownList 下拉列表框控件数据源的 ECDropDownList（）方法（. cs 文件代码 12-17）；第 2 个方法是产生 Repreater 控件数据源的 GetNewsTypeList（）方法（. cs 文件代码 12-9）。

【代码 12-25】

```
SqlConnection con = new SqlConnection("Data Source = (local); DataBase = OnlineExamDB; User ID = sa; PWD = 1234");
private static int newsid;
protected void Page _ Load(object sender, EventArgs e){  //在此处放置用户代码以初始化页面
FreeTextBox1. ImageGalleryPath = "uploadpic";
FreeTextBox1. FontFacesMenuList = new string[ ] { "宋体","隶书","华文行楷","Arial","Courier New","Tahoma","Georgia","Times","Verdana" };
if (Page. IsPostBack == false)
{if (Request. QueryString["NewsID"] ! = null)
{newsid = Convert. ToInt32(Request. QueryString["NewsID"]. ToString());  //打开数据库连接
if (con. State == 0)
{con. Open(); }  //定义并初使化数据
ECDropDownList(ddl _ NewsTypeName,"select * from UT _ News _ NewsType","NewsTypeName","ID
```

```
");
    ECDropDownList(ddl_RealsePerson, "select * from UT_Sys_Admin", "AdminName", "ID");
    string strSql = "select ID, Title, NewsContent, UpdateTime, NewsTypeID, RealsePersonID,
    EndTime, Status, IsTop, NewsOrder from UV_News_NewsInfo where ID='" + newsid + "'";
    DataTable dt = this.GetNewsTypeList(strSql);
    this.txt_Title.Text = dt.Rows[0].ItemArray[1].ToString();
    this.FreeTextBox1.Text = dt.Rows[0].ItemArray[2].ToString();
    this.txt_ModifyTime.Text = dt.Rows[0].ItemArray[3].ToString();
    string ddl_NewsTypeSelectedValue = dt.Rows[0].ItemArray[4].ToString();
    string ddl_RealsePersonSelectedValue = dt.Rows[0].ItemArray[5].ToString();
    this.txt_EndTime.Text = dt.Rows[0].ItemArray[6].ToString();
    ddl_Status.SelectedValue = dt.Rows[0].ItemArray[7].ToString();
    ddl_IsTop.SelectedValue = dt.Rows[0].ItemArray[8].ToString();
    ddl_NewsOrder.SelectedValue = dt.Rows[0].ItemArray[9].ToString();
    txt_ModifyTime.Text = System.DateTime.Now.ToString();
    Calendar1.SelectedDate = DateTime.Today;
    this.ddl_NewsTypeName.SelectedValue = ddl_NewsTypeSelectedValue;
    this.ddl_RealsePerson.SelectedValue = ddl_RealsePersonSelectedValue;
}}
```

6）编写两个 Button 按钮的 Click 事件及 Calendar 控件的 SelectionChanged 事件代码。

①"确定" Button 按钮的 Click 事件代码（.cs 文件代码 12-26），在该事件中用到执行 SQL 命令的 OperateData（）方法（.cs 文件代码 12-10）。

【代码 12-26】

```
protected void btnSubmit_Click(object sender, EventArgs e)
{int var_istop;
if(Convert.ToBoolean(ddl_IsTop.SelectedValue))
{var_istop = 1;}
else
{var_istop = 0;}
string strsql = "update UT_News_NewsContent set NewsTypeID=" + Convert.ToInt32
(ddl_NewsTypeName.SelectedValue) +",Title='" + txt_Title.Text.Trim() +"'," + "NewsContent='"
+ FreeTextBox1.Text.Trim() +"'," + "UpdateTime='" + (txt_ModifyTime.Text.Trim()) +"',";
string strsqlok = strsql + "EndTime='" + (txt_EndTime.Text.Trim()) +"'," + "RealsePersonID=" +
Convert.ToInt32(ddl_RealsePerson.SelectedValue) + ", " + "Status = " + Convert.ToInt32(ddl_
Status.SelectedValue) + ", " + "IsTop = " + var_istop + ", " + "NewsOrder = " + Convert.ToInt32(ddl_
NewsOrder.SelectedValue) +" where ID='" + newsid + "'";
OperateData(strsqlok);
string sMessage = "新闻修改成功！";
string sURL = "NewsManage.aspx";
Response.Write("<script language=javascript>alert('" + sMessage + "');history.go(-1);
window.opener.location.reload();window.opener = null;window.close()</script>");}
```

②"取消" Button 按钮的 Click 事件代码（.cs 文件代码 12-27）。

【代码12-27】

protected void btnCancel _ Click(object sender, EventArgs e)

{string sMessage = "放弃修改返回！";

Response. Write("< script language = javascript > alert('" + sMessage + "'); history. go(-1);

window. opener. location. reload( ); window. opener = null; window. close( ) </script >"); }

③ Calendar 控件的 SelectionChanged 事件代码（. cs 文件代码12-28）。

【代码12-28】

protected void Calendar1 _ SelectionChanged(object sender, EventArgs e)

{txt _ EndTime. Text = Calendar1. SelectedDate. ToString( ); }

7）页面代码的保存与运行。代码输入完成，先将页面代码保存，然后按 < F5 > 键或单击工具栏上的"运行"图标按钮运行该程序，程序运行后，显示效果如图 12-30 所示。

12.4 新闻发布系统前台程序实现

1. 新闻发布系统前台主页页面设计

在新闻发布系统后台系统登录页面设计的基础上，添加 2 个 DataList 控件，一个用于绑定"新闻类别名称"，另一个用于绑定所选择的"新闻类别"对应的"新闻标题、日期"等信息。另外，在页面的左下半部添加"友情链接"，在页面底部添加"版权信息"。新闻发布系统前台主页页面及运行效果如图 12-31 所示，单击想浏览的"新闻标题"，则显示所选定新闻详细信息的页面，如图 12-32 所示。

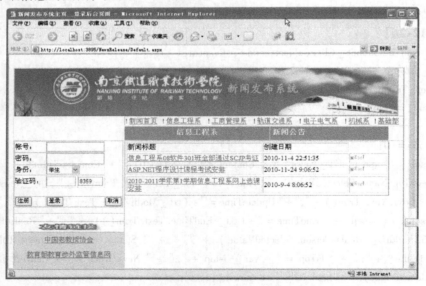

图 12-31 新闻发布系统前台主页页面

具体操作步骤如下：

1）双击 NewsRelease 网站下的 Default. aspx 文件，在前面介绍的新闻发布系统后台系统登录页面设计的基础上，添加 2 个 DataList 控件，一个添加在页面的上部中央，另一个添加在页面的中间工作区域，如图 12-31 所示。

图 12-32   所选定新闻详细信息页面

2）继续在 Default. aspx 页面中添加实现"友情链接"对应的 HTML 代码（. aspx 文件代码 12-29），实现"跑马灯"的效果。

【代码 12-29】

```
< td bgcolor = "#E9D9C2 " style = " vertical-align：top；width：250px；height：135px；text-align：center
" >
< marquee scrolldelay = "150 " direction = "up " onMouseOut = this. start() onMouseOver = this. stop() >
< a href = http：//www. moe. edu. cn/target = _ blank > < p align = center > 中华人民共和国教育部 </p >
</a >
< a href = http：//www. fjahe. org. cn/target = _ blank > < p align = center > 福建省高等教育学会 </p > </a
>
< a href = http：//www. chsi. com. cn target = _ blank > < p align = center > 中国高等教育学生信息网 </p
> </a >
< a href = http：//www. jlgjxh. cn target = _ blank > < p align = center > 吉林省高等教育学会 </p > </a >
< a href = http：//www. edu. cn target = _ blank > < p align = center > 中国教育和科研计算机网 </p > </
a >
< a href = http：//www. 21caas. com target = _ blank > < p align = center > 中国院校后勤信息网 </p > </
a >
< a href = http：//www. chinazy. org target = _ blank > < p align = center > 中国职业技术教育网 </p > </
a >
< a href = http：//www. cbe21. com target = _ blank > < p align = center > 中国基础教育网 </p > </a >
< a href = http：//www. e-chinaedu. cn target = _ blank > < p align = center > 教育部信息化杂志社 </p >
</a >
< a href = http：//www. cspa. thcic. cn target = _ blank > < p align = center > 中国老教授协会 </p > </a >
< a href = http：//www. jsj. edu. cn target = _ blank > < p align = center > 教育部教育涉外监管信息网 </p
```

＞＜／a＞

　　＜／marquee＞

　　＜／td＞

　3）在 Default. aspx 页面中底端添加实现显示"版权信息"所对应的 HTML 代码（. aspx 文件代码 12-30）。

【代码 12-30】

＜td style =" height：61px；background-color:#9cd7a4；text-align：center；" colspan =" 6 "＞

本系统由 ASP. NET 精品课程教学组开发 ＜br ／＞

版权所有ⒸASP. NET 精品课程教学组 2010--2012

＜／td＞

　4）添加"友情链接图片"，将 images 文件夹中的 link. gif 插入图 12-31 相应位置。

　5）设置主要的两个 DataList 控件属性值。按表 12-9 的顺序设置两个 DataList 控件的属性。

表 12-9　两个 DataList 控件属性设置

控件名	属性名	设置值
DataList1	ID	dl _ newstype
	HorizontalAlign	Left
	RepeatDirection	Horizontal
DataList2	ID	dl _ News

　6）完成了界面及各控件的属性设计后，还需要编写代码，才能完成页面的各种功能。

　　由于新闻发布系统前台主页页面要用到数据库连接，所以在程序开始处输入"using System. Data. SqlClient；"以添加 System. Data. SqlClient 这个命名空间，然后编写页面加载事件代码（. cs 文件代码 12-31），该事件中用到 GetNewsTypeList（）方法（. cs 文件代码 12-9），用于两个 DataList 控件的数据绑定。

【代码 12-31】

//该代码在新闻发布系统后台系统登录页面设计的基础上添加,已有的代码略

//定义 SqlConnection 对象 con 并初始化数据库连接

SqlConnection con ＝ new SqlConnection(" Data Source =（local）；DataBase = OnlineExamDB；User ID = sa；PWD =1234 ")；

PagedDataSource ps ＝ new PagedDataSource()；　//实例化一个 PagedDataSource 类对象

string strSqlpage；

string tmp；　//定义全局字符型变量

int classid；

protected void Page _ Load(object sender，EventArgs e)

{if (! Page. IsPostBack)　//页面首次加载时

{//首次加载时,绑定 DataList 控件,显示新闻类别

string strSql ＝ " select ＊ from UT _ News _ NewsType "；

DataTable dt ＝ this. GetNewsTypeList(strSql)；

DataRow dr ＝ dt. NewRow()；

dr[" ID "] ＝ 0；

dr["NewsTypeName"] = "<a href='default.aspx'>新闻首页</a>";

dt.Rows.InsertAt(dr, 0);

this.dl_newstype.DataSource = dt;

this.dl_newstype.DataBind();

//首次加载时,绑定DataList控件,显示第一个类别的新闻列表

string strSql2 = "select top 10 * from UT_News_NewsContent where (NewsTypeID=1) and (Status=3 and isDel=0) order by IsTop desc,NewsOrder ASC";

this.dl_News.DataSource = this.GetNewsTypeList(strSql2);

this.dl_News.DataBind();

string strSql5 = "select * from UT_News_NewsType where (ID=(select min(id) from UT_News_NewsType))";

DataTable dt5 = this.GetNewsTypeList(strSql5);

lb_Type_Name.Text = dt5.Rows[0].ItemArray[2].ToString();}

//除首次加载页面外,绑定DataList控件,显示相应的类别的新闻列表

if (Request.QueryString["NewsTypeID"] != null)

{classid = Convert.ToInt32(Request.QueryString["NewsTypeID"].ToString());

string strSql3 = "select top 10 * from UT_News_NewsContent where (NewsTypeID=" + classid + ") and (Status=3 and isDel=0) order by IsTop desc,NewsOrder ASC";

this.dl_News.DataSource = this.GetNewsTypeList(strSql3);

this.dl_News.DataBind();

string strSql4 = "select * from UT_News_NewsType where (ID=" + classid + ")";

DataTable dt4 = this.GetNewsTypeList(strSql4);

lb_Type_Name.Text = dt4.Rows[0].ItemArray[2].ToString();}}

7) 编写第1个DataList控件 (dl_newstype) <ItemTemplate>相应模板代码模板代码 (.aspx文件代码12-32)。

【代码12-32】

<asp:DataListID="dl_newstype" runat="server" HorizontalAlign="Left" RepeatDirection="Horizontal" Width="634px">

<ItemTemplate>

! <a href='Default.aspx?NewsTypeID=<%# Eval("ID")%>'> <%# Eval("NewsTypeName")%></a>

</ItemTemplate>

</asp:DataList></td>

8) 编写第2个DataList控件 (dl_News) 相应模板代码。

① 第2个DataList控件 (dl_News) <HeaderTemplate>模板代码 (.aspx文件代码 12-33)。

【代码12-33】

<asp:DataList ID="dl_News" runat="server">

<HeaderTemplate>

<table border="2" style="width:602px">

<tr>

<td style="width:304px">新闻标题</td>

```
< td  style = " width：191px " > 创建日期 </td >
< td > </td >
</tr >
</HeaderTemplate >
```

② 第 2 个 DataList 控件（dl _ News） < ItemTemplate > 模板代码（. aspx 文件代码 12-34）。

【代码 12-34】

```
< ItemTemplate >
< tr >
< td  style = " width：304px " >    < a  href = './Front/News/NewsDetail. aspx？ NewsID = < % # Eval(" ID ")
% >' target = "_ blank " > < % # Eval(" Title ") % > </a >
</td >
< td   style = " width：191px " > < % # Eval(" CreateTime ") % >   </td >
< td > < img  src = 'images/new. gif ' > </img >  </td >
</tr >
</ItemTemplate >
```

③ 第 2 个 DataList 控件（dl _ News） < FooterTemplate > 模板代码（. aspx 文件代码12-35）。

【代码 12-35】

```
< FooterTemplate >
</table >
</FooterTemplate >
</asp：DataList >
```

9）页面代码的保存与运行。代码输入完成，先将页面代码保存，然后按 < F5 > 键或单击工具栏上的"运行"图标按钮运行该程序，程序运行后的显示效果如图 12-31 所示。

2. 新闻发布系统前台显示所选定新闻详细信息页面设计

利用 ASP. NET 标准控件 Label、HyperLink 实现显示所选定新闻详细信息的页面，如图 12-32 所示，并实现统计新闻浏览次数的功能。

具体操作步骤如下：

1）右击 Front 文件夹下的子文件夹 News，在弹出的快捷菜单中选择"添加新项"命令。选择"Web 窗体"模板，在"名称"文本框中输入"NewsDetail. aspx"，单击"添加"按钮，添加新的页面。

2）双击 NewsDetail. aspx 文件，进入其页面设计窗口，然后选择菜单栏中的"布局"→"插入表"命令，插入一个 12 行、4 列的表格。

3）在插入的 12 行、4 列的表格中添加 5 个 Label、1 个 HyperLink 等 ASP. NET 标准控件，控件的位置参见图 12-32。

4）设置各控件属性值。按表 12-10 的顺序设置各控件的属性。

5）完成了界面及各控件的属性设计后，还需要编写代码，才能完成页面的各种功能。

由于显示"所选定新闻详细信息"的页面要用到数据库连接，所以在程序开始处输入"using System. Data. SqlClient；"以添加 System. Data. SqlClient 这个命名空间，然后编写页面加载事件的代码（. cs 文件代码 12-36），在该事件中用到执行 SQL 命令的 OperateData（ ）方法（. cs 文件代码 12-10）。

表 12-10　各控件属性设置

控件名	属性名	设置值
Label1	ID	lb _ Author
Label2	ID	lb _ CreateTime
Label3	ID	lb _ Content
Label4	ID	lb _ Times
HyperLink1	ID	HyperLink1
	NavigateUrl	~ /Default. aspx

【代码 12-36】

```
int newsid;
int browsertimer;
string strSql _ updatecount;
SqlConnection con = new SqlConnection("Data Source = (local); DataBase = OnlineExamDB; User ID = sa; PWD = 1234");
protected void Page _ Load(object sender, EventArgs e)
{if (! this. IsPostBack)
{//打开数据库连接
con. Open(); //定义并初使始数据适配器
if (Request. QueryString["NewsID"] ! = null)
{newsid = Convert. ToInt32(Request. QueryString["NewsID"]. ToString());
string strSql = "select ID,Title, NewsContent, PublishTime,AdminName,BrowserCount from UV _ News _ NewsInfo where ID =" + newsid;
SqlCommand cmd = new SqlCommand(strSql, con);
SqlDataReader sdr = cmd. ExecuteReader();
while (sdr. Read())
{this. lb _ Title. Text = sdr. GetString(1);
this. lb _ Content. Text = sdr. GetString(2);
this. lb _ CreateTime. Text = sdr. GetDateTime(3). ToString();
this. lb _ Author. Text = sdr. GetString(4);
//统计新闻浏览次数(原来的已写入数据库),在原来的基础上加 1
browsertimer = Convert. ToInt32((sdr. GetInt32(5). ToString())) + 1;}
sdr. Close(); //统计新闻浏览次数,将新闻浏览次数更新回数据库
strSql _ updatecount = "update UV _ News _ NewsInfo set BrowserCount =" + browsertimer + " where ID =" + newsid;
OperateData(strSql _ updatecount);
this. lb _ Times. Text = browsertimer. ToString();
}}}
```

12.5　新闻发布系统测试

调试与测试的最大不同是二者的目的和视角不同。调试包括查找 BUG、定位 BUG、修

改并最终确认 BUG 已经被修复的软件故障排除过程；测试是在一个相对独立的环境下（测试应尽可能地模拟运行环境，调试是在开发环境），运行系统单元，观察和记录运行结果，对结果进行独立评价的过程。

新闻发布系统测试的具体操作步骤如下：

1）管理员登录新闻发布系统后台，单击"新闻添加"导航菜单，为单元测试做好准备工作。

2）按表 12-11 设计新闻发布系统"新闻添加"单元测试用例。

表 12-11　新闻发布系统"新闻添加"单元测试用例

"新闻添加"单元测试用例设计
"新闻添加"功能是否正确
前提条件
进入此后台的人员为系统管理员、或有"用户管理"权限的人员
输入/动作
页面

测试用例阶段			实际测试阶段	
页面操作	判断方法	期望输出	实际输出	备注
输入新闻信息	页面能否正确接受输入	日期、文本等格式正确	与期望一致	
插入图文混合新闻	FreeTextBox 控件能否接收图文混合的新闻内容	图文混合新闻	与期望一致	
提交任务分配	查看 UT_News_NewsContent 表内容	在表中成功添加一条新闻内容	与期望一致	

数据表 UT_News_NewsContent

测试用例阶段				实际测试阶段	
字段名称	描述	判断方法	期望输出	实际输出	备注
ID	主键，自动增长	在数据库中查看	自动增长	与期望一致	
NewsTypeID	新闻类型 ID	在关联表中查看是否正确。注意用到了视图文件 UV_News_NewsInfo	与新闻类别表 UT_News_NewsType 相应的主键 ID 值一致，该值来自于视图文件 UV_News_NewsInfo	与期望一致	
Title	新闻标题	在后台查看，数据库中对比	与输入的新闻标题相一致	与期望一致	
NewsContent	新闻内容	是否保存 HTML 文档，在后台查看，数据库中对比，并且查看是否可以显示图文混合的新闻	HTML 文档（可以有 img 标签），可以显示图文混合的新闻	与期望一致	

（续）

测试用例阶段				实际测试阶段	
字段名称	描述	判断方法	期望输出	实际输出	备注
NavigateUrl	新闻 URL	备用字段（保存链接 URL 信息）暂时未保存	保存链接 URL 信息	暂时未保存	备用
PublishTime	发布时间	在后台查看，数据库中对比	保存新闻的发布日期	与期望一致	
EndTime	终止时间	在后台查看，数据库中对比	保存新闻的终止日期	与期望一致	
RealsePersonID	发布人 ID	在关联表中查看是否正确注意用到了视图文件UV_News_NewsInfo	与系统管理员表 UT_Sys_Admin 相应的主键 ID 值一致，该值来自于视图文件 UV_News_NewsInfo	与期望一致	
CreateTime	创建时间	在后台查看，数据库中对比	保存新闻的创建日期	与期望一致	
UpdateTime	更新时间	在后台查看，数据库中对比	保存新闻的更新日期	与期望一致	
BrowserCount	浏览量	在后台查看，数据库中对比，并且查看是否可以统计出该新闻的浏览数量	可以统计出该新闻的浏览数量	与期望一致	
Status	新闻状态 1：已保存未审核 2：已审核未发布 3：已发布	将 Status 字段的新闻状态值 1、2、3 全部测试一遍，并测试根据新闻状态是否可以发布与否，同时在后台查看，数据库中对比	1：已保存未审核（不可以浏览该新闻）2. 已审核未发布（不可以浏览该新闻）3：已发布（可以浏览该新闻）	与期望一致	
IsTop	是否置顶，true _是；false _否	将 IsTop 字段的值分别设置为 true 或 false，在显示新闻标题页面中是否置顶，在后台查看，数据库中对比	将 IsTop 字段的值设置为 true 新闻置顶，将 IsTop 字段的值设置 false 新闻不置顶	与期望一致	
NewsOrder	新闻排序，数字越小，级别越高	NewsOrder 字段分为 10 级，新闻排序，数字越小，级别越高，在后台查看，数据库中对比	测试 NewsOrder 字段各级值，并测试新闻排序，数字越小，级别越高	与期望一致	
IsDel	是否删除；true _是；false _否	IsDel 字段值分别为 true 或 false，决定是否删除新闻，在后台查看，数据库中对比	将 IsDel 字段的值设置为 true 新闻被逻辑删除，将 IsTop 字段的值设置 false 新闻被恢复	与期望一致	
PicPath	图片新闻图片的位置	备用字段	备用字段		
期望输出					
"新闻添加"模块功能均正确实现。					
实际情况（测试时间与描述）					
功能正确实现					
测试结论			通过		

3）按表 12-11 设计新闻发布系统"新闻添加"单元测试用例进行测试：根据表中测试用例的"判断方法"测试"实际输出"是否与"期望输出"的一致。然后，再进行实际的测试，测试所有的"期望输出"是否全部满足，如果全部满足，最后得出"测试结论"是通过或不通过。

12.6 部署与维护

IIS（Internet Information Server，因特网信息服务）是微软公司主推的 Web 服务器，通过 IIS 开发人员可以很方便地调试程序或者发布网站。因此在部署新闻发布系统之前，需要安装并且配置 IIS。

1. 安装 IIS

IIS 是与 Window NT Server 完全集成在一起的，因而用户能够利用 Windows NT Server 和 NTFS（New Techno logy File System，新技术文件系统）内置的安全特性，建立功能强大、灵活而安全的 Intranet 站点。下面将介绍如何在 Windows XP 中安装 IIS v5.1 版本。

具体操作步骤如下：

1）在光驱中插入 Windows XP 安装光盘，打开 Windows 控制面板，单击"添加或删除程序"图标。

2）单击"添加/删除 Windows 组件"图标，打开"Windows 组件向导"对话框，如图 12-33 所示。

图 12-33 "Windows 组件向导"对话框

3）勾选"Internet 信息服务（IIS）"复选框，单击"下一步"按钮，按照提示操作，最后单击"完成"按钮，完成 IIS 安装操作。

4）安装完成后，在 IE 的地址栏里输入"http：//localhost"，按 < Enter > 键，如果出现如图 12-34 所示的 IIS 欢迎界面，则表示 IIS 安装成功。

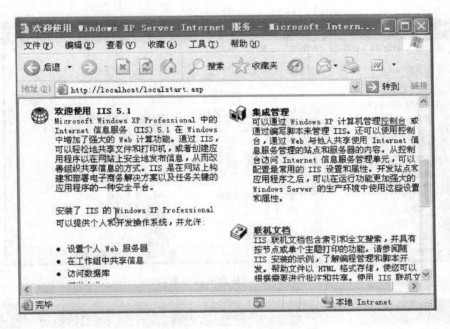

图 12-34   IIS 安装成功后的运行画面

2. 配置 IIS 并部署新闻发布系统

IIS 安装好以后就可以将"新闻发布系统"部署到用户单位的 Web 服务器和数据库服务器上了，用户单位的 Web 服务器和数据库服务器上基本信息见表 12-12。

表 12-12   用户单位服务器基本信息

服务器名称	NJTD	服务器 IP	10. 0. 21. 140
服务器登录名	NJTD	登录密码	666@ abcd
服务器用途	新闻发布系统服务器		
应用程序文件路径	D：\NewsRelease		
IIS 应用池名称	D：\NewsRelease	IIS 网站名称	NewsRelease
Web 服务名称：NewsRelease	功能说明：考试新闻的发布及显示		
数据库文件路径	D：\NewsRelease \ App _ Data \ OnlineExamDB. mdf		
数据库日志	D：\NewsRelease \ App _ Data \ OnLineExamDB _ log. LDF		
数据库用户名	sa	数据库密码	sa

将"新闻发布系统"部署到用户单位服务上的具体操作步骤如下：

1）打开 Windows 的控制面板，双击"管理工具"图标，打开"管理工具"窗口，如图 12-35 所示。

2）双击"Internet 信息服务"图标，打开"Internet 信息服务"窗口，如图 12-36 所示。

3）单击左侧"网站"项前面的"＋"号展开，选择"默认网站"项，如图 12-37 所示。

4）单击鼠标右键，从弹出的快捷菜单中选择"属性"命令，打开"默认网站属性"对话框，如图 12-38 所示。

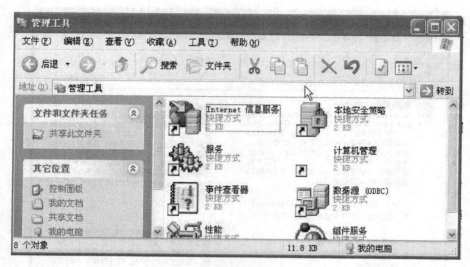

图 12-35 "管理工具"窗口

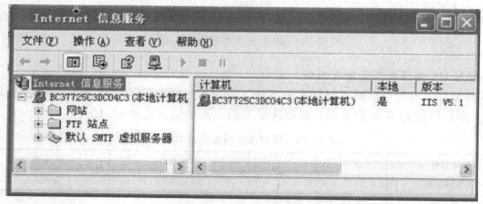

图 12-36 "Internet 信息服务"窗口

图 12-37 默认网站

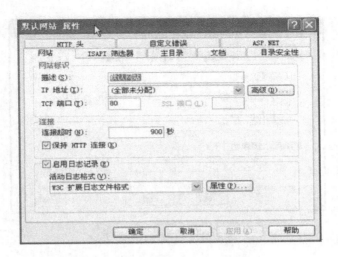

图 12-38 "默认网站属性"对话框

5）选择"主目录"选项卡，其中的"c：\inetpub\wwwroot"是系统默认网站的本地路径，如图 12-39 所示。单击"浏览"按钮，选择存放新闻发布系统网站的路径"D：\News-Release"，再单击"确定"按钮，完成主目录的设置，即系统默认网站设置为"新闻发布系统"网站。在 IE 的地址栏里输入"http：//localhost"，按下 < Enter > 键，则在 IE 浏览器中显示新闻发布系统的首页，从而完成了新闻发布系统的部署工作任务。

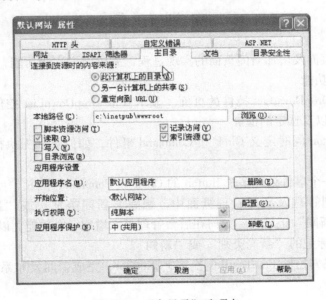

图 12-39 "主目录"选项卡

6）选择"文档"选项卡，勾选"启用默认文档"复选框，这样当运行 Web 程序后，不需要在地址栏中填写此文件名，系统会显示默认文档中的文件。例如，要浏览"http：//localhost/default. aspx"，只需要在浏览器中输入"http：//localhost/"，就可以访问上述网页。用户也可以添加新的或者删除默认文档，如图 12-40 所示。

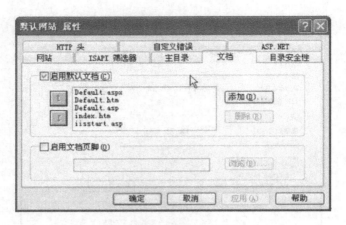

图 12-40 "文档"选项卡

本 章 小 结

本章设计制作了一个学校新闻发布系统，介绍了从学校新闻发布系统的需求分析、功能设计到数据库设计以及各模块的详细功能设计和代码编写等知识，展示了一个完整的基于Web 的数据库应用程序的实现方法和编写流程。

实 训 任 务

1）参照登录页面及增加新闻页面的实现过程，完成用户注册功能，要求能熟练应用验证控件及事件处理功能。

2）编写含有 DropDownList 控件的页面，显示获取 DropDownList 控件选定项的索引值、获取选定项的内容以及选定的值。

3）完成对 Button 同时定义 Click 和 Command 事件，如何验证先执行 Click 事件，后执行 Command 事件？

4）要求用同一个事件处理多个 Button 的 Click 和 Command 事件。

5）在新闻类别管理及新闻管理页面中，删除"新闻类别"或"新闻"是物理删除"新闻类别"或"新闻"记录吗？如何在后台管理页面增加一个功能，以实现定期转移或物理删除被加上删除标记的"新闻类别"或"新闻"？

6）尝试将第三方控件 FreeTextBox 换成 FCKeditor，完成新闻发布系统的后发布图文混排的功能。

项目拓展：

1）试对 DataList 控件实现分页功能。

2）试对 Repeater 控件实现分页功能。

3）在完成新闻添加和修改的页面中，有一项是选定新闻状态，在后台新闻管理页面如何又增加一功能实现批量审核新闻，以便节省时间？

4）在完成新闻添加和修改的页面中，有一项是选定是否置顶，在 DataList 控件绑定新闻时，如何实现根据是否置顶的值以确定显示是图片还是符号？

练 习 题

一、判断题

1. 目前，在数据库系统中，使用最广泛的数据模型是面向对象模型。　　　（　　）

2. 主键可以取空值。　　　（　　）

3. 数据库设计是指对于一个给定的应用环境，构造最优的数据库模式，建立数据库及其应用系统，有效存储数据，满足用户信息要求和处理要求。　　　（　　）

4. 根据索引的特点，应该对那些数据量大、查询频度较高、实时性要求强的基本表创建索引。　　　（　　）

5. 在实际应用中，尽可能不要通过视图对记录进行更新操作。　　　（　　）

二、单选题

1. 由数据结构、关系操作集合和完整性约束3部分组成的是（　　）数据库。

A. 关系模型　　　B. 关系表格　　　C. 关系链接　　　D. 关系数据库

2. 通常情况下，"数据库管理系统"的英文缩写是（　　）。

A. DBMS　　　B. DBS　　　C. DBA　　　D. DMS

3. 在一个学生关系中，能够成为主关键字（或称主码）的属性是（　　）。

A. 性别　　　B. 年龄　　　C. 学号　　　D. 班级

4. 用户使用SQL Server时，通常需要依次经过两个安全性阶段是（　　）。

A. 登录验证、操作验证　　　B. 操作验证、登录验证

C. 身份验证、权限认证　　　D. 权限认证、身份验证

5. SQL Server中进行数据库恢复的T－SQL语句是（　　）。

A. INSERT DATABASE　　　B. BACKUP DATABASE

C. RESTORE DATABASE　　　D. UPDATE DATABASE

三、多选题

1. 计算机数据处理技术经历的阶段包括（　　）。

A. 人工管理　　　B. 文件管理　　　C. 数据库管理　　　D. 变量和配置

2. SQL Server数据库中的NULL值表示的含义是（　　）。

A. 空格　　　B. 换行　　　C. 0　　　D. 1

3. 一个不规范的关系模式通常会引发导致大量的数据冗余的异常包括（　　）。

A. 插入异常　　　B. 删除异常　　　C. 更新异常　　　D. 列表异常

四、填空题

1. 在关系数据库中，实现"表中任意两行不能相同"的约束是靠_____。

2. SQL Server系统中的所有系统级信息存储于_____数据库。

3. _____是SQL语言存放数据、查找数据以及更新数据的基本数据结构。

4. 数据依赖通常包括_____和多值依赖两个方面。

5. 进行数据库备份时，必须同时复制主数据文件和_____。

附录 "数据库应用"模拟试卷

模拟试卷 A（闭卷，120 分钟）

一、选择题（每小题只有一个正确答案。每小题 2 分，共 30 分）

1. 如果希望从学生表中查询出所有姓"王"的同学，那么条件语句应该是（　　）。

A. WHERE 姓名% '王'　　　　　　　　　B. WHERE 姓名 LIKE '王%'

C. WHERE 姓名 % 'LIKE 王'　　　　　　D. WHERE 姓名 LIKE '王'

2. 通常情况下，"数据库管理系统"的英文缩写是（　　）。

A. DBMS　　　　　B. DBS　　　　　C. DBA　　　　　D. DMS

3. 在一个学生关系中，能够成为主关键字（或称主码）的属性是（　　）。

A. 性别　　　　　B. 年龄　　　　　C. 学号　　　　　D. 班级

4. 下列关于索引的说法中，不正确的是（　　）。

A. 索引必须创建在主关键字之上

B. 索引与基本表分开存储

C. 索引是为了提高查询速度而创建的

D. 索引会在一定程度上影响增删改操作的效率

5. 数据库应用程序开发中，需求分析阶段的主要目的是（　　）。

A. 回答"干什么"的问题　　　　　　　　B. 回答"怎么干"的问题

C. 建立逻辑数据模型　　　　　　　　　　D. 建立最佳物理存储结构

6. 用户使用 SQL Server 时，通常需要依次经过的两个安全性阶段是（　　）。

A. 登录验证、操作验证　　　　　　　　　B. 操作验证、登录验证

C. 身份验证、权限认证　　　　　　　　　D. 权限认证、身份验证

7. SQL Server 数据库中的一个完整的备份通常要包括（　　）。

A. 系统数据库、用户数据库和事务日志　　B. 系统数据库、系统表和数据字典

C. 系统数据库、用户数据库和数据字典　　D. 用户数据库和事务日志

8. SQL Server 中进行数据库恢复的 T-SQL 语句是（　　）。

A. INSERT DATABASE　　　　　　　　　B. BACKUP DATABASE

C. RESTORE DATABASE　　　　　　　　D. UPDATE DATABASE

9. 下列 T-SQL 语句中，能够完成并运算的是（　　）。

A. SELECT * FROM 篮球爱好者 UNION SELECT * FROM 足球爱好者

B. SELECT * FROM 篮球爱好者 INTERSECT SELECT * FROM 足球爱好者

C. SELECT * FROM 篮球爱好者 EXCEPT SELECT * FROM 足球爱好者

D. SELECT * FROM 篮球爱好者，足球爱好者

10. 设学生表和课程表的结构分别为（学号，姓名）和（学号，课程号，成绩），如果

希望查询出"成绩大于90分的学生姓名",则对应的T-SQL语句是（　　　）。

A. SELECT 姓名 FROM 学生表 WHERE 学生表.学号＝课程表.学号 AND 课程表.成绩＞90

B. SELECT 姓名 FROM 课程表 WHERE 学生表.学号＝课程表.学号 AND 课程表.成绩＞90

C. SELECT 姓名 FROM 学生表,课程表 WHERE 学生表.学号＝课程表.学号 OR 课程表.成绩＞90

D. SELECT 姓名 FROM 学生表,课程表 WHERE 学生表.学号＝课程表.学号 AND 课程表.成绩＞90

11. 在人工管理阶段,数据是（　　　）。

A. 有结构的　　　　　　　　　　　　B. 无结构的
C. 整体无结构,记录内有结构　　　　D. 整体结构化的

12. 数据库系统软件包括（　　　）。

① 数据库　② DBMS　③ OS、DBMS 和高级语言
④ DBMS 和 OS　⑤ 数据库应用系统和开发工具

A. ①和②　　　　B. ②和⑤　　　　C. ③　　　　D. ④

13. 由数据结构、关系操作集合和完整性约束3部分组成的是（　　　）。

A. 关系模型　　　B. 关系　　　C. 关系模式　　　D. 关系数据库

14. 数据库中只存放视图的（　　　）。

A. 操作　　　B. 对应的数据　　　C. 定义　　　D. 限制

15. 数据库是长期存储在计算机内、有组织的、可共享的（　　　）。

A. 文件集合　　　B. 数据集合　　　C. 命令集合　　　D. 程序集合

二、填空题（每空2分,共10分）

1. 进行数据库备份时,必须同时复制主数据文件和＿＿＿＿＿＿。
2. "实体—联系"方法是描述数据库概念模型的主要方法,一般称这种方法为＿＿＿＿＿＿。
3. 在T-SQL语句中,起修改表中数据作用的命令动词是＿＿＿＿＿＿。
4. 在关系数据库中,实现"表中任意两行不能相同"的约束是靠＿＿＿＿＿＿。
5. SQL Server 系统中的所有系统级信息存储于＿＿＿＿＿＿数据库。

三、判断题（每小题2分,共10分）

1. 计算机数据处理技术经历了人工管理、文件管理和数据库管理三大阶段。（　　）
2. 能够唯一表示数据表中的每条记录的字段或者字段的组合称为主码或主键。（　　）
3. SQL Server 数据库中的 NULL 值（空值）表示的是"空格"或"0"值。（　　）
4. 一个不规范的关系模式通常会引发插入异常、删除异常和更新异常,导致大量的数据冗余。（　　）
5. 目前的关系数据库系统一般都支持标准 SQL 语句。（　　）

四、简述题（10分）

请简要说明视图的概念和作用。

五、综合应用题（每小题8分,共40分）

Exam 数据库介绍:该数据库包含了图书表、读者表和借书表,表名分别为:book、

reader 和 borrow。各个表的结构和数据见表1～表6。

表1　图书表 book

主键	描述	列名	数据类型	宽度
P	图书编号	bno	Char	4
	图书名称	bname	Char	20
	作者	author	Char	10
	出版社	publish	Char	20
	出版日期	pubdate	Datetime	

表2　读者表 reader

主键	描述	列名	数据类型	宽度
P	读者编号	rno	Char	4
	读者姓名	rname	Char	10

表3　借书表 borrow

主键	描述	列名	数据类型	宽度
P	借书编号	borrowno	Int	
	图书编号	bno	Char	4
	读者编号	rno	Char	4
	借书日期	borrowdate	Datetime	

表4　图书表数据

图书编号	图书名称	作者	出版社	出版日期（年-月-日）
0001	数据库原理	李明	出版社 A	2008-10-01
0002	软件工程	张永	出版社 B	2008-08-09
0003	操作系统	赵明哲	出版社 A	2009-03-06
0004	数据结构	张辉	出版社 C	2009-05-28

表5　读者表数据

读者编号	读者姓名
0001	李莎
0002	陈世杰
0003	吴忠

表6　借书表数据

借书编号	图书编号	读者编号	借书日期（年-月-日）
1	0001	0001	2010-03-15
2	0002	0001	2010-03-20
3	0002	0002	2010-03-30

（续）

借书编号	图书编号	读者编号	借书日期（年-月-日）
4	0003	0002	2010-04-05
5	0003	0001	2010-04-12
6	0004	0001	2010-04-21

1. 输入 T－SQL 语句，创建以上 3 个基本表及主键。

2. 插入表 4 所给数据。

3. 找出当前至少借阅了 2 本图书的读者编号及姓名。

4. 建立删除数据触发器，实现当某个同学退学以后，即删除学生表中一行数据时，系统自动将该学生的相关成绩记录同时也删除。

5. 创建存储过程 score_pro，用于按学号查询某位学生所借阅的图书。要求查询结果显示学生姓名、图书编号、借书日期。

模拟试卷 B（闭卷，120 分钟）

一、选择题（每小题只有一个正确答案。每小题 2 分，共 30 分）

1. 应用程序员所看到和使用的是数据库的（　　）。

A. 外部模型　　　　　　B. 物理模型　　　　　　C. 逻辑模型　　　　　　D. 概念模型

2. 现要查找缺少学习成绩（G）的学生学号（Sno）和课程号（Cno），相应的 SQL 语句

SELECT Sno，Cno

FROM SC WHERE

中 WHERE 后正确的条件表达式是（　　）。

A. G = 0　　　　　　B. G < = 0　　　　　　C. G = NULL　　　　　　D. G IS NULL

3. 下述 T-SQL 语句中，起修改表中数据作用的命令是（　　）。

A. ALTER　　　　　　B. CREATE　　　　　　C. UPDATE　　　　　　D. INSERT

4. 表在数据库中是一个非常重要的数据对象，它是用来（　　）各种数据内容的。

A. 显示　　　　　　B. 查询　　　　　　C. 存放　　　　　　D. 检索

5. 数据库创建后就可以创建表了，创建表可以用（　　）等方法来创建。

A. 企业管理器　　　　　　B. 查询分析器

C. OSQL　　　　　　D. 企业管理器和 CREATE TABLE 语句

6. 在 T-SQL 语句中，用来插入与更新数据的命令分别是（　　）。

A. INSERT，UPDATE　　　　　　B. UPDATE，INSERT

C. DELETE，UPDATE　　　　　　D. CREATE，INSERT INTO

7. 在 SQL Server 服务器上，存储过程是一组预先定义并（　　）的 T – SQL 语句。

A. 保存　　　　　　B. 编译　　　　　　C. 解释　　　　　　D. 编写

8. 下列 T-SQL 语句中，能够完成删除功能的是（　　）。

A. INSERT INTO 学生表 VALUES（'2006001'，'王小明'，'男' 2）

B. UPDATE 学生表 SET 姓名 = '王莉' WHERE 学号 = '2006001'

C. DELETE 学生表 SET 姓名 = '王莉' WHERE 学号 = '2006001'

D. DELETE FROM 学生表 WHERE 性别 = '男'

9. 下列 T-SQL 语句中，能够完成求某列最大值的是（　　）。

A. SELECT AVG（Age）FROM Student　　　　　　B. SELECT MAX（Age）FROM Student

C. SELECT MIN（Age）FROM Student　　　　　　D. SELECT COUNT（＊）FROM Student

10. 在关系数据库中，实现"表中任意两行不能相同"的约束是靠（　　）。

A. 外键　　　　　　B. 属性　　　　　　C. 主键　　　　　　D. 列

11. 设学生表和课程表的结构分别为（学号，姓名）和（学号，课程名，成绩），如果希望查询出选修了"数据库应用技术"课程的学生姓名和成绩，则对应的 T – SQL 语句是（　　）。

A. SELECT 姓名，成绩 FROM 学生表 WHERE 学生表.学号 = 课程表.学号 AND 课

程名='数据库应用技术'

B. SELECT 姓名，成绩 FROM 课程表 WHERE 学生表.学号=课程表.学号 AND 课程名='数据库应用技术'

C. SELECT 姓名 FROM 学生表，课程表 WHERE 学生表.学号=课程表.学号 OR 课程名='数据库应用技术'

D. SELECT 姓名，成绩 FROM 学生表，课程表 WHERE 学生表.学号=课程表.学号 AND 课程名='数据库应用'

12. SQL Server 系统中的所有系统级信息存储于哪个数据库（　　　　）。

A. master　　　　　B. model　　　　　C. tempdb　　　　　D. msdb

13. SQL Server 的字符型系统数据类型主要包括（　　　　）。

A. Int，money，char　　　　　　　B. char，varchar，text

C. datetime，binary，int　　　　　D. char，varchar，int

14. 语句 "Create Unique Index AAA On 学生表（学号）" 将在学生表上创建名为 AAA 的（　　　　）。

A. 唯一索引　　　　　　　　　B. 聚集索引

C. 复合索引　　　　　　　　　D. 唯一聚集索引

15. 下列 T-SQL 语句中，用于修改表结构的是（　　　　）。

A. ALTER　　　　B. CREATE　　　　C. UPDATE　　　　D. INSERT

二、填空题（每空 2 分，共 10 分）

1. _____是 SQL 语言存放数据、查找数据以及更新数据的基本数据结构。

2. 数据依赖通常包括_____和多值依赖两个方面。

3. 当需要对查询结果进行排序时，可以指定其排序方式，字段后使用_____表示升序，DESC 表示降序。

4. SQL 数据定义语言的主要作用是创建存储数据的结构，而数据操纵语言的主要作用则是向数据库中填写数据，具体包括增加、_____、_____等操作。

三、判断题（每小题 2 分，共 10 分）

1. 目前，在数据库系统中，使用最广泛的数据模型是面向对象模型。（　　　）

2. 主键可以取空值。（　　　）

3. 数据库设计是指对于一个给定的应用环境，构造最优的数据库模式，建立数据库及其应用系统，有效存储数据，满足用户信息要求和处理要求。（　　　）

4. 根据索引的特点，应该对那些数据量大、查询频度较高、实时性要求强的基本表创建索引。（　　　）

5. 在实际应用中，尽可能不要通过视图对记录进行更新操作。（　　　）

四、简述题（10 分）

为什么要进行数据备份？数据库备份包括哪些主要内容？

五、综合应用题（共 40 分）

某工厂的仓库管理数据库的部分关系模式如下：

仓库（仓库号，面积，负责人，电话）

原材料（编号，名称，数量，储备量，仓库号）

要求一种原材料只能存放在同一仓库中。"仓库"和"原材料"的关系实例分别见表1和表2。

表1　"仓库"关系

仓库号	面积	负责人	电话
01	500	李劲松	87654121
02	300	陈东明	87654122
03	300	郑爽	87654123
04	400	刘春来	87654125

表2　"原材料"关系

编号	名称	数量	储备量	仓库号
1001	小麦	100	50	01
2001	玉米	50	30	01
1002	大豆	20	10	02
2002	花生	30	50	02
3001	菜油	60	20	03

1. 据上所述，用 T-SQL 语句定义"原材料"和"仓库"的关系模式如下，请在空缺处填入正确内容。

CREATE TABLE 仓库（仓库号 CHAR（4），面积 INT，负责人 CHAR（8），电话 CHAR（8），_____）；//主键定义

CREATE TABLE 原材料（编号 CHAR（4）_____，//主键定义

名称 CHAR（16），数量 INT，储备量 INT，仓库号 _____，_____）；//外键定义

2. 将下面的 T-SQL 语句补充完整，完成"查询存放原材料数量最多的仓库号"的功能。

SELECT 仓库号

FROM _____

3. 将下面的 T-SQL 语句补充完整，完成"01 号仓库所存储的原材料信息只能由管理员李劲松来维护，而采购员李强能够查询所有原材料的库存信息"的功能。

CREATE VIEW raws_in_wh01 AS

SELECT _____

FROM 原材料 WHERE 仓库号 ="01"；

CRANT _____ ON _____ TO 李劲松；

CRANT _____ ON _____ TO 李强；

4. 仓库管理数据库的订购计划关系模式为：订购计划（原材料编号，订购数量）。采用下面的触发器程序可以实现"当仓库中的任一原材料的数量小于其储备量时，向订购计划表中插入该原材料的订购记录，其订购数量为储备量的 3 倍"的功能。请将该程序的空缺部分补充完整。

CREATE TRIGGER ins_order_trigger AFTER _____ ON 原材料